创造学基础

主　编　马学军

副主编　徐送宁　关　莹　李洪奎

齐东丽　张　丹

電子工業出版社

Publishing House of Electronics Industry

北京·BEIJING

内 容 简 介

本书共四章，分别讲述了创造学的重要性、创新的基本规律、创造力及其开发、创造性思维与练习和创造原理及技法。本书通过新颖的创新案例，寓教于学、寓学于用，有效地启发学生进行创造性思考，激发学生潜在的创新能力，拓展学生知识面、更新知识、开阔学生视野，具有很强的实用性和启发性。

本书适用于高等学校的创新教学，也适用于企业的创新培训，还可作为创新爱好者的读物。

图书在版编目（CIP）数据

创造学基础/马学军主编. —北京：电子工业出版社，2018.6
ISBN 978-7-121-34245-5

Ⅰ. ①创… Ⅱ. ①马… Ⅲ. ①创造学－高等学校－教材 Ⅳ. ①G305

中国版本图书馆 CIP 数据核字（2018）第 106120 号

策划编辑：刘小琳
责任编辑：刘小琳　　特约编辑：刘　炯
印　　刷：北京京师印务有限公司
装　　订：北京京师印务有限公司
出版发行：电子工业出版社
　　　　　北京市海淀区万寿路 173 信箱　邮编 100036
开　　本：787×1 092　1/16　印张：12.75　字数：330 千字
版　　次：2018 年 6 月第 1 版
印　　次：2019 年 12 月第 3 次印刷
定　　价：29.50 元

凡购买电子工业出版社的图书有缺损问题，请向购买书店调换。若书店售缺，请与本社发行部联系。联系及邮购电话：（010）88254888，88258888。

质量投诉请发邮件至 zlts@phei.com.cn，盗版侵权举报请发邮件至 dbqq@phei.com.cn。

本书咨询联系方式：（010）88254538，liuxl@phei.com.cn。

前言

学习和创新是大学生自我完善的重要内容。提高教育质量，全面推进素质教育，促进大学生的全面发展，要求我们提供与之相配套的课程、教材和教育方法，让学生更好地学习、思考、实践、创造。

很多现有的创造学方面的教材内容与教学发展不同步，不能及时全面地反映新的创新思想和案例。现有教材既有创新又有创业，内容大都偏多，增加了学生负担。而且，由于学时有限，很多内容不能在课堂上讲授，需要学生课下学习，但有的教材内容重视理论性和逻辑性，忽略了可读性和实用性，难以调动学生自学的积极性；而有的教材虽然可读性较强，却与课程需要学生掌握和了解的内容不相符，偏离了课程目标。

本书由多位教学经验丰富的教师编写，结合了各位教师多年的教学经验与多数高校的实际情况，同时还吸取了其他教材优点，融入了新的创新理念与案例，集知识性、可读性、实用性于一体，既可寓教于学，又可寓教于用，最大限度地激活学生的创新思维，激发学生的潜在创新能力。

本书通过对多年创新学必修课程教学过程的总结，形成了比较系统的创新学教学体系，较全面地介绍了创新的相关知识，以创新实践为基础，理论与实践相结合，使学生易于掌握创新的方法与技巧。教材结构体系完整，以培养创新意识、提高创新能力、完善创新思维为主导，注重理论与实践训练，使学生理论基础扎实、实践能力强。本书体例活泼新颖，教学内容与案例相结合，通过恰当的案例与理论讲解，再到实际运用，强调知识的启发性。本书注重学生参与，通过案例、练习、问答等方式，激发学生的阅读兴趣，提高学生的参与程度。本书内容务实，注重结合时代特点和科技前沿成果，力求拓展学生知识面、更新知识、开阔视野。

本书由沈阳理工大学马学军老师任主编，徐送宁、关莹、李洪奎、齐东丽、张丹老师任副主编。本书在编写过程中，参考了一些专家学者的文献和研究资料，在此向所有文献的作者表示诚挚的敬意。由于参考文献较多，尽管做了很多细致的工作，但仍有可能存在遗漏之处，恳请各位文献作者谅解。

由于编者水平有限，不妥和错误之处在所难免，恳请广大读者批评指正。

编　者

2018 年 1 月

目 录

第一章 绪　　论

创造、创新是一个国家发展的动力，是人类社会进步的源泉。一个国家、一个民族的创新意识水平的高低与创新能力的强弱，将对这个国家、这个民族在世界范围内的经济和科技竞争起到至关重要的作用，一个没有创新能力的民族，难以屹立于世界民族之林。创新能推动科学技术和经济的进步和发展，而守旧将导致科学技术和经济的落后。例如，中世纪的欧洲，神学思想禁锢了人们的思考，在近一千年的时间中，欧洲的科学技术处于停滞状态。我国从汉唐以来经济文化都很繁荣，科学也很发达，明代以后科技发展开始落后，虽然有古代的四大发明，但故步自封，限制了中国现代科学的发展。但中华民族的创新能力并没有衰落，炎黄子孙的创新能力始终是出类拔萃的。

21 世纪是知识经济占主流地位的世纪，对创新与创新型人才的呼唤使人们比以往任何时候都更加关注教育，期望培育出大量具有创新精神、创造能力与创造性人格的创新型人才。在知识经济时代，对人力资源和知识成果的培育、配置和调控，以及对知识产权的拥有，是一个国家核心竞争力的重要表现。知识促进经济发展，是以高素质的创新型人才为基础的。当今世界，尽管各国在政治、经济和文化上有很大的差别，但都充分认识到大学在创新型国家建设中的重要作用，把大学作为国家创新体系的重要组成部分。目前，我国的自主创新能力还不够强，关键是自主创新人才不足，这反映了我国特别是高等教育还不能适应建设创新型国家的要求。因此，大力推进创新创业教育，培养更多、更优秀的具备创新精神、创业能力的人才，为建设创新型国家提供有力的人才支持和智力支持，促进经济社会发展向主要依靠科技进步、劳动者素质提高、管理创新转变，是新时期高等学校的战略任务。

创新创业教育不仅是高等教育主动适应经济社会发展的迫切要求，也是高等教育自身改革发展的迫切要求，提高教育教学质量是高等教育的生命线，人才培养质量是高等教育质量的核心。高等学校人才培养质量高低的根本标准，在于其培养出来的人才是否适应经济社会发展和国家战略发展的需要。创新创业教育的核心是培养大学生创新精神和创业能力。引导高等学校不断更新教育观念，改革人才培养模式，改革教学内容和教育教学方法，将人才培养、科学研究、社会服务、文化传承与创新紧密结合起来，实现从注重知识向更加重视能力和素质的转变，提高人才培养质量。人的全面发展是国家发展的重要组成部分，也是国家发展的主要基础和支撑。高等学校大力开展创新创业教育，有助于提高大学生服务国家和人民的社会责任感，有助于提高大学生勇于探索的创新精神和善于解决问题的实践能力，有助于激发大学生的学习兴趣和创业热情，有助于促进大学生个性培养并提高其综合素质。因此，高等学校大力推进创新创业教育，无论从经济社会发展来看，还是从高等教育发展来看，抑或从人的全面发展来看，都是意义重大的。

改革开放是一项伟大的创新事业。建设有中国特色的社会主义是一项前无古人的崭新事业，没有现成的道路可走，没有现成的经验可借鉴。改革就是一个打破常规、求新求变的过程。这就要求我们跳出传统的框框，以勇于开拓、敢闯敢试敢冒险、敢为天下先的创新精神，通过新实践，创出一条新路。

中国的传统——出头椽子先烂，是不利于创新的。我国改革开放的发展道路就是与时俱进的继承和发展中国传统，吸收并消化世界各国的先进科学技术和文化的过程，改革开放创造了举世瞩目的经济发展奇迹。然而我们应清醒地认识到，随着国际竞争的不断加剧，我国经济活动空间将不可避免地受到越来越多的束缚和挤压，这对我们这样的发展中国家来说，是全面而深刻的挑战。世界科技发展的历史告诉我们：一个国家只有拥有强大的自主创新能力，才能在激烈的国际竞争中把握先机、赢得主动。

《国家中长期科学和技术发展规划纲要（2006—2020年）》提到了我国的发展目标。到2020年，我国科学技术发展的总体目标是：自主创新能力显著增强，科技促进经济社会发展和保障国家安全的能力显著增强，为全面建设小康社会提供强有力的支撑；基础科学和前沿技术研究综合实力显著增强，取得一批在世界具有重大影响的科学技术成果，进入创新型国家行列，为在21世纪中叶成为世界科技强国奠定基础。到2020年，全社会研究开发投入占国内生产总值的比重提高到2.5%以上，力争科技进步贡献率达到60%以上，对外技术依存度降低到30%以下，本国人发明专利年度授权量和国际科学论文被引用数均进入世界前5位。

纲要提到的深化科技体制改革的目标是推进和完善国家创新体系建设。国家创新体系是以政府为主导、充分发挥市场配置资源的基础性作用、各类科技创新主体紧密联系和有效互动的社会系统。现阶段，中国特色国家创新体系建设重点有5个方面：一是建设以企业为主体、产学研结合的技术创新体系；二是建设科学研究与高等教育有机结合的知识创新体系；三是建设军民结合、寓军于民的国防科技创新体系；四是建设各具特色和优势的区域创新体系；五是建设社会化、网络化的科技中介服务体系。

纲要提到的人才队伍建设包括：充分发挥教育在创新人才培养中的重要作用，加强科技创新与人才培养的有机结合，鼓励科研院所与高等院校合作培养研究型人才；支持研究生参与或承担科研项目，鼓励本科生投入科研工作，在创新实践中培养他们的探索兴趣和科学精神；高等院校要适应国家科技发展战略和市场对创新人才的需求，及时合理地设置一些交叉学科、新兴学科并调整专业结构。

经济全球化的今天，我们融入世界经济的最直接的表现就是有一天你发现，在国外大大小小的商场里面，大多贴上了"MADE IN CHINA"的标签。世界经济越来越离不开中国，因为中国源源不断地提供着中国制造的商品；但是如果你问一个外国人，对中国制造的印象如何，可能就是"廉价"了，就像德国制造给人以"质量好"，日本制造给人以"技术领先"一样，"廉价"是中国制造的一个标签。我们总说物美价廉，事实上，真正能做到物美价廉的很少，中国制造在廉价的同时，也顶着一顶这样的帽子，那就是，质量不好、大路货、技术基础差。为什么会这样？大多的中国制造没有真正核心的技术而言，大多是模仿，所谓少数的创新，也无非是模仿有了一些创造性。

2012年12月8日，由亚洲制造业协会主办的主题为"全球经济复苏与制造业转型"的第六届亚洲制造业论坛年会上，时任全国政协副主席厉无畏指出，我国设备投资2/3依靠进口。其中，光纤制造设备的100%，集成电路芯片制造设备的85%，轿车、工业设备、数控机床的70%来自进口；中国每年要花费6000亿元人民币从国外进口设备。因此，中国制造业要从数量增长向质量效益提高转变。据国家统计局统计，2012 年 1～11 月，中国装备制造业增加值同比增长 8.2%，明显低于全部规模以上工业，增速比去年同期回落 7.2%。其中，一、二、三季度同比增长分别为 9.1%、9.1%和 7.6%，10 月、11 月分别增长 6.5%和 7.4%。受固定资产投资增速放缓和出口持续下滑的影响，中国装备工业整体运行仍未摆脱下行压力。

中国创造，就是迎合这样一个时代背景产生的，它更多地希望中国民族产业有更大精力投入到对自身的技术研发中，研制出真正拥有自主知识产权的产品。

当今世界，科技创新对经济社会发展和人民生活的影响更加广泛，科技发展水平更加深刻地反映出一个国家的综合国力和核心竞争力。我们要推进改革开放和社会主义现代化，实现全面建成小康社会目标，不断提高人民生活水平，实现中华民族伟大复兴，必须从国家发展全局的高度，集中力量推进科技创新。

就产品的产值而论，2006 年中国已经是世界第四大工业基地，排在美国、日本和德国之后。中国有 100 多种工业制成品的产量世界第一，包括钢铁、水泥、家电、通信设备、纺织、医药、机械设备、化工等 10 个行业，“地球村”里平均每个人就要穿 1.2 双中国制造的鞋。我国出口的坯布、服装都以吨计；而进口的神经导管、心脏搭桥用的支架等价格却按克算。一双在我国生产的耐克鞋，我们只挣一美元左右；可是，一经拥有品牌的耐克公司出售，就值上百美元。用我们的劳动力，我们的资源，却让国外的企业家挣了大钱。难道我们还不知道自主创新有多么重要吗？

中国是产量上的制造大国、工业生产大国，在全球竞争中，中国创造却难以有所作为，究其根源，在于技术和品牌等软肋的约束。我国还缺少具有国际竞争力的核心技术和世界知名品牌。2006 年，中国半导体产业的销售额超过 200 亿元，利润却只有 3%；而跨国公司巨头英特尔一家的销售总额就超过了 2300 亿元，利润高达 11%，原因在于他们掌握核心技术。由于缺乏核心技术和专利，中国制造业只能以低廉的人力资源和低成本方式生产运作，劳动密集型的生产特点，低价倾销的方式，使得中国的制造业难以占据制高点。中国制造在海外麻烦不断，在美国的产品召回目录上，将近一半的产品产地为中国；欧盟公布的产品黑名单上，来自中国的也不在少数。在许多发达国家，中国制造陷入了反倾销的泥潭。不仅如此，中国制造甚至还被有些国家作为失业的泄愤对象。由此可见，缺乏创新必然受制于人。

在经济全球化的世界经济体系中，我国还没有具备国际竞争力的世界知名品牌，是典型的制造大国、品牌小国。以下三组有关我国品牌建设情况的同样数据引人注目：①2005 年国家质检总局披露，我国有近 200 种产品的产量居世界第一，但出口产品中拥有自主品牌的还不到 10%，90%以上是替外国品牌做“贴牌”生产；②美国《商业周刊》公布的 2005 年全球最有价值的 100 个品牌中，美国占 58 个、德国占 9 个、法国占 7 个、日本占 6 个、韩国占 2 个、……中国占 0 个。③在 2006 年度世界品牌 500 强排行榜中，美国拥有 245 席，占 49%；法国拥有 46 席，占 9.2%；日本拥有 44 席，占 8.8%；……中国只有 6 席，占 1.2%。我国不但缺乏国际知名品牌，而且品牌拥有的自主核心技术少，生命周期短，附加值少，对经济的贡献率低。我国每年新增几十万个品牌，但品牌生命周期平均不足 2 年。近年来，虽然越来越多的企业拥有自主品牌产品，但由于缺乏核心技术的知识产权，自主品牌的附加值仍然偏低，有无品牌差别不大，品牌仅仅体现为一个商标。国内拥有自主知识产权核心技术的企业仅占万分之三，99%的企业没有申请专利，60%的企业没有自己的商标。我国虽然已是世界贸易大国，但我国货物出口的 55%是加工贸易，具有自主品牌的产品出口不到 10%，高新技术产品出口的 90%来自外商投资企业。缺少自主知识产权和自主品牌，使我们在国际产业分工中只能获得微小利润，却承担着很高的经济风险。“中国制造”急需在核心技术层面上提升自主创新能力。

面对许多中国企业的悲壮故事，面对大量的关于中国制造的困惑和迷茫，面对如何超越低端引领创新的话题，我们的国家正在进行思索和变革。教育不能培养出具有创新精神和创新能力的人才，其他领域更是无源之水、无本之木。

所谓创造教育就是使整个教育过程被赋予人类创新活动的特征，并以此为教育基础，达到培养创新人才和实现人的全面发展为目的的教育。创新人才应该具有创新精神和创新能力，创新精神主要由创新意识、创新品质构成；创新能力则包括人的创新感知能力、创新思维能力、创新想象能力。从两者的关系看，创新精神是影响创新能力生成和发展的重要内在因素和主观条件，而创新能力的提高则是丰富创新精神最有利的理性支持。

实施创新教育就是要从培养创新精神入手，以提高创新能力为核心，带动学生整体素质的自主构建和协调发展。创新精神和创新能力虽然受遗传因素的影响，但主要在于后天的培养和教育。创新教育的过程，不是受教育者消极被动的被塑造的过程，而是充分发挥其主体性、主动性，使教学过程成为受教育者不断认识、追求探索和完善自身的过程，亦即培养受教育者独立学习、大胆探索、勇于创新能力的过程。因此，在教学过程中要致力于培养学生的创新意识、创新能力及实践能力。

1）转变教育观点，培养创新意识

教师观念的转变是实施创新教育的关键和前提，教师观念不改变就不可能培养出具有创新意识的学生。首先，要认识课堂教学中教师与学生的地位和作用，教与学的关系，发挥教师的主导作用和学生的主体作用，充分调动学生的学习主动性和积极性，使学生以饱满的热情参与课堂教学活动。建构主义理论认为：知识不是通过传授得到的；而是学习者在一定的情境即社会文化背景下，借助他人（包括教师和学习伙伴）的帮助，利用必要的学习资料，通过意义构建而获得的。因此，教师在学生的学习过程中应是组织者、指导者、帮助者、评价者，而不是知识的灌输者，不要把教师的意识强加于学生；而学生是教学活动的参与者、探索者、合作者，学生的学习动机、情感、意志对学习效果起决定性作用。其次，在教学方法上也要改传统的注入式为启发式、讨论式、探究式，学生通过独立思考，处理所获取的信息，使新旧知识融会贯通，建构新的知识体系，只有这样才能使学生养成良好的学习习惯，从中获得成功的喜悦，体现自我价值，进一步激发他们内在的学习动机，增加创新意识。

2）营造教学氛围，提供创新舞台

课堂教学氛围是师生即时心理活动的外在表现，是由师生的情绪或情感、教与学的态度、教师的威信、学生的注意力等因素共同作用下所产生的一种心理状态。良好的教学氛围是由师生共同调节控制形成的，其实质就是处理好师生关系、教与学的关系，真正使学生感受到他们是学习的主人，是教学成败的关键，是教学效果的最终体现者。因此，教师要善于调控课堂教学活动，为学生营造民主、平等、和谐、融洽、合作、相互尊重的学习氛围，让学生在轻松、愉快的心情下学习，鼓励他们大胆质疑，探讨解决问题的不同方法。亲其师，信其道，师生关系融洽，课堂气氛才能活跃，只有营造良好的教学气氛，才能为学生提供一个锻炼创新能力的舞台。

3）训练创新思维，培养创新能力

创新思维源于常规思维过程，又高于常规思维过程，它是指对某种事物、问题、观点产生新的发现、新的解决方法、新的见解。它的特征是超越或突破人们固有的认识，使人们的认识更上一层楼。创新思维是创造能力的催化剂，提问是启迪创新思维的有效手段。教师在课堂教学中要善于提出问题，引导学生独立思考，使学生在课堂上始终保持活跃的思维状态。通过特定的问题使学生掌握重点，突破难点。爱因斯坦曾说："想象力比知识更重要，因为知识是有限的，而想象力概括着世界的一切，推动进步并且是知识进化的源泉。"想象是指在知觉材料的基础上，经过新的配合而创造出新形象的心理过程。通过想象可以使人们看问题能由表及里，由现象到本质，由已知推及未知，使思维活动起质的飞跃，丰富的想象力能"撞击"出新的"火花"。因此，在教学过程中要诱发学生的想象思维。

4）掌握研究方法，提高实践能力

科学的研究方法是实现创新能力的最有效手段，任何新的发现，新的科学成果都必须用科学的方法研究，并在实践中检验和论证。因此，教师要使学生掌握科学的探究方法，其基本程序是：提出问题—做出假设—制订计划—实施计划—得出结论。课堂教学中主要通过实验来训练学生的实践能力，尽量改传统的演示性实验、验证性实验为探索性实验；另外还可以向学生提供一定的背景材料、实验用品，让学生根据特定的背景材料提出问题，自己设计实验方案，通过实验进行观察、分析、思考、讨论，最后得出结论，这样才有利于培养学生的协作精神和创作能力。有时实验不一定获得预期的效果，此时教师要引导学生分析失败的原因，找出影响实验效果的因素，从中吸取教训，重新进行实验，直到取得满意的效果为止。这样不仅会提高学生的实践能力，而且还能培养学生的耐挫能力。

2006 年 1 月第四次全国科学技术大会上首次提出"创新型国家"概念，目前一般认为作为创新型国家，应具备以下四个特征：

（1）创新投入高，国家的研发投入即研究与开发（R&D）支出占 GDP 的比例一般在 2%以上；

（2）科技进步贡献率达 70%以上；

（3）自主创新能力强，国家的对外技术依存度指标通常在 30%以下；

（4）创新产出高，世界上公认的创新型国家所拥有的发明专利数量占全世界总数的 99%。是否拥有高效的国家创新体系是区分创新型国家与非创新型国家的主要标志。人们往往用相关创新投入和产出的指标从一个侧面来衡量国家的创新程度，一般来说，创新型国家的创新综合指数明显高于其他国家。

显然，除第一条外，其余三条标准都直接与国民的创造能力密切相关。创造学的研究与实践表明，创造能力直接来源于人的创造性。无论是何种规模或层次的创新，是什么类型或涉及什么领域的创新，其实质都与人才素质相关，与人才的创造能力相关。

人类从诞生的第一天起，就在不停地进行各种各样的创造活动，大多数人对“创造”一词并不陌生。但是对于作为一种专门学科的创造学来说，熟悉的人或许就很少了。创造学究竟是一门什么样的科学；在当前激烈的全球性竞争形势下，在我国建设创新型国家的进程中创造学究竟会起什么作用，我们自然需要对创造学有一个初步的认识。

（一）创造学的诞生

创造，多么熟悉而诱人的字眼！创造，曾博得多少人的崇拜和敬仰！创造，正以其巨大的动力驱动人类历史的车轮前进。回顾历史我们不难发现，人类从走出原始的洞穴到住进豪华的别墅，从脱下遮羞的树叶到穿上华丽的衣裳，从钻木取火、茹毛饮血到使用现代化科学技术手段等，哪一项成果不是创造的结晶，哪一个进步不是创造的精华，人类用劳动创造了世界，同时劳动也创造了人类本身。我们可以毫不夸张地说，创造是神圣而伟大的，没有创造就没有当今的科学技术，没有创造就没有人类的一切，从这个意义上说，人类社会进步和发展的历史就是一部创造的历史。

21 世纪以来，人类步入了一个竞争激烈的时代，尤其是在科学技术突飞猛进、知识信息迅猛增长的现代社会中，众多有识之士早已认识到：在当今世界，各国、各民族、各地区之间在经济、政治、军事等方面的竞争，归根结底是科学技术力量的竞争，而科学技术力量竞争的实质则又是创造的竞争，是创造速度和创造效率的竞争，更是创造型人才的竞争，是人力资源开发和人才创造能力培养的竞争。

在这种背景之下，要想得到更快的创造速度和更高的创造效率，人们不得不重新认识人类自身的创造问题。于是，人们开始对创造的过程和机理产生兴趣，对创造性思维、创造原理及创新技法产生兴趣，同时对人的创造活动开始给予关注，对创造性人才的培养和使用也开始给予重视。20 世纪 30 年代美国通用电气公司首先对公司员工进行了创造力开发的培训，一年后发现职工的创造能力提高了 3 倍（按取得专利数量计算），遂引起强烈社会反响。其后，其他美国公司纷纷效仿，也产生了明显的效果。1941 年，美国的奥斯本（A. F. Osborn）发表了一个对后来颇具影响的重要创造技法——智力激励法（Brain Storming，BS），也译为头脑风暴法。一般认为，这一创造技法的提出，即标志着研究人类创造能力、创造发明过程及其规律的学科——创造学的正式诞生。

（二）创造学的含义

创造学在我国发展的时间不长，作为一门独立的新学科，《辞海》（1999 年版）对创造学的解释是：“研究人类的创造能力、创造发明过程及其规律的科学。”这可以说是对创造学在我国多年来的发展所做的阶段性总结和认可，为之后创造学在我国的大力发展奠定了基础。

创造学是研究人们在科学、技术、管理、艺术和其他各个领域中的创造发明活动，并探索其中创造发明的过程、特点、规律和方法的一门科学。当然，这里所指的“创造发明”是较为广义的，它不仅包括一些重大发明和创造，而且还包括一般的发明和创造，其唯一的判别标准在于“新颖”，创造的本质就是“新颖”。

创造学把探索出的人类创造发明规律及其方法尽快教给普通人，从而有效地开发普通人的创造潜力，提高其创造性，增强其创造能力，使普通人也能够产生创造行为，能够进行创造活动并不断提高其创造活动的质量直至产生创新价值。

那么，人的创造潜力能够开发吗？人们的创造性都能够得到提高吗？这就必然要涉及创造学的两条基本原理。

（三）创造学的两条基本原理

创造学的第一条基本原理：创造力是人人皆有的一种潜在的自然属性。

创造学的第二条基本原理：创造力是可以开发的。

这两条基本原理所包含的内容虽然早已被众人熟知，但是是1990年庄寿强作为原理正式提出的，现已被许多人认可并作为创造学的重要学科立论基础。因此，人们学习创造学之始，就应该想到如何利用这两条原理重新认识自己、开发自己，尽快发现自己的创造潜力并给予科学开发，从而把自己培养成为一个富有创造性的专业人才。

（四）国外创造学的发展

由于创造学有助于开发人们的创造潜力，有助于促进科学技术领域的发现和发明，有助于促进生产力的进步和进展，有助于促进教育水平的提高和创造性人才的培养，因此，创造学自20世纪40年代诞生以来，很快便在全球得到了迅猛发展。许多国家和地区都开展了创造学的研究和普及。下面，简要地介绍一下国外的创造学发展情况。

1. 美国

美国是创造学的发源地。1941年，美国的奥斯本出版了《思考的方法》一书，提出了“智力激励法”。该书出版后，引起了人们对创造的极大兴趣。1953年，奥斯本又出版了《创造性想象》一书，该书被先后译为20多种文字，从而使人们对“创造性研究”更加关注。

创造学被列入大学教学内容当首推美国的麻省理工学院，该校在1948年即开设了“创造性开发”课程。

1950年，美国加利福尼亚大学心理学家吉尔福德（J. P. Guilford）就任美国心理学会主席时，发表的就职讲话题目即是“创造力”（Creativity），这在世界范围产生了很大影响，从而大大推进了创造学发展。

20世纪60年代以来，美国成立了十几个创造学研究中心。截至1979年，美国已有53所大学和10个研究所设立了专门的创造学研究机构，有力地促进了创造学发展。此外，美国的创造学普及面也非常广，在美国几乎所有大学都开设了有关创造性训练的课程，有的专门讲授各种创造技法，有的则同专业课相结合，采用创造力训练方法改造原有的课程安排。据报道，20世纪80年代美国就已经有航空学、农业、建筑学、企业管理、化学、英语、工业工程、地理学、物理学、新闻学、销售学、体育学和教育学等20多个专业采用创造力开发的原则和方法进行教学。1990年，美国召开了全国高校第一届创造力会议，会上有人收集并研究了61所高校的67个创造课程教学大纲。

值得一提的是，纽约州立大学布法罗分校（University at Buffalo, the State University of New York）自始至终把创造学作为一门独立学科加以发展的大学。该大学1967年为研究生开设了创造学课程，1974年创造学成为本科生课程，1975年正式获准设立了美国乃至世界上的第一个创造学硕士学位授予点。

除大学以外，美国社会上的创造力训练也有很大发展。继美国通用电气公司之后，IBM公司、美国无线电公司、道氏化学公司、通用汽车公司等均设立了各自的创造力训练部门，从而保证公司能够一直富有旺盛的创造力。

创造学极大地推动了人们的创造发明活动，美国的企业界每年有数以十万计的在职职工接受有关创造学的训练。一些大公司甚至声称，凡未学过创造学的大学生，必须补修完该课程之后才能被录用。

1954 年，奥斯本发起成立了“创造教育基金会”（CEF），旨在促进教育界创造教育的开展，以培养创造性人才。该基金会成立以后每年都要举办一次解决创造性问题的学术研讨会（CPSI）；及至 2004 年，第 50 届年会成功在纽约举行。20 世纪 70 年代，哈佛大学曾进行了一场近 4 年的有关教育思想的大辩论，最后终于把对人才的创造性培养纳入了教育的主要内容之中。对此，美国教育界评论说，这场辩论虽然发生在哈佛大学，但它却震动美国乃至全世界的学术界。到 20 世纪 80 年代中期，以创造教育为核心的教育改革在美国几乎达成共识。

1989 年，美国创造学会（ACA）成立，其宗旨有二：一是增强人们对创造学重要性的认识，二是促进创造潜力的开发。该学会下设四个专门委员会，即商业与产业、交流与艺术、教育与训练、科学与技术，学会坚持每年举办一次学术大会。

2．日本

日本对于创造学的研究起步也比较早。早在 20 世纪 20 年代，日本教育家千叶命古就出版了《创造教育的理论与实践》一书。1944 年，东京大学教授市川龟久弥发表了《独创性研究的方法论》。1955 年，创造学由美国传到日本以后得到了极大发展，掀起了“全民皆创”的热潮，这主要表现在以下几个方面。

（1）注重对人的创造潜力的开发。日本政府认为，为了振兴国家，必须立足于本国，必须依靠开发本国国民的智慧和创造力。早在 1960 年，池田内阁便制定了著名的《国民收入倍增计划》，其四大目标之一就是“培训人才”。该计划指出：“我国技术的进步，过去经常是依赖于引进外国技术。今后，绝不能只停留在这种消化、吸收外国技术的层面，必须进一步发展本国技术。……本计划实施期间最为重要的事项是保证提供数量充足、质量优秀的科学技术工作者和专门人才。”20 世纪 80 年代，日本把发展独创的新的科学技术视为一项国策，把提高人们的创造力作为通向 21 世纪的道路。1986 年，中曾根康弘谈及日本经济腾飞的经验时说，日本土地狭小、资源缺乏，靠什么在世界上立足、靠什么与人竞争呢？主要是靠开发国民的创造力。日本创造学家高桥诚 1983 年的调查资料表明，当时日本约有 40%的企业已实施开发职工创造力的创造教育。

（2）普遍开展设想运动。所谓设想，就是对于一个事物、一个问题的新观点、新思路和新看法。任何一个创造发明最初都至少得有一个设想，设想运动的普遍开展是日本“全民皆创”活动的重要表现。例如，日本的日产（柴油机）公司下属的日产（柴）群马工厂，1994 年有职工 685 人，全年职工共提出创造性设想 259876 个，人均约 379 个，共产生经济效益 39865 万日元，人均创造效益约 58 万日元。

在日本，许多企业都把职工的创造性设想和发明专利看作是该企业的重要实力和无形资产。例如，本田科研公司经理对前去参观的客人讲的第一句话就是：“本公司每年拥有 105 万件提案（设想），是第一流的公司。”丰田汽车公司一位经理也这样说：“本公司每年有 40 万件提案，而同一时期美国福特公司只有 6 万件。”日本帝人公司总经理更把创造性看成是用人的首要标准，他说，公司用的人，第一是要有创意，第二是他要追求创意，只要是有创意的人，会受到公司重用。

由此，日本一些企业提倡职工立足于本岗位每天提出一个设想（一日一案）活动，使每个职工都生活在创造氛围之中。职工之间互相启发、互相激励、互相切磋、互相促进，在良好的环境中创造的机遇或灵感常会降临。正因为如此，日本才可能出现发明大王中松义郎。中松义郎在 50 多年的发明生涯中，共获得了 2360 余件专利，远远超过了爱迪生的专利的记录。在 1982 年的世界发明比赛中，他荣获“对世界做出巨大贡献的第一发明家”奖。

（3）电视台举办发明设想专题节目。为了广泛发动和推进发明设想运动，早在 1981 年 10 月日本东京电视台就开始创办“发明设想”节目，引起了全国的发明设想热，许多人都跃跃欲试，希望把自己长久以来隐藏在心中的种种设想发表出来。例如，一个在电视设想节目中获得头等奖的创造性设想，是在切菜板上挖一个大孔，以便把切好的碎菜通过孔洞而直接推入下面的筐中。

（4）“发明节”和“星期日发明学校”。日本把每年的 4 月 18 日定为“发明节”，在这一天要表彰和纪念成绩卓著的发明家。“星期日发明学校”最早是由东京的几位发明家发起的，参加学习的人不仅有在职职工、企业管理人员，而且还有家庭主妇。发明学校有专职教师，也聘请发明家做教师，其教授形式生动、活泼。发明学校曾经培养了一批有成就、有建树的发明家，如吉泽台助因发明了密封的袋装毛巾，每年可获利 7000 万日元。

（5）重视“小”发明。日本非常重视和鼓励一般人所称的“小”创造发明（其实，根据行为创造学研究，创造发明并无大小之分），并把“小”创造发明提到相当的高度予以对待。正是这些无数富有实效的“小”创造、“小”发明，使日本成为一个发明大国，日本的专利申请件数长期雄居世界第一。

此外，20 世纪 70 年代以来，日本涌现出一批有所建树的学者，他们开发了不少具有日本特色、适合日本国情的创造技法。

3. 其他国家

早在 1945 年，德国心理学家韦特墨（M. Wertheimer）就在《创造性思维》一书中分析研究了儿童、成人和一些名人，甚至爱因斯坦等的创造性思维，随后创造力研究受到人们重视。20 世纪 70 年代德国学者霍斯特·格什卡（Horst Geschka）在巴特尔研究所（总部设在美国俄亥俄州哥伦布的巴特尔纪念研究所的德国分所）建立了创造力研究室，并和他的同事们一起研究当时已经问世的 40 多种创造技法及其在企业界的应用。1983 年，格什卡创办了一家从事企业创造力开发的咨询公司。1991 年，格什卡被达姆斯塔德技术大学聘用并担任“创造力与创新”课程的教学。1993 年，由格什卡担任主席的“第四届欧洲创造力与创新大会”在达姆斯塔德市召开，会上宣告成立“欧洲创造力与创新协会”。这次大会推动了德国上下对创造力研究的关注，不久以格什卡为首的一批有识之士即成立了“达姆斯塔德激励创造力俱乐部”。该俱乐部开展了一系列创造学活动，包括到学校普及创造学。2002 年，该俱乐部正式更名为德国创造学会。

英国人对创造学的发展亦做出了自己的贡献。1968 年，英国医生德·博诺（Edward de Bono）提出了“侧向思维”理论，认为利用“局外”信息发现解题途径的思维能力可以同眼睛的侧视能力相类比，故称为“侧向思维”。德·博诺还设计了一整套创造力训练的课程，其中，称为 CoRT 的思维技巧课在中小学中开展了教学，甚至在美国也得到传播和推广。

另外，英国的曼彻斯特工商管理学院从 1972 年开始开设“创造性与创新”课程至今已有 30 多年历史，1992 年该校还创办了《创造性与创新管理》杂志。

韩国政府近年来一直在国内大力提倡发明创造活动，以期提高国家的科技创新能力，提高企业的竞争力。韩国政府把每年的 5 月 19 日定为韩国发明日。在 2001 年的发明日纪念大会上，韩国总统金大中强调，要在全社会树立崇尚发明、尊重发明家的风气，在全国掀起了发明创造热，同时韩国政府又决定把每年的 5 月定为韩国的发明月。

加拿大也有不少热心于创造学的人在努力为发展创造学而工作，有许多来自教育、工业、科技等部门的人员纷纷涌向布法罗和波士顿接受创造性解题训练，学成后他们在各类组织机构中从事创造力咨询活动。1967 年，蒙特利尔大学开始对各行各业的成年人开设创造性解题课程，并建立了创造力研究实验室。1970 年，魁北克大学将创造技法的教学并入视听课程；1975 年，开始为学生开设各种各样的创造性解题课程。

此外，在匈牙利，学者在中小学里开展了结合语言和其他科目教学的创造力训练；在波兰，1978 年绿山省创办了发明家学校；在保加利亚，曾开设思维技巧课；在发展中国家委内瑞拉，其政府还用法律形式规定每所学校必须开设思维技术课，并于 1979 年在中央政府一级设置与国家教育部并列的智力开发部，使用德·博诺的思维训练教材进行创造力开发，这在世界上是一个创举。

据最近统计，除上述国家以外，开展创造学活动的还有法国、希腊、荷兰、印度、意大利、罗马尼亚、西班牙、泰国、瑞士、墨西哥、新西兰、澳大利亚、巴西、南非等近 70 个国家，这些都为创造学的普及、应用和发展奠定了坚实基础。

（五）我国创造学的发展

创造学传入我国比较晚，但是有关创造学的零星研究在我国却可追溯到很早的年代。例如，我国古代的玄学、禅宗在论道悟道方面曾发展了一些卓有成效的创造性思维方法，提出过某些至今仍为美、日创造学家所推崇的有价值的见解。20 世纪 40 年代，著名教育家陶行知先生曾发表《创造宣言》，并身体力行地写文章、办学校，主张以激发人的创造性为办教育之目的。值得一提的是，中国台湾自 20 世纪 60 年代以来就有一些学者进行了创造学研究。例如，台湾师范大学创造思考教育中心主任陈龙安在培养幼儿创造性思维方面有相当深入的研究；贾馥茗等人在中小学开展了创造能力训练的研究。此外，在知识产权界造诣很深的陈灿晖著有《抢先一步的思考方法》一书；1991 年，台湾心理出版社出版了陈昭仪在台湾师范大学的硕士论文《二十位杰出发明家的生涯路》；郭有遹出版了《创造心理学》和《发明心理学》等专著。1993 年年初，黄学忠和陈灿晖把《做个真正有创造力的人》等 64 本创造类书籍赠送给中国发明协会，体现了中国台湾在创造学研究方面的成果，同年中国台湾成立了“中华创造学会”。2001 年 7 月，在天津举办了“首届海峡两岸创造性人才培养学术研讨会”，由台湾师范大学校长、“中华创造学会”会长张玉成率领的 16 人学术代表团到会参加研讨。2002 年和 2004 年，由张玉成教授牵头，在台湾师范大学召开了两次国际创造力教学研讨会。

1980 年，上海交通大学的许立言把创造学引入我国大陆。最初，其专职及业余研究者不过几十人，但是很快创造学便在我国的科技界、产业界和教育界引起了广泛重视，参与人员发展到了数千、数万之众。近年来，创造学在我国大有突飞猛进发展之势，主要表现在如下几个方面。

1．创造学群的诞生和发展

创造学群，是指以创造学学科理论研究及应用为主要活动内容的学术性群众团体。20世纪80年代以来，我国以创造学研究为中心发展了各种类型的创造学群，如发明协会、创造学会、创造发明协会、创造学研究会、创造工程学会、发明家协会、发明者联谊会、创造学研究与推广协会等。

1983年6月28日至7月4日，在广西南宁召开了第一次创造学学术讨论会，并成立了中国创造学研究会筹备委员会，这标志创造学在我国已作为一门独立的学科而诞生。之后，各种全国性的和地方性的创造学类学术讨论会相继召开，各种相应的创造学群陆续出现，其中影响最大的是中国发明协会和中国创造学会。

1）中国发明协会

（1）1985年，中国发明协会成立，武衡任会长。随后，在很多省（市）相继成立了地方发明协会。中国发明协会成立（简称协会）之时即举办了首届全国发明展览会，并于1988年和1992年分别举办了北京国际发明展览会。此外，协会还多次组织人员出国参加国际发明展览会。据统计，1985—1995年协会共参展25届，有679项发明参展，有405项获奖，其中金牌奖86项，同时也产生了很大的经济效益。

（2）1990年，中国发明协会召开了“首届全国创造力开发与促进发明活动讨论会”，成立了中国发明协会创造学研究委员会。

（3）1991年，中国发明协会在湖南召开了“全国企事业创造力开发学术研讨暨经验交流会”。

（4）1992年，中国发明协会在沈阳召开了“首届全国中小学创造教育研讨会”，以后一直保持每年或隔年召开一次。各届研讨会对于推动我国中小学的创造教育有很大作用，涌现出一批成绩突出的典型学校。

（5）1993年，中国发明协会与中国矿业大学联合，在徐州召开了“首届全国高等学校创造教育及创造学研讨会”。这是我国高等学校专门从事创造学研究的人员和教育工作者的空前聚会，有29所高校的59位代表到会，会议共收到论文81篇。会上成立了“全国高等学校创造教育及创造学研究会筹备组”，会后由中国矿业大学编辑了会议论文集《创造学理论研究与实践探索》，该文集大体上反映了当时国内创造学的研究水平。两年后，在北京航空航天大学召开了第二次会议，并正式成立“中国发明协会高校创造教育分会”。该分会每两年召开一次学术研讨会，对推动我国创造学的研究和发展具有重要作用。

（6）由中国发明协会主办的《发明与革新》杂志（现名为《发明与创新》，由湖南省科技厅主管），自1985年创刊以来在我国研究创造学、宣传创造学、推广普及创造学方面起了不可估量的推动作用，在国内外产生了很大影响。

2）中国创造学会

1994年，中国创造学会在上海成立，会长袁张度，随后又成立了创造教育专业委员会。学会每两年举办一次全国性学术讨论会，并编辑创造学会议论文集，为我国的创造学理论研究做出了一定贡献。现在，已有十多个省（市）成立了创造学会。学会的成立及其活动的开展，对于全面普及创造学活动具有一定的促进作用。

2. 高等学校的创造学研究

1980年，创造学最早始于上海交通大学，随后便在其他高校雨后春笋般地发展起来。20世纪80年代，以东北大学谢燮正等为首的一批创造学研究者与国外学者建立了广泛联系，并翻译了几百万字的国外创造学研究资料，为我国的创造学研究和发展奠定了一定理论基础。在这期间，创造学在我国高校多以选修课或第二课堂的形式出现。据1993年首届全国高校创造学研讨会信息，那时经有关方面批准、正式开设创造学选修课的高校约有20所，近几年，这个数字呈现出成倍增长的趋势。开设创造学课程已成为高校研究、推广创造学的主要形式。与此同时，一些高校也陆续成立了创造学方面的有关机构和组织。例如，中国矿业大学成立了创造学教研室，湖南轻工业高等专科学校成立了创造学与新产品开发教研室，上海理工大学成立了创造学研究室等。

高校的创造学研究者除了进行创造教育的实践以外，还对创造学的理论进行了全面的、多层次的研究和探讨并取得了很多研究成果，如东北大学的谢燮正教授、广西大学的甘自恒教授、长沙铁道学院的肖云龙教授、北京大学的傅世侠教授、沈阳建筑工程学院的罗玲玲教授、上海理工大学的夏定海教授、中国科技大学的刘仲林教授、浙江大学的王加微教授、长沙理工大学的孟天雄教授、清华大学的江丕权教授、北京科技大学的卞春元教授、北京航空航天大学的苏成章教授、华北航天工业学院的杨德教授、海军航空工程学院的赵金魁教授、石化管理干部学院的李全起教授、攀枝花大学的彭健伯教授、襄樊学院的张增常教授、安徽工业大学的冷护基教授、西南科技大学的陈吉明教授及湖南科技大学的王伟清教授等，都有自己的创造学研究成果。据不完全统计，以高校为主的有关创造学国家级研究课题现已超过6项，获得“创造学”国家级教学成果奖1项，省（部）级教学成果奖10余项。高校中创造学工作者出版的创造学著作已近百种，发表研究论文数百篇，由此形成了我国研究、推广创造学的主力军。

当今世界科学技术革命深入发展，新材料、新工艺、新知识、新技术、新观念、新思维不断涌现，这不仅为创造学发展开辟了广阔空间，同时也对开发人类的创造潜力提出了挑战。为了迎接国际性的大挑战，我国政府适时地提出了建设“创新型国家”的目标，而要达到建设“创新型国家”的目标，关键之一即是要提高全民族的创造性。创造学研究表明，一个人的创造性主要表现在以下五个方面，即创造意识、创造人格、创造思维、创造原理和创造方法。而这五个方面内容全部都与创造学密切相关。所以学好创造学就可以通过提高创造性的途径来加强自己的创造能力，从而加快创新型国家的建设。

中华民族历来是一个富有创造性的民族。在世界文明发展史上，中国是人类发明的摇篮，是世界四大文明古国之一；只是明代以后我国的科技发展开始落后了。但是，中华民族的创造能力并没有衰落，炎黄子孙的创造才华始终是出类拔萃的。英国学者坦普尔曾指出：现在世界上重要的发明创造有一半以上源于中国。他著书立说，介绍了中国古代的100种发明创造，称为100个“世界第一”。他在专著《中国——发明和发展的国家》的序言中说，除了指南针、印刷术、纸、火药是中国的四大发明以外，现代农业、现代航运、现代石油工业、现代气象观测、现代音乐、十进制计算、纸币、多级火箭、水下鱼雷乃至蒸汽机的核心设计等，都源于中国。坦普尔认为，人们之所以不知道这些重要而确凿的事实，主要原因是中国人无视自己的成就。发明创造者自己也没有要求承认这些发明权，因而日久天长大家便对发明创造淡忘了。

20 世纪末曾有人做过统计：在美国的 80 万华人虽然只占美国总人数的几百分之一，但在美国的 12 万多第一流的科学家和工程师中，有中国血统的就占了近 1/4；在美国计算机研究中心 19 个部主任中，有 12 名华人；在美国机械工程学会的分会主席中，半数以上是华人。我国发明家从国际展览会上先后捧回了近百块金牌，仅在第 36 届布鲁塞尔尤里卡世界发明博览会上展出的 500 项发明中，我国就有 211 项，展览会颁发奖牌共 260 块，我国夺得了 1/3；在 1998 年举行的“第 26 届日内瓦国际发明与新技术展览会”上，我国参展团取得了获奖率 100%的好成绩。由此而论，我们应当有强烈的自信心和民族自豪感，应当充分相信我们中华民族的创造力，同时要继承和弘扬中华民族敢于创造、善于创造的优良传统。

众所周知，现今的教育如果只是单纯地进行知识灌输和技术传授，而忽视了创造潜力的开发，忽视了科学的思维和实际创造方法的训练培养，那么就只能培养出头脑僵化、缺乏应变能力的高分低能甚至低分低能者。我们不妨自问：每个中国人，每个大学生，是不是真正地认识到了自己头脑中确实存在一种急待开发的创造潜力？是否真正意识到只有这种创造潜力才是真正取之不尽、用之不竭的巨大的财富？据笔者所知，目前绝大多数人尚未意识到这一点，他们尚不知道提高创造力是可以通过提高自己的创造性来完成的，他们更不知道提高自己的创造性是可以通过学习、应用创造学实现。如果每个中国人的创造能力都能完全或者有一半展现出来，那么中国就算已经步入创新型国家行列了。

只有创造，教师才可能为教出超过自己的学生；只有创造，学生才可能因学成并超过自己的老师而倍感骄傲。但愿每一位学生都能依靠创造超过自己、超越老师，为迎接时代挑战做准备。

第二章　创造力及其开发

开发人的创造力是创造学的中心任务，也是学习创造学的主要目的。创造力是创造学中一个极为重要的概念。

本章主要介绍创造力的含义、创造性人格的培养、创造力的开发及如何测评创造力等内容。

什么是创造力？什么样的人具有创造力？普通人的创造力能开发吗？“创造力”一词常常给人以遐想，似乎只有像牛顿、爱因斯坦、爱迪生、居里夫人和莫扎特那样的天才人物才具有创造力，然而现实生活中似乎没有人能与他们相提并论，也极少有人能像他们一样取得那么伟大的成就，于是人们长期以来似乎达成了一种共识：普通人不具有天才的“天赋”，也没有什么创造力，也便无从开发，这显然是错误的。

创造力是人人皆有的一种潜在的自然属性。在我国古代，孟子就有“人人皆尧舜”的说法，这可谓是“创造力人人皆有”的一种朴素思想。当然，人人何以能够成为尧舜，则不是那个时代所能回答的问题。我国著名教育学家陶行知（1891—1946 年）在评论“创造”时说，“人类社会处处是创造之地，天天是创造之时，人人是创造之人”。这实际上是肯定了创造力的普遍存在性。

现代科学和创造学研究表明，创造力是正常人的一种心理品质，它并不是神秘的、只有少数人才具有的特殊才能；创造力是每个正常人都具有的一种变革事物的创造性能力，是人类亿万年来智力进化的结果。

第一节　创造力概述

一、创造力的概念

创造力一词是由拉丁语“creare”派生出来的。“creare”的意思是创造、创建、生成、造成，是指在原先一无所有的情况下创造出新的东西。从创造力一词原意出发，由于创造力的表现形式十分广泛，不同的人或同一个人从不同的角度出发，对于创造力便会有不同的理解。

德国学者海纳特（G. Heinelt）在《创造力》一书中指出：“创造力是人产生任何一种形式思维结果的能力，而这些思维结果在本质上是新颖的，是产生它们的人事先所不知道的。”哈佛资深教授珀金斯（Perkins）对创造力的定义是：“创造性的成果必须是独创的和恰当的；一个创造性个体——有创造力的人——经常会产生创造性的成果。”《辞海》（1999 年版）对于创造力的解释是：创造力是“对已积累的知识和经验进行科学的加工和创造，产生新概念、新知识、新思想的能力”。我国创造学学者、广西大学教授甘自恒指出：“所谓创造力，是主体在创造活动中表现出来、发展起来的各种能力的总和。它主要是指能产生新设想的创造性思维能力和能产生新成果的创造性技能。”

根据前人的相关研究，我们认为，创造力是个人或群体在前人发现或发明的基础上，通过自身的努力，创造性地提出新发现、新发明或新改进革新方案，并产生创造性成果的能力。这一表述方式实际上包含了三层意思：①从产生过程来看，创造力是人在认识与实践过程中的特殊表现；②从结果来看，创造力能获取首次产生的新成果，包括精神的和物质的成果；③从表现形式来看，创造力既可以表现为一定的思维能力，又可以表现为一定的行为能力，但更多的情况则是这两种能力的综合表现。

我国著名创造学学者庄寿强教授在经过长期深入研究、分析后，提出了创造力的广义和狭义概念。他认为，创造力可以分为狭义创造力（创造潜力，人的自然属性，简称创造力）和广义创造力（人的社会属性，又称创造能力）。

庄寿强教授指出，狭义创造力，即创造潜力，是随着人类大脑的存在而存在、随着大脑的进化而进化的，因此创造潜力是大脑的一种先天的自然的属性。它与人的知识和能力并无直接关系，因而是无法具体测量的，人们之间的这种天生性的创造力的比较也就无所谓大小，于是不同人之间天生的创造潜力也就无所谓大小之分了。而创造能力，则是显性的创造力，它是人的一种社会属性，是人通过各种教育或训练后天形成的，它与人的知识和经历即后天的培养关系密切，因而人的创造能力是可以测量的，并且可以依据测量结果来判别其大小。创造能力是创造者必须具备的能力，只是不同创造者的创造能力的大小或高低有所不同而已。大量的实验和研究表明，人的创造潜力是可以开发的，但创造潜力一旦被开发出来，就表现为显性的创造能力。没有后天的学习和训练，人的创造潜力就不可能转变为创造能力。

本书采用通俗的说法，不区分创造潜力和创造能力两种说法，统称为创造力。

研究过知名科学家和发明家传记的人可能会发现，有许多知名的科学家和发明家是“少年早成”或“青年早成”，他们往往在年龄很小的时候就表现出过人的天赋，也有一些人是到了盛年时期或老年时期才获得成功。对此，哈德·E.爱德华博士认为：“即使是具有高智力和高独创性的人，他的创造性和创造力也不一定在少年时代就表现出来，甚至并不能断言他比那些素质较差的人会更早表现出创造力。”创造力必须经过有效的开发，转化为创造性的成就展示出来，才能为人所见。创造力开发的关键就是如何通过科学的方法和有效的手段，促使创造者的创造力显性化和具体化。

创造力是不依据现成的模式或程序，独立地掌握知识和技能、发现新规律、创造新方法的能力。它包含：敏锐的洞察能力，能够及时洞察社会发展过程中的创造需求，善于发现问题，提出问题；独立思考的能力，能够不唯书、不唯师、不唯上、不唯洋、只唯实，以怀疑的态度审视已有的结论，对事物进行客观的认识和分析；解决问题的能力，能够以广泛、扎实、可靠的知识结构为支撑，为发现的问题提供全新的解答。

［案例］

无菌外科手术

19 世纪中叶，医学界普遍缺乏消毒意识，做外科手术的患者常常因为伤口化脓感染而死亡。据记载，在截肢术的病人中约有 1/2 患者死于术后感染，这一问题使当时的外科手术无法普及。英国外科医生约瑟夫·李斯特（Joseph Lister，1827—1912 年）立志要攻克这一难题。1865年，李斯特读到了法国生物学家路易·巴斯德的有关细菌学说的论文，豁然开朗。李斯特意识到如果感染是由细菌造成的，那么防止术后感染的最好办法是在细菌进入暴露的伤口之前就将其消灭。

为寻找杀死细菌的消毒物质，李斯特查找了许多资料，做了大量的实地考察、试验和验证工作。有一次他偶然发现在附近的污水沟里，沟水清澈，而且竟长出青翠碧绿的水草！污水是细菌最活跃的地方，能长满青翠碧绿的水草，其中一定有能杀死细菌的物质存在。他立即着手化验，发现污水中含有大量的苯酚。原来附近的化工厂里露天堆放着许多苯酚，经雨淋溶入水中流到了污水沟里。苯酚有很强的杀菌作用，污水中的许多细菌被杀死了，从而使植物能够正常生长。苯酚可以溶于水中并消灭细菌的现象给李斯特以极大的启示。李斯特采用苯酚做灭菌剂，用来清洗手术器具和病人的伤口，用浸泡过苯酚溶液的绷带包扎病人的伤口，取得了明显的效果，苯酚溶液因而成为医院最常用的消毒药水。1867年李斯特发表论文公布了这一成果，经过不到10年的时间，无菌外科手术使术后死亡率从45%降到了15%，挽救了亿万人的生命。

由于李斯特开拓性的贡献，他得到了许多荣誉，名扬四海。1877年，李斯特被任命为伦敦皇家学院临床外科教授，一任就是15年；他就任皇家学会主席达五年之久，是维多利亚女王的私人外科医生；1893年被封为男爵，是英国医生获此殊荣的首例；他在伦敦做的灭菌外科演示实验，引起了医学界的浓厚兴趣，接受他的思想的人不断增多；到李斯特享尽天年之时，他的灭菌原理在医学界被普遍接受；1912年，李斯特逝于伦敦。

创造力的行为表现有三个特征：

（1）变通性。变通性是指思维能随机应变，且举一反三，不易受心理定式的干扰，因此能产生超常的构想，提出新的观念。

（2）流畅性。流畅性是指反应既快又多，能够在较短的时间内表达出较多的观念。

（3）独特性。独特性是指利用已有的原理、定律、方法，在解决问题时有方向、有范围、有程序的思维方式和不同寻常的独特见解。

创造力与一般能力有一定的关系。研究表明，智力是创造力发展的基本条件，智力水平过低者，不可能有很高的创造力。另外，创造力与人格特征也有密切关系，综合多人的研究结果表明，高创造力者具有如下一些人格特征：兴趣广泛，语言流畅，具有幽默感，反应敏捷，思辨严密，善于记忆，工作效率高，从众行为少，好独立行事，自信心强，喜欢研究抽象问题，生活范围较大，社交能力强，抱负水平高，态度直率、坦白，感情开放，不拘小节，给人以浪漫的印象。

二、创造力的构成

研究创造力的构成，分析创造力的构成要素，有利于加深对创造力本质的了解，对创造力的开发具有指导作用。创造力是人类大脑思维功能和社会实践能力的综合体现，可以说创造力是人们进行创造性活动的心智能力与个性素质的总和。

（一）知识因素

知识因素包括吸收知识的能力、记忆知识的能力和理解知识的能力。知识是人们认识和改造世界的实践活动的经验总结，是人们对事物的系统认识。任何创造都离不开知识，丰富的知识有利于更多更好地提出创造性设想。知识的掌握，促进了人们的智力发展，一个人掌握知识的总量在很大程度上决定认识能力、解决实际问题能力的速度和质量。因此，知识是人类智能的能源，也是构成创造力的基础因素和原材料。丰富的知识储备是进行创造活动的最基本的前提条件，特别是对于一些比较专业的领域内的发明和创造活动。没有及时的、可靠的、全面的信息，不懂知识，是不会产生创造成果的。很难想象，一个对光电知识一无所知的人能发明出新型的电灯来，一个对计算机一窍不通的人能开发出新的操作系统，一个从事文学创作的人能在人造器官培育和纳米级材料修复技术中进行实质性的创造和发明活动。不了解前人的成果、眼光狭窄、知识贫乏的人是不可能做出重大科学发现和技术发明的。

在创造力构成要素中，知识可分为两类：一类是一般知识和经验，它们为创造提供了广泛的背景；另一类是专门知识，其中包括专业知识、创造学知识、特殊领域的知识等，它们直接影响创造力层次的高低。

（二）智能因素

智能是指人们认识、理解客观事物并运用知识、经验等解决问题的能力。智力是创造力的基础，创造力是智力发展的最高表现。创造力是以智力为必要条件的，但是创造力并不等于智力。智商低的人，创造力一般也较低；智商高的人，创造力高低却不相同。智能是智力和多种能力的综合表现。

创造力的智能因素由一般智能、特殊智能和创造性思维能力三部分组成。

一般智能主要包括敏锐、独特的观察力，高度集中的注意力，高效持久的记忆力和灵活自如的操作力。从一般活动到创造性活动，都不能脱离一般智能。它体现了人们检索、处理及综合运用信息，对事物做间接、概括反映的能力。

特殊智能是指在某种专业活动中表现出来的并保证某种专业活动获得高效率的能力。例如，音乐能力、绘画能力、体育能力、操作能力等。特殊智能除通过后天的开发、培训、实践提高外，遗传的天赋也有特别的影响。特殊智能可视为某些一般智能专门化的发展。

创造性思维能力主要指发散思维能力和形象思维能力，如创造性的想象能力、逻辑加工能力、思维调控能力、直觉思维能力、推理能力、灵感思维能力、捕捉机遇能力及批评性思维能力等，它体现出人们在进行创造性思维时的心理活动水平，是创造力的实质和核心。因此，一般智能和特殊智能的开发不能代替创造性思维能力的开发。

（三）非智力因素

从广义上讲，凡是智力因素以外的一切心理因素都可总称为非智力因素。从狭义上讲，非智力因素是指直接影响和制约智力因素发展的意向性因素。非智力因素包含两种因素，一是创造意识因素，二是创造精神因素。创造意识因素是指与创造有关的信息及创造活动、方法、过程本身的综合察觉与认识，也可以简单地理解为创造的欲望，包括动机、兴趣、好奇心、求知欲、探索性、主动性、敏感性等。任何创造成果都是创造意识和创造方法的结合，从某种意义上说，一个人能做出创造性成就，创造意识比创造方法更重要，尤其是在创造的初期，因为创造意识能使人们自觉地关注问题，从而发现问题。创造精神因素是指创造过程中积极的、开放的心理状态，包括怀疑精神、冒险精神、献身精神、使命感、责任感、事业心、自信心、热情、勇气、意志、毅力、恒心等。创造精神也可以简单地说成是创造的胆略。在创造活动中，创造精神往往是成功的关键。

非智力因素是创造力结构中的重要组成部分。在一般情况下，人的智力因素差别不是很大，但非智力因素的差别却可以很大，它对人们的创造力的发挥起着主要作用。创造力与一般智能的区别之一也在于创造力中渗入了非智力因素，这些非智力因素能将创造者的智力潜能最充分地展示出来，并进行开发、完善和提高，它的作用可以说“不是智力，胜似智力”。

美国创造心理学家格林教授提出了创造力由10个要素构成，即知识、自学能力、好奇心、观察力、记忆力、客观性、怀疑态度、专心致志、恒心、毅力。

我国学者庄寿强先生提出了创造力的表达公式：

$$创造能力=K\times 创造性\times 知识量^2$$

式中，K 为常量，亦可视为个体的潜在创造能力，式中的创造性，包括创造者的创造性人格、创造性思维及其所掌握的创新方法的总和。因此，该公式又可表示为：

$$创造能力=K\times（创造性人格+创造性思维+创新方法）\times 知识量^2$$

研究表明，智能因素是创造活动的操作系统，非智力因素是创造活动的动力系统。非智力因素虽然不直接介入创造活动，但它以动机作用为核心对创造活动起着极其重要的作用。总之，知识、智能和优良个性品质是创造力构成的基本要素，它们相互作用、相互影响，决定创造力的水平。

［案例］

炸药之父诺贝尔

提到诺贝尔这个名字，全世界几乎无人不知、无人不晓。诺贝尔是瑞典的科学家、发明家，他因发明炸药、雷管并经营、生产这两样东西而成为富豪。诺贝尔去世前留下遗嘱，决定在他死后把遗产的一部分作为基金，将全部利息分成五等份，作为“对人类幸福最具贡献者”的奖金，即诺贝尔物理、化学、生理或医学、文学、和平事业五个奖项（1968年增设经济学奖）。

诺贝尔天资聪颖，成绩优秀。他的学习兴趣广泛，不仅阅读有关机械、物理、化学方面的书籍，更喜欢文学，偶尔还做诗自我欣赏。17岁时被父亲送去美国学习，师从瑞典籍的大发明家艾利克逊。他跟艾利克逊学习了许多机械技术，并帮助艾利克逊从事热空气引擎的研究工作。19岁时，诺贝尔回到父亲的工厂工作。

之后，诺贝尔专注于硝酸甘油的研究与应用工作，经过多次试验，诺贝尔发明了雷管。他将硝酸甘油装入小玻璃管中再放进一个铁罐里，四周塞满黑色火药，再用导火线点火，这种能使火药完全爆炸的小玻璃管便是雷管。

但是硝酸甘油是一种危险的爆炸物，在生产硝酸甘油的过程中，诺贝尔的弟弟因爆炸事故去世。还有一些其他爆炸事件使得诺贝尔悲痛万分，但是他并没有灰心丧气，而是立下宏愿：“我一定要找出硝酸甘油最安全的使用、存放和大量制造的方法。”经过无数次试验，他终于研制出一种用雷管引发的、固体状态的硝酸甘油炸药。

一度被视为可怕的危险物品硝酸甘油，现已成为赐福人类的大功臣。硝酸甘油炸药用途之广难以尽述，隧道工程、开发铁路、挖掘运河、开山辟地和修路架桥等都需要它。

诺贝尔因经营硝酸甘油炸药而成为世界闻名的大富豪，他一生刻苦学习和钻研，不但发明了硝酸甘油炸药，还发明了汽车自动刹车装置、石油连续蒸馏法等，共取得了 355 项专利。

三、创造力的分类

创造力是人们在进行具有新颖性或不重复性的活动中所表现出来的一种能力，是创造学研究的主要对象。创造力包括社会创造力、集体创造力和个人创造力，这些都是创造学的研究内容，本书只限于研究个人创造力。

有关创造力的分类，国内外学者也有不同的观点。如美国心理学家泰勒根据创造成果的新颖程度和价值的大小，将创造力分为表达式创造力、生产式创造力、革新式创造力、发明式创造力和高深创造力 5 个层次；美国心理学家马斯洛（A. H. Maslow）把创造力分为特殊才能的创造力和自我实现的创造力；我国创造学者，天津工程师范学院心理研究所所长鲁克成将创造力分为高、中、低 3 个层次等。

马斯洛的特殊才能的创造力和自我实现的创造力，中国矿业大学的庄寿强教授又将其称为绝对创造能力和相对创造能力。此处我们用绝对创造力和相对创造力来说明。

绝对创造力是指创造成果对整个人类社会的历史进程来说是新颖的、前所未有的。它多发生在对创造有突出贡献的那些杰出人物身上，这种创造力对推进人类文明有重要意义。当然，这种创造力也不能理解为只有少数天才人物才具有，这里主要强调的是其贡献大，并且新颖、独特和真实，因而绝对创造力是高层次的创造力。

相对创造力是指创造活动产生的成果仅仅对于创造者本人来说是一种新颖的事物。这种创造力不拘泥于行为目标的大小，而是对生活一切领域尝试着采用一种新颖的态度和方式，以获得新颖的感受、乐趣和享受。有这种创造力的人生活质量很高，他会利用这种创造力处理每一件生活细节，求美趋新、独一无二、巧妙机智，有一种崭新的生活景观和精神境界。这种创造力是愉快的创造力，是深邃的自我及其价值的整合，是更新生命乐章的行板，也是很富于生活魅力的一种态度，因而相对创造力是浅层次的创造力。

这两种创造力都与新颖性密切相关，即其活动的结果对于创造者本人来说都具有重要的“新”的意义。无论是绝对创造力还是相对创造力，都需要经过一定的启发、培养、教育、训练，经过创造者自身的努力才能够得到提高，所以无论哪种类型的创造力都需要创造者的努力和奋斗。这两种创造力都可以对科学技术的发展起重要作用。绝对创造力的作用固然是显而易见的，但相对创造力的作用有时也十分明显。例如，我国在研制原子弹时国外早就有了原子弹，虽然我国原子弹的研制并不属于绝对创造力范畴，但它却是自主创新的重要成果，其意义非常深远。又如，一个新的设想、方案、措施或产品，即使属于相对创造力范畴，但有时也往往会振兴一个企业、救活一家工厂，会带来显著的经济效益，这样的例子不胜枚举。所以，人们不应随意地贬低相对创造力的意义。

绝对创造力与相对创造力之间也是有区别的。它们的区别主要表现在创造层次上有些不同，而并不是本质上的差异，因此有时在两者之间很难画出一条严格的界线。

综上所述，创造力是每个正常人都具有的，创造力是可以进行开发的，是可以通过学习、训练而被激发出来并逐步得到提高的。正是基于这样的事实，创造学才在教学、科研及工农业生产中逐渐得到人们的广泛重视，创造学自身也由此得到了极大发展。

四、创造力的影响因素

（一）激发创造力的因素

1．崇高的理想

爱因斯坦说，人只有献身于社会，才能找出那短暂而有风险的生命的意义。在我国科技工作者中，最为宝贵的财富就是“两弹一星”精神。“两弹一星”的研制成功，是中华民族为之自豪的伟大成就。20 世纪 50 年代中期，大批优秀的科技工作者，包括许多在国外已有杰出成就的科学家，怀着对新中国的满腔热爱，响应党和国家的召唤，义无反顾地投身到独立自主研制“两弹一星”这一神圣而伟大的事业中。他们突破了原子弹、导弹和人造地球卫星等尖端技术，取得了举世瞩目的辉煌成就。在“两弹一星”研制者身上体现出来的“热爱祖国、无私奉献、自力更生、艰苦奋斗、大力协同、勇于登攀”的精神，已经成为全国各族人民宝贵的精神财富和不竭的力量源泉。几十年来，在一代又一代科技工作者的不懈努力下，从研制“两弹一星”开始创立起来的我国高科技事业已经取得了长足的进步，并向新的科学技术高峰不断攀登。新的目标，更为远大的理想，应当成为今天全国人民持续创造的推动力。

［案例］

“两弹”元勋邓稼先

1924 年，邓稼先生于安徽怀宁县一个书香门第之家。出生 8 个月便随母亲来到北平（北京），在担任清华、北大哲学教授的父亲指点下打下了很好的中西文化基础。

欢乐的少年时光并不长远。七七事变以后的十个月间，日寇铁蹄踩踏了从北到南的大片国土。亡国恨，民族仇，都结在邓稼先心头。

1941 年，他考入了当时我国的最高学府西南联合大学的物理系，毕业后受聘担任了北京大学物理系助教。抱着学习更多本领和建设新中国的志向，他于 1947 年通过了赴美研究生考试，于翌年秋进入美国印第安那州的普渡大学研究生院。由于他学习成绩突出，不足两年便读满学分，并通过博士论文答辩。彼时他只有 26 岁，人称“娃娃博士”。

1950 年 8 月，邓稼先在获得博士学位后的第九天，便谢绝了恩师和同校好友的挽留，毅然放弃了在美国优越的生活和工作，回到了祖国。同年 10 月，邓稼先来到中国科学院近代物理研究所任研究员。此后的八年间，他对原子核理论进行了深入研究。

1958 年秋，第二机械工业部副部长钱三强找到邓稼先，说“国家要放一个‘大炮仗’”，征询他是否愿意参加这项必须严格保密的工作，邓稼先义无反顾地同意了。从此，邓稼先的名字便在刊物和对外联络中消失了，他的身影只出现在警卫森严的深院和大漠戈壁。

1959 年 6 月，苏联政府中止了原有的援助协议，中共中央下决心自己动手，研制出原子弹、氢弹和人造卫星。邓稼先挑起了探索原子弹理论的重任，他把全部的心血都倾注到了工作中，决心以最快的速度把原子弹研究出来。为了当好原子弹设计工作的“龙头”，他带领大家刻苦学习理论，靠自己的力量做尖端科学研究。由于条件艰苦，同志们使用算盘进行极为复杂的原子理论计算，为了演算一个数据，一日三班倒，常常工作到天亮。作为理论部负责人，他着急地说：“唉，一个太阳不够用呀！”邓稼先不仅在秘密科研院所里费尽心血，还经常行走于飞沙走石的戈壁试验场。他将个人生死置之度外，常常在关键时刻，出现在最危险的地方。他和同事们一起克服了一个个科学难关，使我国的“两弹研制”以惊人的速度发展。

1964 年 10 月，中国成功爆炸的第一颗原子弹，就是由他最后签字确定了设计方案。他还率领研究人员在试验后迅速进入爆炸现场采样，以证实效果。他还同于敏等人投入对氢弹的研究，按照“邓—于方案”，最后终于制成了氢弹，并于原子弹爆炸后的两年零八个月试验成功。这同法国用 8 年、美国用 7 年、苏联用 4 年的时间相比，创造了世界上最快的速度。1984 年，他在大漠深处指挥中国第二代新式核武器试验成功。由于在一次试验中受到了核辐射，邓稼先身患直肠癌，于 1986 年 7 月 29 日在北京不幸逝世，终年 62 岁。他临终前留下的话仍是如何在尖端武器方面努力，并叮咛：“不要让人家把我们落得太远……”

奥本海默是美国的“原子弹之父”，萨哈罗夫是苏联的“氢弹之父”，然而，中国的“两弹”元勋是谁？1986 年 6 月，中国各大报纸均在首要位置介绍这位了不起的科学家：名字鲜为人知功绩举世瞩目“两弹”元勋——邓稼先。

邓稼先是中国优秀知识分子的光辉榜样。他在抗日救亡的呐喊声中长大，在“千秋耻，终当雪，中兴业，须人杰”的西南联大校歌声中走上科学之路。他从青少年时代起就抱定了以科技强国的夙愿，将个人的事业与民族兴亡紧密相连。同时，他在党的教育下知道了应该如何发动群众进行科研攻关，为此而终生奋斗不惜牺牲个人的生命。中国能在那样短的时间和那样差的基础上研制成功“两弹一星”（原子弹、氢弹和人造卫星），正是由于中国有了邓稼先这样一批勇于奉献的知识分子，才挺起了坚不可摧的民族脊梁。邓稼先可歌可泣的优秀事迹，他那伟大的抱负和精忠报国的感人精神深深震撼着人们的心灵！邓稼先献身的事业，亮过一千颗太阳！党和国家授予他的“五一劳动奖章”和追授的“两弹一星功勋奖章”永远闪耀着光芒。

2．创造性群体

在 18 世纪、19 世纪以前，人类进行创造活动的主要方式是个人独立地探索，由于工业革命的发展，生产规模的扩大，使得科学创造活动日益呈现出社会化的趋势。到 20 世纪，科学创造活动逐渐发展到了国家规模，单靠个人的自由探讨已无法解决其重大问题，势必向集体协作发展。创造性群体的出现正是顺应了这一必然趋势，因此能够有效地促进创造活动的成功。创造性群体之所以能够推动创造事业成功，在于它能为每个创造者提供一种可以依靠、可以借助的集体力量，以便更有效地克服创造过程中所遇到的各种障碍。

［案例］

爱因斯坦的“奥林匹亚科学院”

爱因斯坦取得了伟大的成就，他的成就离不开他早年的两个朋友及他们一同建立的“奥林匹亚科学院”对他的支持和帮助。1903 年，爱因斯坦大学毕业后失业了，这时他结识了学哲学的索洛文（Mosolovine）和学物理的哈比希特（CoHabicht），共同的志趣使他们建立了“奥林匹亚科学院”。在这个科学院存在的 3 年多时间里，他们经常在一起进行学术交流和学术探讨。爱因斯坦在这期间连续发表的在光电效应、布朗运动和狭义相对论等方面做出伟大贡献的多篇论文，都在这个科学院里讨论过，都得到了朋友们热情的点评和有价值的建议。爱因斯坦直到晚年还时时回忆起这个对自己事业产生过重要影响的科学院，他说："在我们欢乐的科学院里，我们曾经很愉快地共同学习了不少东西。比起后来我所看到的许多可尊敬的科学院，我们的科学院实际上要严肃得多，要成熟得多。"

3．宽容的社会风气

宽容、尊重和理解的社会风气有助于促进人们的创造活动。

首先，多种理论观点的自由讨论，多种科学假说的并存和竞争，为真理的不断发展和新观点的平等竞争提供了社会心理上的保证。其次，创造个性的发展完善需要宽容的社会风气。另外，一种新思想的产生，也要有充分的外部自由做保障。提出新的假设和新的发现，必须要敢想，这需要宽容自由的思想氛围。如赫胥黎敢想象人是猴子变的，普朗克敢把连续的辐射想象成不连续的能量子。最典型的是爱因斯坦，他还是一个16岁的中学生时，就想象人和光速一样快的运动会是什么样子；他26岁时在专利局做小职员，听到了迈克尔逊的一系列实验和洛伦兹修修补补的解释，便大笔一挥连续写了三篇论文，提出了一系列当时物理学界多数人想都不敢想的问题。

［案例］

令人向往的工作环境

Google（谷歌）创建于1998年，不久之后它就成为全球搜索领域的先驱。据美国有线电视新闻网（CNN）报道，每年大约有200万人申请Google公司的工作，应聘者中有许多来自哈佛大学、斯坦福大学、麻省理工学院的优秀毕业生。Google公司被福布斯评为2015美国最佳雇主单位，Google公司也曾被评为美国人最想进入的公司之一。众所周知，Google以为员工提供良好工作环境而著称，如果你有机会进入Google的办公地点参观，肯定会留下深刻印象：

（1）隔声太空舱。如果工作累了，可在这个太空舱好好休息一会儿，它不但可隔声，而且能阻挡任何光线进入。

（2）回到幼儿园。每层办公楼之间都安装了一个滑梯。除了娱乐功能外，还可供员工们在发生火灾时紧急撤离。

（3）美味佳肴。在上班时间，Google员工可随时到食堂就餐，食品种类也丰富多样。

（4）工作地点。每位员工至少配备两台大屏幕显示器，平均每个办公室有4～6名员工。

（5）技术创新。办公大楼随处可见白色书写板，目的是方便员工随时记下各种新创意。一位Google产品经理对此表示："你坐在办公室时，灵感并不一定会来；或许就在你走动时，灵感就会如期而至。"

（6）轻松一下。在办公区域，很容易找到台球、视频游戏等娱乐设施。

（7）打个电话。办公楼每层都设立一个电话室。每台电话机都安装在一个经过装饰的小屋中，以方便Google员工处理私事。

（8）技术支持。如果Google员工的计算机出了问题怎么办？没关系，在等待计算机维修的过程中，你还可以喝上一杯饮料。

（9）专业按摩。身心疲倦时，有专业按摩师在等着你。

（10）全身放松。躺在可调节的按摩椅上，然后看着水族箱，可以好好放松一下。

（11）读书环境。在员工阅读室中，摆满了各类书籍，据说还有不少关于编程的书呢！

（见百度贴吧“长岭吧”）

4. 适当的压力

中国有句名言：“水激石则鸣，人激志则宏”。适当的压力是驱除懒散、激发创造欲的积极因素。社会压力、经济压力、工作压力、环境压力等，都可能转化为激发创造力的动力。我国的“两弹一星”就是在外敌威胁的重重压力之下研制成功的。古典名著《水浒传》里的林冲也是被逼上梁山的。世界上许多新产品、新技术、新方法的发明，都与“逼”字有缘。“逼上梁山”既是一种发明创造现象，也是人们主动从事发明创造的一种技巧或方式。当人们体验到某种压力的作用，并将各种主客观因素置于这种“压力场”时，潜伏在人们大脑中的创造动机和创新才智才会被激发出来。因此，主动传递压力，或有意给自己施加一点创造性解决问题的压力，也许会很快地将知识转化为创造动力，并演出“逼上梁山”的好戏。

［案例］

“傻瓜照相机”的发明

“您只需按下快门，其他一切交给我们去做。”这是20世纪80年代家喻户晓的一句广告词，说的是当时十分流行的“傻瓜照相机”。外出旅游观光，有“傻瓜”相伴，人们会感到很方便。人们虽然清楚这是一种可以不动脑筋，只要会取景、按快门就能拍照的袖珍型全自动曝光照相机，但也许并不知道它是“逼上梁山”式的发明创造的成果。

当年，日本“小西六”照相机公司的经理出于市场竞争的压力，不得不来到新产品开发部，对其技术人员下了一道非常强硬的命令，要求该部迅速开发设计一种新型照相机。设想中的新相机的突出特点，是将闪光灯和自动调焦装置装进135相机里，而体积不能增大。技术人员一听，认为这简直是头脑发热，异想天开。当他们力陈这种想法“根本办不到”，希望经理放弃此计划时，公司经理却态度异常坚决地说：“不行！今天的相机已经不吸引人，没有什么市场了，你们可以什么事都不干，但一定要攻下这一难题，否则……”

企业兴衰存亡的压力迫使经理做出开发新型照相机的决策，被解雇的压力又逼得技术人员硬着头皮向“根本办不到”的方向思考。他们首先碰到的难关是如何把闪光灯装置放到相机内。按一般的想法，将两件独立的东西放到一起，增大体积或容积是不可避免的事，但可不可以既放到一起，又不增加体积呢？他们日思夜想，终于发现无论是相机还是频闪光电管都有空隙，他们设法将零件拆散装入相机的空隙里。解决了闪光灯的问题后，紧接着便是攻克自动调焦的难关。一提起自动，他们的第一个反应是用小电动机来驱动镜头的伸缩，但发现电动机放到小相机里是无论如何都不合适的。怎么办？一位机械专家想到了弹簧的功用，提出了用弹簧移动镜头实现自动对焦的方案，结果如愿以偿。于是，在压力的驱使下，技术人员终于开发出内置闪光灯、自动对焦和自动曝光的小型照相机。因这种照相机操作简单，即使没有摄影经验的人使用也可以获得曝光适宜、影像清晰的照片，消费者戏称其为“傻瓜照相机”。

5. 利用信息的能力

我们的社会正在步入高度信息化的时期，信息化改变了人的认识和思维方法，对激发人类的创新意识和创造能力产生了持久和深远的影响。根据信息加工学说，创造力的结构内容包括以下几个方面：

（1）获得信息的能力。历史和实践表明，科学上的突破，技术上的革新，艺术上的创作，无一不是从发现问题、提出问题开始的，而发现和提出问题则是建立在所获取信息基础上的。而且，在许多情形下，某些信息的获取常常直接导致创造性观念的产生，因此，信息的选择和获取能力是创造力的重要成分之一。

（2）储存信息的能力。研究发现，富有创造力的人比较注重对所获取信息的融会贯通，厘清它们的来龙去脉，弄清其中的逻辑原理及相互联系，而不是去死记硬背，堆砌信息。这其中所体现的就是储存信息的能力。

（3）激活信息的能力。由于一个人知识经验中包括的信息繁多而复杂，因此需要有选择性、有针对性地激活那些与解决问题有关的信息。同时，激活的程度也应随信息和要求不同而做相应变化。如果一个人激活信息的能力差，那么，他要么不能激活那些有关的十分重要的信息，要么信息激活的强度不够，这都将会影响并阻碍创造性观念的产生。可见，激活信息的能力也是创造力不可缺少的。

（4）加工信息的能力。创造性观念往往是通过对信息的加工而形成的，因此在创造力的构成中，加工信息的能力最为关键和重要。对信息的加工一般包括心理加工和实际操作加工两种方式。前者指心理水平上的加工，如联想、类比、灵感、直觉等，后者指实际操作水平的加工，如实际比较、操作核算、动作尝试、行动探索等。在创造活动中，两种加工方式互相补充、互相配合，以促进创造性观念的产生。

（5）输出信息的能力。一般地，新信息的输出方式可分为两种，即书面输出和非书面输出。书面输出一般指论文、报告等，非书面输出指将创造出的新观念、新信息用非文字材料的形式输出呈现，如新产品、新工具、新技术等。不管是书面输出还是非书面输出，输出信息的能力都关系到创造性成果的最终形式，合理而有效的输出可以使创造成果更加客观化。

（6）信息监控的能力。创造力中的信息监控能力指在创造活动过程中，对创造力的上述各种信息加工过程进行调节和控制的能力。它是信息加工能力各构成成分能否合理、有效地运用，创造活动能否顺利进行的决定因素，在整个创造过程中处于核心地位。一个人具有某种才能是一回事，运用这种才能是另一回事，而在需要时可以有效地使用这种才能则又是另一回事。创造力高的人对事物的感受性特别强，能抓住易为常人漠视的问题，意志坚定，自信心强，易反抗旧习俗，自我意识强烈，能认识和评价自己与别人的行为和观点，这些都与一个人的信息监控能力有关。

6. 注重知识产权保护

一项发明的公布往往能触发后继者们一连串的发明，会释放出无数的新发明。众多的发明综合起来又可以触发更高一级的或者第二代、第三代的发明成果，使整个人类社会的物质文明发生根本的改变。因此，建立和完善专利制度，既保障了发明者个人的权益，又给整个社会带来了极大的利益，对于激发广大人民的创造精神，对于推动历史的进步有极其重要的作用。

（二）阻碍创造力的因素

阻碍和制约人们创新能力培养和发展的主要原因，集中体现在个体因素和环境因素两个方面。

1. 个体因素

（1）神秘感。常常有人认为创造发明是有文凭、有学历的工程师、科学家们的事，是一项深奥莫测、高不可攀的事业。事实上，创造发明绝非神秘之物，创造力也绝非天才独有。现代科学研究表明，一般来讲，每个人天赋的创造力没有太大的差异，但由于后天所受的教育、生活环境不同，才出现了很大的差别。

（2）自卑感。自己轻视自己，对自己潜能认识不足，总认为自己天生笨，比别人差，对创造发明连想也不敢想。其实这正是使自身所具有的创造性潜能迅速丧失的不良习惯。

（3）满足感。有的人认为现有的东西“比过去好多了”“能做到这样很不简单了”“能凑合干就行了”，只跟过去比，不向前看，不放眼于未来，对现有的成绩沾沾自喜等。有的人往往在头脑中形成一种“历来如此”“自然合理”的概念，固定看待事物，谁要是改变、突破，往往被认为是违背规律，这样是非常不利于发明创造的。

（4）恐惧感。有的人害怕失败，从来不敢尝试新事物，思考问题总循着原有的旧思路，解决问题总保持原有的老套路，不敢冒险，不善于创新，担心因失败陷入困境。还有的人遇到了一点困难就畏缩，遭到一点挫折就退缩，缺乏坚持精神，许多事情都半途而废。

（5）过分迷信权威。有的人往往迷信老师、专家，对于自己已经发现的新现象不善于辨别，认为与权威的东西有矛盾，便不再探究下去，否定了一个个有效的、较好的新设想，丧失了大量可能成功的机会。

（6）浮躁。有的人只做虚功，作风飘浮，不脚踏实地，不做深入探索，只凭猜测和臆想就武断地下结论，探究不到事物的本质，难以发现事物间的内在联系，影响了创造力的发挥。

（7）懒惰感。有的人不愿意开动脑筋思考问题，习惯于走老路，总按老办法、老框框、老套套去处理问题，懒惰还表现为“慢性拒绝症”。遇到问题总是要再考虑考虑、研究研究；认为创造好是好，但是没有时间或缺乏条件。

（8）过分追求完美。完美主义埋葬创造力。创造就是生产出前所未有的事物，新事物很难达到完美无缺，如果一味追求完美，过分挑剔，容不得一丝一毫的瑕疵，创造力就会萎缩。为了达到特定的目标，需具备跳跃性的思考，以防走入完美主义的陷阱中。

以上这些因素是创造型人才自我埋没的心理屏障、思想阻力和心智枷锁，开发创造力，首先应打破这些屏障，排除这些阻力，抛弃这些枷锁。

2. 环境因素

除了上述的个人因素外，社会环境因素有时也阻碍创造力的开发。主要有以下几点。

（1）中国传统文化长期以来形成的消极性的民族心理“积淀”。中国传统儒家文化崇尚“中庸”之道，孔夫子更强调“述而不作”。古训有“木秀于林，风必摧之”，民谚有“枪打出头鸟”。几十年代代相传，形成我们民族过于求稳趋同，不敢求异冒险的心理“积淀”。封建社会的思想虽经“五四”运动和新文化运动的有力冲击，但仍根深蒂固。中国的孩子从小就被教育在家要听家长的话，在学校要听老师的话，在单位要听领导的话。于是，服从听话就成了他们做人的基本准则，缺乏一种创造的内在冲动，缺乏一种大胆质疑的批判思维。

（2）现行应试教育模式存在严重缺陷。我国现行的应试教育模式，一是评价体系是静态的应试指标，对教学效果和学生能力的评价考核采取规范性评价方式。二是教育方式采取灌输式。教师整堂课讲解，学生一字不落地速记，教师的职责就是“传道、授业、解惑”，学生从不随便提问，表示异议。这种上课方式缺乏信息反馈和民主气氛，灌输有余，启发不足。三是学习方式是以记忆为主，学生对教师讲解内容的消化方式是记忆，被强迫死读书，读死书，复制有余，创新不够。这种教育模式，造成“千军万马过独木桥”的残酷竞争，使我们的学生既缺乏创造性的培养，又缺乏一种与人合作的精神。

（3）鼓励青少年创新的物质条件和社会机制尚不完善。在美国，青少年学生三分之一的课程是在博物馆上的，天文馆和图书馆都是他们学习的好去处，还有网上学习。而我国绝大部分学生的学业主要是在教室里由老师传授，教育和基础设施建设的严重滞后无疑会大大影响青少年创造力的培养。鼓励青少年创新的社会环境和激励机制的形成也不可能一蹴而就，将是一个漫长的过程。无论是政府和学校，还是社会和家庭，对青少年一代的培养都面临教育目标重新定位、教育方式重新选择、教育效果重新评估等问题。这些深层次的问题不解决，鼓励青少年创新的激励机制和社会环境就难以形成。

第二节　创造性人格

生物学家达尔文说：“我一直在思索，究竟是什么促使一个人成为尚未发现之物的发现者，这真是一个十分令人困惑的问题。许多人很聪明，比那些发现者要聪明得多，但却从没有任何创新之举。”

爱因斯坦说：“科学上的成就，在很大程度上取决于人格的伟大。”爱因斯坦曾这样评价居里夫人：“第一流人物对于时代和历史过程的意义，在其道德品质方面，也许比单纯的才智成就方面还要大。”其实，这个评价也适合于一切创造者，他们不仅在用自己的创造性“作品”服务社会，而且也在用他们闪光的人格和独有的精神品德鼓舞人。

在创造活动系统中，人是主体因素，是占第一位的关键性因素，但并不是任何人都可以在创造方面有所作为。现实生活中，许多高智商、高能力的人，一生中并没有任何创造成果。究其原因，在于人的创造行为的产生和创造成果的获得，不仅需要深厚的知识和较高的智能，而且需要一些非智力因素的作用，特别是创造性人格的作用。

一、人格与创造性人格的界定

在英语中，人格（Personality）源于拉丁语面具（Persona）一词。而面具是演员们在扮演不同角色时所戴的特殊脸谱，用以表明剧中人物的身份或性格。因此，把面具引申为人格，实际上意指人格是表露在外、以公开形式出现的自我。

由于研究问题的角度和重点存在差异的缘故，不同学科对人格的理解往往不同。在创造学研究领域，所谓人格是指心理学意义上的人格，主要是指人所具有的、与他人相区别的独特而稳定的思维方式和行为风格。它体现为个体的整体精神面貌，是具有一定倾向性的心理特征的总和。它包括性格、气质、能力、爱好、兴趣、需要、理想、信念等，其中性格和气质是人格的重要组成部分。

总体上说，每一个人都有区别于他人的个性特征。如有的人坚毅果敢，有的人优柔寡断；有的人热情开朗，有的人冷漠孤僻；有的人思维敏捷，有的人反应迟钝等。人格差异是先天遗传因素和后天生活、学习、锻炼及环境因素共同作用的结果。不同的人格特征，对于创造性的发挥有着不同的作用。积极的人格特征有利于创造性的发挥，负面的人格特征则有可能成为创造的屏障。

《现代汉语词典》关于“人格”含义的解释为：

（1）人的性格、气质、能力等特征的总和；

（2）个人的道德品质；

（3）人的能作为权利、义务的主体的资格。

研究人格，可以让人真正地知己知彼，可以帮助人们明白自己的个性，从而完全接纳自己的短处、活出自己的长处；可以让人明白其他不同人的个性类型，从而懂得如何与不同的人交往沟通及融洽相处，与别人建立真挚、和谐的合作伙伴关系。

对于人格问题，美国心理学家罗斯曼（Rosenman）曾经于 1931 年研究了 710 位发明家，发明家们自己多将成功的因素归功于毅力，其后依次为想象力、知识与记忆、经营能力及创新力。阿尔鲍姆（Albaum）用非发明者作为控制组以与实验组做比较，结果显示，发明者的人格特质的确有异于非发明者。发明者较非发明者有进取心、富于冒险与苦干精神，更具有创新行为及智慧活动。社会学家对于人类活动很感兴趣，他们对环境的事物有丰富的反应，对于情绪有良好的控制。画家、诗人、音乐家等艺术家的个性内向，精力旺盛，并对所从事的作品与事业锲而不舍，具有不屈不挠的精神。

在一次欧洲音乐指挥大赛的决赛上，世界著名交响乐指挥家小泽征尔按照评判委员会交给他的乐谱指挥时，发现有不和谐的地方。小泽征尔以为是乐队演奏有错误，就停下来，重新开始演奏，但仍然不能尽如人意。这时，一位评委郑重其事地指出，乐谱应该没有问题，而是指挥家的错觉。面对着音乐界的权威，小泽征尔考虑再三，最后十分肯定地说：“不，一定是乐谱不对。”他刚一说完，评判席上立即响起了热烈的掌声。

原来，这是评委们精心设计的一个“圈套”，以此来考查和检验指挥家在发现乐谱错误并遭到权威人士“否定”时，能否坚持自己正确的判断。在此之前的两个参赛者尽管也发现了其中的问题，然而因屈服权威中了“圈套”而被淘汰。小泽征尔最终摘取了这次世界音乐指挥家大赛的桂冠。

由此看来，成功者与失败者、幸运者与不幸者之间的差别，不在创造才能的水平上，而是和人格表现方面密切相关。因此，创造学有必要对创造者的人格特征进行研究，回答有关作为创造者究竟应当具备什么样的人格特征。

大量事实表明，创造力的开发与个体的人格因素关系极为密切。从某种意义上讲，特别是在一些关键性时刻，有些人格因素的重要性并不低于知识因素和能力因素。人格因素是个体创造力发挥的重要前提。只有具备某些重要的创造性的人格特征，人才可能完成超越一般的创造性成果。著名心理学家马斯洛分析说，伟大的天才及其作品不仅要有思想的闪光、新颖的智慧、高峰体验等公认的观念力量，还要有完善整合的内在人格、艰苦训练与劳作毅力、经受逆境与误解的能力。他们的创造力不仅体现在科学、艺术、哲学、宗教方面，而且也体现在社交、工艺、教育、管理、技术等方面，他们通常能够在众多领域中贡献自己的新思想和新创意。

创造性人格是指创作者在后天实践活动中逐步养成的，对促进人的成才和创造成果产生超导向与决定作用的优良心理品质的总和。它包括良好的认知特征、意志特征、情感特征和动机特征等。

美国心理学家吉尔福特（J. P. Guilford，1897—1987 年）对创造性人格特征进行了深入研究，在 1967 年提出创造性人格有以下个性特征：

（1）有高度的自觉性和独立性，不肯雷同；

（2）有旺盛的求知欲；

（3）有强烈的好奇心，对事物的机理有深究的动机；

（4）知识面广，善于观察；

（5）工作中讲求条理性、准确性、严格性；

（6）有丰富的想象力，敏锐的直觉，喜好抽象思维，对智力活动与游戏有广泛的兴趣；

（7）富有幽默感，表现出卓越的文艺天赋；

（8）意志品质出众，能排除外界干扰，长时间地专注于某个感兴趣的问题上。

1982 年，澳大利亚作家和企业家辛迪 · 开普兰在《创造力的配方 唤醒你的商业创造意识》一书中总结说，有高度创造力的人一般具有如下品质：

（1）敢于冒险；

（2）做好失败的心理准备；

（3）愿意琢磨一些新奇的想法；

（4）以一种平常心对待错误；

（5）乐在其中；

（6）有持之以恒、愈挫愈奋的精神。

我国北师大林崇德教授将创造性人格概括为五个方面的特点：

（1）健康的情感，包括情感之程度、性质及其理智感；

（2）坚强的意志，即意志的目的性、坚持性（毅力）、果断性和自制力；

（3）积极的个性意识倾向，特别是兴趣、动机和理想；

（4）刚毅的性格，特别是性格的态度特征，如勤奋，以及动力特征；

（5）良好的习惯。如学生最重要的学习是学会学习，最有效的知识是自我控制的知识。

不同类型、不同领域的创造者，其创造性人格特征是有所不同的。1999 年，著名物理学家丁肇中在北京大学的一次演讲中说：“我所经历的 20 世纪的物理学可凝练成四个小故事。每个故事都有各自的结论，‘永远对自己充满信心’‘不要盲从专家的结论’‘对意外现象要有准备’‘要有好奇心，对你所做的事情感兴趣，并为之努力奋斗’。”这四个结论都与创造性人格因素有关。

作为一个创造者，要以拥有无穷的创造力和养成良好的创造性人格为目标，不断增强自身有利于创造的人格因素，抑制和消除阻碍创造的人格因素。从创造性人格特征可以看出，创造性人格对于个体的创造力开发具有十分重要的作用。与创造力开发最为密切的人格因素有自信、质疑、勇敢、勤奋、热情、紧迫感、好奇心、兴趣、情感、动机等。要培养自己的创造性人格，你首先得端正态度，认清自己的个性，并培养自己不向任何困难和挫折屈服的坚韧毅力。

［案例］

乔布斯的故事

美国苹果公司 CEO 乔布斯在 2005 年对全体斯坦福大学毕业生做演讲时，讲了三个故事。

第一个故事，关于人生中的点点滴滴怎么串在一起。

17 岁的乔布斯在里德学院待了六个月就休学了。为什么休学？他说："我看不出念这个书的价值。那时候，我不知道这辈子要干什么，也不知道念大学能对我有什么帮助。而且我认为念这个书，花光了我父母所有的积蓄，所以我决定休学，相信船到桥头自然直。当时这个决定非常可怕，可是现在看来，那是我这辈子做过的最正确的决定之一，当我休学后，我把时间用在那些我有兴趣的课程上。

休学的日子一点也不浪漫。我没有宿舍，睡在友人家里的地板上，靠着回收可乐空罐买吃的，每个星期天晚上得绕过大半个镇去印度教的神庙吃顿好的。追寻我的好奇与直觉，我所驻足的大部分事物，后来看来都成了无价之宝。例如，当时里德学院有着大概是全国最好的书法指导。我休学后，跑去学习书法。我学到在不同字母组合间变更字间距，学到活版印刷伟大的地方。书法的美好、历史感与艺术感是科学所无法捕捉到的，我觉得那很迷人。

十年后，当我在设计第一台麦金塔时，我想起了当时所学的东西，我把这些东西都设计进了麦金塔里，这是第一台能印刷出漂亮东西的计算机。

你不能预先把点点滴滴串在一起，唯有未来回顾时，你才会明白那些点点滴滴是如何串在一起的。所以你要相信，你现在所体会的东西，将来多少会连在一起。

第二个故事，关于爱与失去。

我 20 岁那年开始做苹果计算机的事业。我拼命工作，苹果计算机在十年间扩展成了一家员工超过 4000 人、市价 20 亿美元的公司，而刚刚迈入人生第三十个年头的我被炒鱿鱼了。要怎么让自己创办的公司炒自己的鱿鱼？我请了一个我以为在经营公司上很有才干的人来，可是我们对未来的愿景不同，最后只好分道扬镳，董事会站在他那边，炒了我的鱿鱼。

有几个月，我实在不知道要干什么好，甚至想要离开硅谷。但是渐渐地，我发现尽管被否定，我还是喜欢我做过的事情。

当时我没有发现，但是现在看来，被苹果计算机开除，是我经历过最好的事情之一。成功的沉重被从头来过的轻松取代，每件事情都不那么确定，让我自由进入这辈子最有创意的年代。之后的五年，我又开了公司，最后又回到苹果公司，也有了美好的家庭。

有时候，人生会用砖头打你的头，不要丧失信心。我确信，我爱我所做的事情，这就是这些年来让我继续走下去的唯一理由。你的工作将填满你的一大块人生，唯一获得真正满足的方法是做你相信是伟大的工作，而唯一做伟大工作的方法是爱你所做的事。

第三个故事，关于死亡。

提醒自己快死了，是我在人生中下重大决定时所用过的最重要的工具。因为几乎每件事——所有外界期望、所有名誉、所有对困窘或失败的恐惧——在面对死亡时，都消失了，只有最重要的东西才会留下来。

一年前，我被诊断出胰脏癌。医生告诉我，那几乎可以确定是一种不治之症，我大概只能活 3～6 个月了。医生建议我回家，好好跟亲人们聚一聚。

没有人想死，即使那些想上天堂的人，也想活着上天堂。但是死亡是我们共有的目的地，没有人逃得过。死亡是生命中最棒的发明，是生命变化的媒介，送走老人，给新生代留下空间。现在你们是新生代，但是不久的将来，你们也会逐渐变老，被送出人生的舞台。

你们的时间有限，所以不要浪费时间活在别人的生活里。不要被信条所惑——盲从信条就是活在别人的思考结果里。不要让别人的意见淹没了你内在的心声。最重要的是，拥有跟随内心与直觉的勇气，你的内心与直觉多少已经知道你真正想要成为什么样的人。任何其他事情都是次要的。

……当你们毕业时，展开新的生活，我也以此期许你们——求知若渴，虚心若愚。

二、创造性人格的基本素质

创造性人格包括的基本素质是多方面的。根据对古今中外的一百多位杰出创造性人才典型案例的研究，从理想化的角度，概括出创造性人格的基本素质为：积极的人生态度、健康的自我意识、百折不挠的意志品质、较高的情感智慧和强烈的创造动机。这些创造性人格的基本素质对于促进创造有着重要的作用。

（一）积极的人生态度

就创造性人格而言，其核心是根植于健康人生观的处世态度，即对人类文明进步有一种积极信念，有为之做出贡献和牺牲的使命感。进步的人生态度表达了一种认识上的发现和科学真理无止境的观念，这种人格特征是开放的、乐观的。因而，具有积极人生态度的创造者敢于提出不同的观点，喜欢尝试新方法，探索新道路，也具有创新和冒险精神。进步的人生观和处世态度决定了一个人是否脱离了低级趣味，从事并胜任任何体现人类最高智慧的美好事业。

高尚的理想和志向对创造者具有推动作用。造福人类、追求真理、攀登科学高峰的高尚志向，成为他们个人成才的指路明灯，是他们创造活动成功的动力。自我实现、自我挑战这些动机使他们能够专注于自己的工作，最终取得丰硕的创造性成果。

［案例］

陈肇雄与“快译通”

众所周知，一个普通人熟练掌握两种语言，并能进行两种语言自然翻译，一般需要几年甚至更长的时间。让一台机器像人那样理解人的语言和文字，并将其翻译成所需要的另一种语言或文字，难度不言而喻。这一机译研究课题自 20 世纪 30 年代由苏联人提出来后，半个世纪都没有取得突破性的进展，被公认为世界高科技难题。在求解机译难题的过程中，世界各国都有心比天高的“狂妄之徒”，我国的青年科学家陈肇雄便是其一。正是这位具有狂劲的博士研究生，一跃成为中国机译第一人。

1988 年，在中国科学院计算机语言信息中心工作的陈肇雄刚刚 27 岁，他看准这一极富挑战性的科研难题后，便一直迎着困难前进。机译问题研究，中国会比国外遇到更多的拦路虎。欧美一些发达国家为了从事这方面的研究，投入资金达数千万甚至数亿美元，而陈肇雄根本没有充足的资金和设备保障。机器翻译涉及多个学科，需协同研究，而陈肇雄所处的研究室没人做过这方面的研究，他甚至连一个助手也没有。

一位老教授对陈肇雄说：“机器翻译是很难的课题，近几年，国内外同行都放弃了机译研究。如果你要做，就必须做好耗尽毕生精力都可能一无所获的思想准备。”

陈肇雄称选定机译研究是拿青春和前途做赌注，这话一点也不夸张。接受这个任务，就意味着必须中断已经进行了大量工作的逻辑程序研究，丢掉在该领域已取得的优势和一系列成果，去从事一项可能前途渺茫，而且自己一点基础也没有的研究工作，最后做不出成果不说，可能连博士研究生也不能毕业。

然而，他没有退缩，明知山有虎，偏向虎山行。凭着陈肇雄的进取心和研究小组的高昂热情，机译研究进展很快。短短两年，“智能型英汉机译系统”便研制成功，在 1991 年 12 月举办的“香港电脑软件博览会”上引起轰动。机译系统一问世，便显示出巨大的技术优势。权威专家认为该系统处于国内外领先水平。

而今，中科院和港商合资生产的“快译通”产品风靡海内外。英汉语言的壁垒，因一个中国青年科学家的“狂妄之举”而渐渐消融。1993 年，快译通 EC-863 获中国科学院科技进步一等奖，陈肇雄也因此获得中国科学院第三届青年科学家奖一等奖，并在 1994 年被评为“全国十大杰出青年科学家”。

（二）健康的自我意识

自我意识是人对自我的存在及意义的认识。高创造性的人一般都具有自我承认、自我统一、自信的健康自我意识特征。他们既能充分肯定自我潜能的存在，又能最大限度地挖掘利用它。

［案例］

不知天高地厚的柯恩

20 世纪 60 年代初期，一个初出茅庐的年轻数学家柯恩，与斯坦福大学的同事们聊天时扬言：他也许可以通过解决某个希尔伯特难题而一举成名。

同事们笑而置之。在他们看来，柯恩真是不知天高地厚，狂妄至极。他所说的难题，许多大数学家花了几十年的精力都未取得重大突破，而小小的柯恩只不过是傅里叶分析方面的新手，对于逻辑和递归函数，他差不多是个门外汉。

然而，夸下海口的柯恩真的去攻逻辑数学了。大约一年后，他居然写出了一篇论文，并急不可待地去找哥德尔教授。哥德尔教授听说是柯恩找他，只打开了一道门缝，伸手接过柯恩的手稿，便“砰”地关上了门。

柯恩很尴尬。不过，他早就听说过哥德尔教授很不情愿接待那些向他声明解决了数学难题的人，因为他不想让似是而非的论文白白占据宝贵的时间和精力。

碍于师生情面，哥德尔教授还是看了柯恩的论文。两天后，他特别邀请柯恩来家里喝茶。一见面，哥德尔教授就紧握柯恩的手说：“年轻人，了不起！”

柯恩的确获得了一项了不起的成果，这项成果被认为是 20 世纪最伟大的知识创新成果之一，他所采用的“力迫法”现已成为现代逻辑的一种重要工具。

这个例子说明，对自身能力的自信，是对未知领域的进取精神和创造的催化剂。没有向创造领域挺进的精神，没有立志获得新成果的信心，就谈不上获得高水平创造成果的可能。

而与高创造性的人相比，低创造性者通常不能客观、公正地估计自己。例如，认为自己没有创造力或认为自己没受过专业训练等。实际上，在创造过程中，过分看重自己的不足则会失之客观，而造成归因上的误差，甚至导致对自我丧失信心。很多人对创造抱有神秘感，认为只有专家、天才才能创造。其实不然，所有人都可以创造，历史上显微镜的发明者原是杂货店的学徒，发明缝纫机的赫威是裁缝工人，圆锯的发明者是修女。

（三）百折不挠的意志品质

意志是人自觉地确定目的，并支配行动，克服困难，实现目的的心理过程。百折不挠的意志品质体现了创造者能够以坚定的目标为指引，在创造过程中，面对种种困难时，不退缩，坚持到底，获得成功的人格特征。古今中外很多名人都具备这样的人格品质，从而达成重大的创造成果。正如俄国伟大诗人莱蒙托夫所说："意志是每一个人的精神力量，是要创造或是破坏某种东西的自由的憧憬，是能从无中创造奇迹的创造力。"这种创造性人格是许多遭遇失败或身处逆境的创造者，能够战胜千难万险、排除重重障碍、承受多次失败的压力，最终达到成功或获得创造成果的决定性因素。

由于创造是充满风险的探索活动，没有冒险精神和献身精神，就没有创造的胆略和勇气。诺贝尔奖获得者居里夫人说："我的最高原则是，不论对任何困难，都绝不屈服！"何止是科学，任何创造性的工作都需要百折不挠的意志品质，这或许是一个成功的创造者最重要的心理品质。我国宋代词人苏轼说过："古之立大事者，不惟有超世之才，亦必有坚忍不拔之志。"

美国计划生育的开拓者桑格夫人（1883—1966 年）为了减轻妇女多次生育的痛苦，以及生育引发的疾病和贫穷，在美国创办了第一家实行节育手术的诊所，创办了第一个宣传计划生育的刊物。由于她的言行触犯了美国当时的法律，她的诊所曾先后三次被警察查封，她也先后三次被捕入狱。但她坚信自己的主张和行为有利于千百万妇女和家庭，每次释放出狱后，她又再次开起节育诊所，宣传计划生育。正是她这种坚持正确主张，敢于承受失败和委屈，百折不挠、持之以恒的精神，获得了广大人民的理解和支持，终于迫使国会修改了有关法律，使她开创的节育手术和计划生育主张传遍了全美国，传遍了全世界。1921 年美国控制生育联合会成立，她成为第一任主席；1953 年，国际计划生育联合会成立，她成为第一任主席。

［案例］

斯蒂芬·威廉·霍金

英国著名物理学家斯蒂芬·威廉·霍金（1942—2018 年）是继爱因斯坦之后最杰出的物理学家之一，被世人誉为"宇宙之王"。他在 21 岁时不幸患上了肌萎缩性侧索硬化症（ALS）。因此，被禁锢在轮椅上，只有三根手指可以活动，疾病已经使他的身体严重变形，头只能朝右边倾斜，肩膀左低右高，双手紧紧并在中间，握着手掌大小的拟声器键盘，两脚则朝内扭曲着，嘴巴几乎歪成 S 形，只要略带微笑，就会现出"龇牙咧嘴"的样子，这已经成为他的标志性形象。1985 年，霍金因患肺炎做了环甲膜穿刺术，被彻底剥夺了说话的能力，演讲和问答只能通过语音合成器来完成。他不能写字，看书必须依赖于一种翻书的机器；读文献时，必须让人将每一页摊平在一张大办公桌上，然后他驱动轮椅逐页阅读。

霍金虽然身残但志不残，非常乐观。他的贡献是在他被禁锢在轮椅上几十年之久的情况下做出的。1973 年，他考察黑洞附近的量子效应，发现黑洞会像天体一样发出辐射，其辐射的温度和黑洞的质量成反比。这样，黑洞就会因为辐射而慢慢变小，而温度却越变越高，最后以爆炸而告终。黑洞辐射或霍金辐射的发现具有极其重要的意义，它将广义相对论、量子场论和热力学统一在一起，提出弯曲时空中的量子场论。1988 年出版《时间简史》，2001 年出版《果壳中的宇宙》，2010 年出版《大设计》等，这些著作也使霍金成为家喻户晓的科学家。

霍金使我们不得不对人类中居然有以这般坚强意志追求终极真理的灵魂从内心产生深深的敬意。霍金的例证也告诉人们，敢于承受挫折，排除重重障碍，持之以恒，最终就会取得重大的成就。

（四）较高的情感智慧

心理学家罗伯特·凯利对贝尔实验室的工作人员进行了追踪调查。进入这个实验室的工程师和科学家的智商都很高，然而，经过一段时间后，一些人成绩斐然，而另一些人却黯然失色。为什么会出现这种不同？答案是前一种人有广泛的交际网，而后一种人却没有。当后者遇到学术难题时，他们不得不临时与不同领域的专家联系、请教，既浪费时间，往往又得不到理想的结果。而前者则很少遇到这种情况，因为他们在这之前就建立了可靠的关系网络，需要某个方面的信息时，只要打个电话，就能马上得到回信。较广泛和深入的人际网络体现了一个人较高的情感智慧。

1990 年，耶鲁大学心理学教授 P. 萨拉维和新罕布什尔大学的 L. D. 迈耶共同提出了情感智慧概念。情感智慧主要指监控、感知自己和别人的情感，区别它们并使用这些信息去指导自己的思考和行动的能力。它包括两方面内容：

（1）认识与管理自己情绪的能力；

（2）认识与管理他人情绪的能力。

心理学家认为，在决定成功的诸多因素中，智力因素仅仅起到 20%的作用，其余 80%来自情感智慧因素。情感智慧乃是准确表达、评价和有效调节人与人之间的感情，并在产生动机、做出计划和取得成就中发挥重大作用的智慧。而创造是人类最高智慧的体现，创造不仅需要高智力，更重要的是需要有以情感智慧为核心的优异个性品质。

情感智慧对创造的作用具体表现有三个方面。首先，有助于克服创造过程中的心理障碍。在创造过程中，人们会经常出现各种正面或负面的情绪感受，其中包括不为人们理解或特别自负、孤芳自赏、不与他人交往、不能协作等情绪障碍，这些障碍的出现会极大地妨碍创造活动的正常进行。其次，思维过程始终需要情感的积极介入。人的情绪、情感与创造性思维有直接的关系。当人的情绪过度紧张时，会出现记忆、想象、自制力的下降，甚至失去理智。因此，要保持适当的松弛状态，此时人的情感积极活跃，最易产生创造性设想。最后，情感对创造的影响还体现在它可以促使对创造产生美感，美感可以促使人对创造产生巨大的兴趣。例如，著名物理学家杨振宁谈到对方程美的感受时提到，那是一种崇高美、灵魂美、宗教美、最终极的美。如果一个人对任何事都无动于衷、情感淡漠，那是绝对有碍于创造的。

（五）强烈的创造动机

创造动机是激发和维持个体在进行具体创造活动中的内部动力。通俗地说，它是人们主动地想去创造的欲望与自觉性。一个具有创造性的人的动机特点是：内在动机水平高，具有强烈的好奇心。

内在动机指人们对创造活动本身感兴趣，创造活动能使人们产生满足感，故无须得到外在奖励之类的外力推动。例如，对混沌学做出重大贡献的科学家费根鲍姆，当初他为了自己的研究几乎丢了教师的职务。有人问他为什么不去研究激光聚变、微粒子自旋和宇宙的起源等热点问题，却研究令人难以捉摸的本属气象学问题呢？他的回答是，这是我感兴趣的事情。那时他所写的非线性方面的论文被多家期刊拒绝。但是，凭着对混沌现象的强烈兴趣或内在动机，他始终没有把注意力转移到任何有可能很快获得回报的问题上。实际上，这正是创造性工作与常规工作的差异。

与此对应，外在动机则是指对活动本身不感兴趣，而是为了奖励或者别人的赞誉等产生行为的动力，外在动机是对活动的结果感兴趣。例如，大学生要通过英语四级和六级考试，很多学生因此努力学习英语。其中一部分学生的这种学习动力并不是基于内在动机的驱使，即并不是对学习英语本身感兴趣，而是出于对学习英语带来的结果感兴趣——他们要获得英语四级和六级证书，为将来的求职就业提供良好的条件。

在创造性人格特征中，内在动机水平高是一个重要特点，只有对自己从事的活动或者事业怀有强烈的积极情感，有充分的认知意向，才能保证产生重大的创造成果。

另外，好奇心强也是一个重要的创造性人格特征。好奇心是一切创造者都应具备的一种个性品质，是一种创新基因。如果一个人墨守成规，对周围事物习以为常，那么，他的探索路径会十分狭窄，甚至创新的机遇就在眼前都发现不了。爱因斯坦曾说："我没有特殊天赋，我只有强烈的好奇心。"地质学家李四光对人们习以为常的石头非常好奇，少年时期就对村里一来历不明的石头产生了强烈的兴趣。他常常靠在那块石头上沉思：这是一块什么石头？从哪里来？同伴们都对李四光的兴趣难以理解。长大后，李四光对奇怪的石头情有独钟。有一次，他从大同盆地采回一块石头，并发现太行山麓也有这种冰川条痕砾石。出于好奇，他经过仔细的观察与研究，断定这是冰川的漂砾，结果第一次发现了中国经历过第四纪冰川，而外国专家曾否定过中国可能有这种过程。

好奇心与质疑精神有着密切的联系。古人云："学贵知疑，小疑则小进，大疑则大进。"建立在仔细观察和深刻思考上的质疑精神，是对好奇心的进一步推进。这种质疑精神越深刻，对创造目标就越清楚。马克思曾经把"怀疑一切"作为自己"喜爱的箴言"。爱因斯坦之所以能创建广义相对论和狭义相对论，被称为最有创造性的伟大科学家，其重要原因之一是他具有勇于质疑和发现问题的精神。当时，爱因斯坦认真研究了麦克斯韦电磁理论，发现了一个问题：以太绝对参照系是必要的吗？电磁场一定要有荷载物吗？这时，他开始怀疑以太存在的必要。进一步地，他又发现相对性原理已经在力学中被广泛证明，在电动力学中却无法成立，对于物理学这两个理论体系在逻辑上的不一致，爱因斯坦又提出了怀疑。经过这一系列的质疑，爱因斯坦把狭义相对论呈现在人们面前。

比尔·盖茨 1956 年出生在美国，他在小学学习时便有点出格，上中学后更不听老师的话，但他却对编程情有独钟。13 岁时，他躲在车库里七弄八弄，居然设计出一种记录西雅图交通状况的软件。1975 年，已进入哈佛大学的盖茨更有惊世骇俗之举，他读到大二便打算辍学，“下海”成立软件公司。他的父母、亲友和同学知道后都认为他的想法是一种冒险行为，希望他三思而后行。

但是，富有创造精神的比尔·盖茨最后还是决定走自己的路。谁知他的这一冒险之举，竟造就了日后赫赫有名的“微软”王国。据说，当年这位巨子以每秒 99 万美元的速度创造财富。

2016 年度，《福布斯》发布了全球科技业富豪榜，比尔·盖茨排名第 1；“美国 400 富豪榜”，比尔·盖茨第 23 年蝉联榜首。2017 年 3 月，美国彭博新闻社公布了全球富豪榜前 500 人名单，比尔·盖茨排在榜首。据英国《每日邮报》2017 年 1 月 31 日报道，扶贫组织乐施会近日大胆预测：全球首富比尔·盖茨 25 年之后，将成为首位万亿美元富翁。

［案例］

“当代毕昇”王选

王选（1937—2006 年）出生于上海，北京大学教授，计算机汉字激光照排技术创始人，当代中国印刷业革命的先行者，“汉字激光照排系统之父”，被誉为“有市场眼光的科学家”。

自 1975 年开始，作为技术总负责人，王选组织并领导了汉字激光照排和电子出版系统的研制工作。当时国外已经在研制激光照排四代机，而中国仍停留在铅印时代，我国政府打算研制自己的二代机、三代机。王选大胆地选择技术上的跨越，直接研制西方还没有产品的第四代激光照排系统。国产激光照排系统使我国传统出版印刷行业仅用了短短数年时间，从铅字排版直接跨越到激光照排，走完了西方几十年才完成的技术改造道路，被公认为毕昇发明活字印刷术后中国印刷技术的第二次革命。汉字激光照排技术占领了 99%的国内报业市场及 80%的海外华文报业市场，开创了汉字印刷的崭新时代，引发了我国报业和印刷出版业“告别铅与火，迈入光与电”的技术革命，彻底改造了我国沿用上百年的铅字印刷技术。

当年王选向国家经委汇报研究工作时说，“三年多、五年之内，我们把国外所有的厂商全部赶出中国”。后来激光照排的成功证明了王选并非口出狂言。王选说：“是当时分析了国外的情况以后使我有了这么一个信心的。”王选说，我们完全有可能，也要有这个雄心壮志在一些核心技术方面跑到前头去。在某些领域中国确实已经达到了世界最先进水平，所以王选希望在如网络出版这些新兴领域中，中国产业能够走在世界前列。

1975—1993 年这 18 年中，王选几乎放弃了所有节假日，每天都在工作，身心极为紧张劳累。他说，献身科学的人没有权利像普通人那样生活，这样会失掉常人所拥有的乐趣，但也会得到常人所享受不到的乐趣。这个乐趣就是工作过程本身。

1981 年开始，他便致力于研究成果的商品化工作，使汉字激光照排系统从 1985 年起成为商品，在市场上大量推广。

1988 年后，他作为北大方正集团的主要开创者和技术决策人，提出“顶天立地”的高新技术企业发展模式，积极倡导技术与市场的结合，闯出了一条产学研一体化的成功道路。

“一个有成就的科学家，他最初的动力，绝对不是想要拿个什么奖，或者得到什么样的名和利。他们之所以狂热地去追求，是因为热爱和一心想对未知领域进行探索。”

王选不仅说到而且做到了——1985 年王选获中国十大科技成就奖，1989 年获中国专利金奖；1992—1994 年，先后当选为三院院士；2001 年获国家最高科学技术奖，在他病逝后 3 年，即 2009 年，被追评为“100 位新中国成立以来感动中国人物”。

三、创造性人格的作用

创造性人格对个人的成才，对创造活动的成功和创造成果的产生起到了导向作用、动力作用和持之以恒作用。

（一）导向作用

创造性人格能够在一个人的成才过程中起导向作用。如坚定的认知信念、坚强的意志品质等，都会对个体的成才发挥重要的引领作用。

中国新文化运动的主将鲁迅（1881—1936 年），1902 年被选派到日本东京留学，攻读医学。由于他当时初步树立了民主革命思想和爱国主义精神，当他看了一部反映日俄战争的影片后，深受刺激，深感医治人们的精神比医治人们的肉体更重要，如果思想不觉悟，体格再健壮也无济于事。他认为，能改变人的精神状态的只有文艺。于是，他弃医改学文学，后来他成为伟大的思想家、革命家、文学家。可见，爱国主义精神这样的创造性人格，对鲁迅的成才和文学创造活动起了导向作用。

（二）动力作用

创造性人格对创造者的创造活动和创造历程起到了内在动力的驱动作用，它会激发个体主动进行创造。

20 世纪 70 年代中期，上海灯泡厂生产钨钍电极。钨钍电极中的钍元素具有放射性，会损害工人的身体健康，轻者白细胞会大量减少，重者致癌。该厂的女工程师王菊珍，出于对需要接触钨钍电极的成千上万工人的爱心，为使他们不再遭受放射伤害，决心研制非放射性电极，也就是寻找非放射性材料代替钨钍电极中的放射性元素钍。王菊珍每天工作十多个小时，常常连续工作几十天。钍的放射性，使得她的白细胞降低，肝肿大三指并有炎症。医生强迫她卧床休息，但她的身体稍一恢复，又满腔热忱地投入试验中。经过十多年艰辛努力，经历多次失败，王菊珍终于成功研制了无放射性的钨铈电极，并广泛应用于焊接、切割、喷漆、熔炼和激光技术等方面，为我国的经济和国防建设立下了新功。该技术于 1987 年获得美国专利，获国家发明奖一等奖，产品远销海外，为国家获利近千万元，她也被称为“世界钨电极女皇”。

（三）持之以恒作用

在人类生活的各个领域，每一种重大创造成果都需要创造者常年的努力奋斗才能获得。在长时间的创造过程中，持之以恒、坚持到底的创造性人格，对于创造活动起到了促进作用。

李时珍（1518—1593 年）从 35 岁起动手编写《本草纲目》，走访了河南、江西、江苏、安徽等很多地方，收集药物标本、民间验方，花了整整 27 年的时间，历尽千辛万苦，参考了八百多种书籍，记载了药物 1892 种，附了 1160 幅药物形态图，记载了 11096 个医方，到他 61 岁时，终于完成了这部 52 卷、190 万字的“东方医学巨典”。

爱迪生在 1877 年开始了改革弧光灯的试验。他提出了要搞分电流，变弧光灯为白光灯。这项试验要达到满意的程度，必须找到一种能燃烧到白热的物质做灯丝，这种灯丝要经得住 2000℃、1000h 以上的燃烧。同时，用法要简单，能经受日常使用的撞击，价格要低廉，还要使一盏灯的明和灭不影响任何另外一盏灯的明和灭，保持每盏灯的相对独立性。这在当时是极大胆的设想，需要下极大的功夫去探索、去试验。为了探寻这种做灯丝用的物质，爱迪生先是用炭化物质做试验，失败后，又以金属铂铱高熔点合金做灯丝试验，还做过上质矿石和矿苗共 1600 种不同的试验，结果都失败了。但这时，他和他的助手们已取得了很大进展，已经知道白热灯丝必须密封在一个高度真空的玻璃球内，才不易被烧掉。这样，他的试验又回到炭质灯丝上来了。他的试验笔记簿有二百多本，四万余页。三年时间，他每天都工作十八九个小时。每天清早三四点的时候，他才头枕两三本书，躺在试验用的桌子下面睡觉。有时，他一天在凳子上睡三四次，每次只睡半小时。

试验到了 1880 年上半年，爱迪生的白热灯试验仍无结果，就连他的助手都灰心了。有一天，他把实验室里的一把芭蕉扇边上缚着的一条竹丝撕成细丝，炭化后做成灯丝，结果这一次的试验效果比以前做的都好，这便是爱迪生最早发明的白热电灯——竹丝电灯。这种竹丝电灯持续使用了好多年，直到 1908 年发明了用钨丝做灯丝后，才被取代。

四、影响创造性的负面人格

在研究创造性人格过程中，人们一方面对典型创造者的行为表现进行分析，另一方面也从人格心理及社会心理方面对影响创造性人格的相关因素进行研究。研究发现，从众性、权威性、偏见性、刻板性与偏执性，都会对创造性人格带来消极的影响，了解这些负面人格对发展积极的创造性人格是有帮助的。

（一）从众性

从众性（Conformity），在词意上有相似、一致、服从或顺从等含义。心理学家与教育家所讨论的从众性，指在认知、判定的时候，往往是附和多数、人云亦云，缺乏自己独立的见解与决断。从众，是一种极为普通的心理现象，不少人无法摆脱从众心理的束缚。在创造过程中，从众性是一种影响创造的负面人格。

心理学家阿希（Asch）曾经做了一次有名的“判断直线长度”的实验。实验的布置是在教室黑板前面设置两个大纸板，左边的纸板上画有一条很粗的 10 英寸（1 英寸=0.0254 米）长的直线作为标准线，右边的纸板上则有三条长短不一的直线。第一条是 8.3 英寸；第二条是 10 英寸；第三条是 8 英寸。然后找七八个大学生说出右边的三条直线中哪一条与左边的标准线等长。很显然，每人都可说出第二条是与标准线等长。但是在这些学生中，前面几个是事先与主试者串通的人，只有最后一位才是真正的受试者。实验中，当听到多数人的错误判断后，该受试者接受了团体的错误选择，没有坚持自己的正确判断。

在某个办公大楼内的电梯门口，有位职员等电梯。一会儿，电梯下来了，门一打开，电梯内的每个人都脸朝内、背朝外地站着。那位职员起初感到有些奇怪，想不出大家都这样站的理由。但是，他自己走进电梯之后，同样也是脸朝内、背朝外地站着。其实，电梯里的人都是心理学家请的“托儿”，只有后进来的那位职员是受试者。

几乎人人都难免从众。众所周知，人类是一种群居性的动物，喜欢一群人待在一起。这个“群”小到数十人（原始人的部落），大到数亿人（现代的国家）。从理论上讲，孤独的个人并非无法生存下去，但谁也不愿离群索居。在群体中总有意见不一致的时候，为了维持群体不破裂，人们便发明了“个人服从群体，少数服从多数”的准则。本来，这种准则只是一个行为上的准则，是为了维持群体的稳定性。然而，这个准则不久便产生了“泛化”，超出个人行动的领域而成为普遍的社会实践原则和个人的思维原则。于是，“从众心理”和“从众思维”便逐渐形成了。

从众，使得个人有一种归宿感和安全感，能够消除孤单和恐惧害怕心理。另外，以众人之是非为是非，人云亦云随大流，也是一种比较保险的处世态度。你想，自己跟随着众人，如果说得对、做得好，那自然会分得一杯羹；即使说错了、做得不好也不要紧，无须自己一人承担责任，况且还有“法不罚众”的习惯原则。所以，仔细观察一下，社会上人们大部分的行为选择其实都是盲目从众的结果，而很少经过自己独立的深思熟虑，如当年的各种赶潮流的“文凭热”“下海热”“出国热”等。

从众心理的产生不仅客观存在，而且一旦产生还会得到强化。一个社会的传统色彩越强烈，个人的从众心理枷锁也越稳固。国外曾有一位学者，统计不同社会中“左撇子”在总人口中所占的比例，以此来说明在不同的社会中，人们的从众心理枷锁具有不同的强弱程度。从众心理较强的社会，人们认为“右撇子”是正常状态，因而常常把小孩子的“左撇子”硬性纠正过来。一个社会中“左撇子”比例的高低，与这个社会人们从众心理的强弱，二者形成反比例关系。

各种研究显示，过度的从众会损害创造性。一般来说，创造能力强的人，大都具有反潮流的精神。不论生活在哪种社会、哪个时代，最早发现新事物的，总是极少数人，而对于这极少数人的新观念和新发现，当时的绝大多数人都是不赞同甚至激烈反对的。为什么会这样？因为每个社会中的大多数人都生活在相对固定化的模式里，他们很难摆脱早已习惯的思维框架，对于新事物新观念总有一种天生的抗拒心理。例如，哥白尼反对传统的“地心说”而提出“日心说”，主张地球绕着太阳转的观点，这种学说首先就得到了普通民众的反对。因为过去的“地心说”给人以稳定安全的感觉，而“日心说”却使普通民众感到惶惶不安——脚下的大地不停地转动，我们地面上的人岂不要被甩出去了吗？地球要转到哪里去呢？转动的地球是一幅多么可怕的景象啊！

［案例］

“非欧几何学”的发现

高斯是19世纪最伟大的数学家，赢得了世人的广泛尊敬。在1824年以前，他已经独立地得到了非欧几何学的令人满意的结果。欧氏几何就是大家在中学学过的平面几何。平面几何认为，空间是直的，这就是欧几里得空间。但非欧几何学认为，空间是弯曲的。显然这种思想与当时占据统治地位的、传统的欧几里得空间观念相矛盾。康德就说道：空间观念是天赋的，人生下来就有了空间观念，这种空间就是欧几里得空间，它是唯一的空间。高斯发现的非欧几何学则突破了这一传统的空间观念，所以高斯害怕他的非欧几何学与传统空间观念相悖，引起大家的反对，因此这一研究成果到他死后才被人们公开。

1826年，俄国数学家罗巴切夫斯基在喀山大学物理学会议上宣布他创立了非欧几何学。此后，他又连续发表了一系列非欧几何学著作。现在的非欧几何学的发现归功于罗巴切夫斯基和另一位数学家黎曼。可见，一代数学巨匠高斯，因为缺乏与传统观念斗争的勇气，胆怯、害怕批评和从众心理，使得已经展现在他眼前的成功溜走了，这让世人感到惋惜。

（二）权威性

权威心理会影响创造性人格。许多时候，特别是在学术领域，不少人习惯于引证权威的观点阐述问题，一旦发现与权威相违背，认为其必错无疑，并大张挞伐，这就是“权威心理”的体现。人们如果不突破它的束缚，不真正打破“权威心理定式”是不可能推陈出新的。

20 世纪 50 年代初期，美籍华人科学家徐道觉与助手在配制冲洗培养组织的平衡盐溶液时，不小心错配成了低渗溶液，这种溶液最容易使细胞胀破。当他将低渗溶液倒进胚胎组织后，在显微镜下发现染色体溢出后铺展情况良好，染色体数目清晰可见。这应该是观察人类染色体的正确途径和发现人类染色体确切数目的大好良机。可是，他盲目相信美国著名遗传学家潘特 20 世纪 20 年代初在其著作中的论断：既然大猩猩、黑猩猩的染色体都是 48 个，那么人类的染色体也应是 48 个。徐道觉因此放弃了自己的独立研究，错失了一次本该属于他的重大发现。几年后另一位美籍华人科学家蒋有兴，用徐道觉同样的技术观察，结果发现人类的染色体不是 48 个，而是 46 个。

巴甫洛夫曾说：“怀疑，是发现的设想，是探索的动力，是创造的前提。”创造力强的人尊重的是事实而不是权威，对传统见解、权威结论或他人观点常具有质疑精神。

据说牛顿曾请瓦匠砌围墙，要求在墙上开一大一小两个猫洞，好让大猫、小猫分别从各自的洞中穿行。但瓦匠觉得开两个洞很不美观，只开了一个大洞，这让牛顿很不满意。瓦匠说，小猫也可以从大洞进入。牛顿这才恍然大悟。瓦匠的做法可以说是尊重事实而不是权威，是喜欢质疑的“典范”。

20 世纪 50 年代初，美国某军事科研部门在研制一种高频放大管时，科技人员都被高频率放大能不能使用玻璃管的问题难住了，研制工作迟迟没有进展。后来，由发明家贝利负责的研制小组承担了这一任务。上级主管部门在给贝利小组布置这一任务时，鉴于以往的研制情况，同时还下达了一个指示：不许查阅有关书籍。经过贝利小组的创造性劳动，终于制成了一种高达 1000 个计算单位的高频放大管。

在完成任务后，研制组的科技人员都想弄清楚，为什么上级下达不准查书的指示。这时候上级主管才让大家去查阅有关书籍，结果令他们大吃一惊。原来权威性的设计手册上明明白白地写着：“如果采用玻璃管制作高频放大管，其极限频率是 25 个计算单位。“25”与“1000”，这个差距也太大了！后来，贝利对此发表感想说：“如果我们当时查了设计手册，一定会对研制这样的高频放大管产生怀疑，就会没有信心去研制了。”

书本不同于现实，道理如此简单，但真正能够把握这个道理的人并不多，人们经常把二者混为一谈。质疑书本，就是不要让书本成为我们思维的枷锁。我们必须从多方面、从不同的角度来观察和思考书中的事物与理论，开阔视野，不被书中所说的事物与理论所束缚。

（三）偏见性

有位哲人说过，偏见比无知更可怕。偏见，对于创造来说也是一种负面人格。为什么这样说呢？因为具有偏见倾向的人，不能客观地自我评价，接受自己的优点与缺点。他认为自己的缺点是羞耻的，因此尽量设法予以遮盖，并将自己的优点尽量扩大，具有自我宣扬的趋势，凡是与他有切身关系的都是好的。具有这种心理的人，往往对自己的创造才能评价不当，对他人的创造缺乏正确的理解，结果会将与自己有关的创造机会拒之门外。

［案例］

爱迪生的遗憾

爱迪生发明电灯时，输电网的建设因直流电的局限而进展缓慢。与此同时，乔治·威斯汀豪组织了一个科研班子，专门研制新的变压器和交流输电系统。

爱迪生反对交流电的应用，认为这是非常危险的事情。为了阻止威斯汀豪的创新，爱迪生花费数千美元通过媒体向外界宣传交流电如何可怕，使用它将会给人类带来多么大的危险。在维斯特莱金研究所，爱迪生召见新闻记者，当众用 1000V 交流电做电死猫的表演。他还为此发表了一篇题为《电击危险》的文章，表达了自己反对研究和应用交流电的观点。

面对爱迪生这位大发明家的偏见，威斯汀豪没有认同，对围攻交流电的宣传也不甘示弱，他竭尽全力为交流电的推广奔走努力，并且针锋相对地在杂志上发表了《回驳爱迪生》的文章，对爱迪生的偏见进行质疑。

可是，一件意想不到的事情给威斯汀豪的事业带来了沉重的打击，这就是纽约州法庭下了一道把死刑绞架改为交流电椅的规定。对爱迪生来说，这真是天赐良机，他借着电椅大做文章，再次把恐怖气氛煽动起来。而受到这意外打击的威斯汀豪，在交流电的发展事业上一蹶不振。

在这场角逐中，虽然威斯汀豪在大名鼎鼎的爱迪生面前处于劣势，但他并不气馁，始终坚信交流电的应用将给世界带来新的光明。

不久，美国准备在芝加哥举办纪念哥伦布发现美洲大陆 400 周年的国际博览会。作为会上的精彩展品之一就是点燃 25 万只电灯。为此，很多企业竞相投标，以获取这名利双收的“光彩工程”。爱迪生的通用电气公司以每只灯出价 13 美元 98 美分投标，并满怀希望能拿下这笔生意。威斯汀豪闻讯赶来，出人意外地以每只灯 5 美元 25 美分的极低标价与通用电气公司竞争。主办博览会的负责人吃惊地问他：“你投下如此低价，能获利吗？”威斯汀豪坦然地回答：“获利对我并不重要，重要的要让人们看到交流电的实力。”对威斯汀豪的抱负，人们将信将疑。

国际博览会隆重开幕了，人们发现数万盏电灯在夜幕下光彩夺目，蔚为壮观。人们也争先传扬，是威斯汀豪用交流电照亮了世界。望着无比灿烂的灯光，爱迪生这才低头沉思，并对自己的偏见感到遗憾，同时也对后来居上的创造者表示十分的敬佩。

（四）刻板性

偏见性往往产生刻板性。刻板性，是对外力或一种变化的反抗，表现在知觉与思想上则为一种保守的倾向，这种人的知觉与思想往往受先入为主的影响，认为只有他的经验才是对的。

《纽约日报》著名记者泰勒在初当记者时，有过一次难忘的经历。那天，编辑部派他去采访某一位著名演员的演出。泰勒赶到剧场后，却发现演出已被取消。他想：“真不走运！

初出茅庐就碰了钉子。”于是便一无所获地回家睡觉去了。

睡至半夜，电话把泰勒从梦中叫醒，编辑部主任显然很不满地责问他为什么采访毫无所得，而其他报纸都将在明晨报道那位女演员自杀身亡的消息。

编辑部主任最后毫不客气地教训泰勒说：“呆瓜，像这样一位著名演员的演出突然被取消了，其新闻价值比一般的演出报道要大得多！”

时效性是新闻报道的生命，反应敏捷是新闻记者不可缺少的素质。刻板性使泰勒错失新闻采编的良机。新闻采编如此，其他的创新活动，同样也要克服刻板思维障碍，敏锐地捕捉机遇。

（五）偏执性

偏见性的极端表现就是偏执性。偏执性的人主要表现为：敏感多疑；对侮辱和伤害不能宽容，常常耿耿于怀；以自我为中心；自尊心过强等。偏执的人的思维方式就是懒得多动脑，不能忍受事件的复杂性，往往以偏概全，想用一个学说或一个概念解释一切现象。他也往往将人分为某种类型甚至两种互相排斥的类型，用不是这种人就是那种人的二分法思维方式。这种人不能接受善意的批评，他要他的亲友全心全意地爱他，否则就是恨他。批评，在他看来就是代表对他的不满。具有这种性格缺陷和心理障碍的人，不但会丧失创造的机会，还会诱发精神疾病，甚至对家人和社会造成危害。

2013 年 4 月 16 日，上海复旦大学 2010 级硕士研究生黄洋因急性肝损伤经抢救无效去世。警方在黄洋寝室的饮水机残留水中检测出有毒化合物——N-二甲基亚硝胺。上海警方证实，中毒者同寝室的林森浩有重大作案嫌疑，被刑事拘留。

经警方初步查明，林森浩因生活琐事与黄洋关系不和，心存不满，经事先预谋，把其做实验后剩余并存放在实验室内的剧毒化合物带至寝室，注入饮水机水槽，黄洋饮用饮水机中的水后出现中毒症状，后经医院救治无效去世。

2014 年，法庭宣布犯罪嫌疑人林森浩犯故意杀人罪被判处死刑，剥夺政治权利终身。2015 年 12 月林森浩被依法执行死刑。

林森浩是广东汕头人，中学时学习成绩优秀，高考时以 780 多分（满分 900）考入中山大学。在 2010 年因成绩优异被中山大学推荐免试进入复旦大学医学院攻读硕士学位。林森浩的资料中有提及他“记仇”，林森浩本科在中山大学医学院影像学专业学习的时候，一个同学与他发生争执，他连续给那个同学发了十几条“恐吓短信”。2009 年夏天，在一次长达两个月的医院实习中，一位同学和住在一个寝室的林森浩起了口角。一年后，已经毕业离别的林森浩，申请了一个新的 QQ 号，并用另一同学的名字作为 ID，在网上大骂这位同学，“尽是些难以启齿的脏话”。由此可以看出，对于经常对自己开玩笑和调侃的黄洋，林森浩的偏执性人格一定会对其怀恨在心，也许他并没有想要杀死黄洋，但从某种程度上来说，他一定会想要好好教训一下这个“口无遮拦”的小子。

法院判决书认定，林森浩是因琐事而采用投毒方法故意杀人的。他投毒，心理是有愤怒和不满的。他的愤怒情绪与他嫉妒、自卑、敏感、脆弱的性格缺陷和处理人际关系能力低及情绪调节能力低有关。具有这些不良因素的人在生活中容易遭遇挫折，而挫折往往使他产生愤怒、怨恨、敌视等消极情绪，并长时间难以排除，当积累到一定程度时，如果受到一点哪怕很小的事情的刺激，他就会情绪发作，导致行为失控而作案，伤害被害人。林森浩的偏执性人格，在他身上最直接的表现就是极度自尊、易怒、记仇、固执甚至疯狂的人格特征。

联想到 2004 年云南大学的马加爵案件，2010 年西安音乐学院的药家鑫案件，这些本来应该有美好明天的“天之骄子”，却成了“杀人恶魔”，剥夺了他人的生命，自己也受到了法律的严惩，不得不说偏执性人格严重影响了他们的所作所为。

第三节　创造力开发

一、创造力的普遍性和可开发性

大量的实践和研究表明，人人都有创造力，普通人也可以进行创造力开发。开发创造力，有利于发掘人的智慧宝藏，对改变人的命运起决定性作用。更为重要的是，创造力的开发与智慧的增长两者是相辅相成的，也就是说，创造力的开发可以增长智慧，而智慧的增长反过来又会促进创造力的开发。

（一）创造力的普遍性

法国哲学家亨利·伯格森认为，创造力是人类生命本身的属性，对于未形成稳定的创造人格的人来说，它只不过还处于一种潜在的状态罢了。在《创造的进行中》一书中，伯格森将创造潜力的发挥称为“生命力的激发”。大量事实表明，不仅像爱因斯坦、牛顿、爱迪生、达尔文等伟人具有创造力，每一个普通人都蕴藏着巨大的创造力。

例如，一个人在修理一台机器时，发现了以前从未遇到的故障，经过思考找到了一种特殊的方法迅速排除了故障，或者制造出以前没有的维修工具。维修方法或者工具是新颖适宜的，这说明他具有创造力。日本一位家庭主妇在切菜板上挖了个洞，一下子提高了切菜效率，她的“有洞的切菜板”是新颖且适宜的，她就具有创造力。

从日常生活中问题的解决，到颇具影响的发明的诞生，到处可见创造力的魅力；从乳臭未干的孩童，到白发苍苍的老人，人人都具有创造力。相反，倘若真要寻找一个没有创造力的人倒是十分困难的。人与人之间只存在创造层次高低之别，不存在有或无创造力的差别。

创造力的普遍性告诉我们，创造力并不神秘，每一个神智健全的人都有创造力。“人人是创造之人”是否就说明我们可以高枕无忧，不经过努力，人人都能有所发现、有所发明、有所创造了呢？显然不是这样的。一个人天生有一个好嗓子，这为他日后成为音乐家提供了良好的先天素质，然而他必须经过后天的教育与训练，尤其是磨练，才有可能真正地成为音乐家。创造力也是这样，虽然人人都有创造力，但是每一个人的创造力并非在任何情况下都能够自由地表现出来。事实表明，创造力可以蕴藏在人脑中几年、十几年甚至几十年之久，如果你不去开发，它可能永远不会显露出来，一直会被埋没，就像有好嗓子没经过教育和训练就去唱歌一样。一些所谓“无创造力”的人，其实他们并不是真的没有创造力，只是其创造力没有得到应有的开发，没有或者很少转变成外在表现的创造力而已。

1974 年王显凤出生在辽宁省台安县一个偏远的村子里。她的母亲重度智力障碍，不会照顾刚出生的女儿；她的父亲是聋哑人，忙于每天的生活，没有时间照顾她。由于她父母的情况特殊，村民很少与他们来往。小显凤经常饿得哇哇大哭，当她会爬以后，就以猪为伴，吃猪奶，学猪爬，抢猪食，和猪挤在一起睡觉。

志愿者发现王显凤并把她带出猪圈那年，她 10 岁。中国医科大学 9 位心理学和儿科学专家为她进行了一系列科学检验和心理测试，结论令人沮丧：这个 10 岁的孩子感知世界混沌一片，没有大小、长短、多少、上下、颜色、数的概念，几乎没有记忆力、注意力、想象力、意志力和思维能力，甚至表现的情绪也极为原始简单，只有怨、惧、乐，却没有悲伤。经测试表明，她的智商值为 39，智力不足 3 岁儿童。

这之后鞍山市政府及医学、心理学工作者和老师们为王显凤提供了良好的教育环境和生活环境，使她的身体发育、心理状况有了明显改善，智力也有了可喜的提高。7 年后，她能读写 1200 多个汉字，会背古诗，能计算表内乘法和不进位的加法，生活能自理。经过全面科学的测定，王显凤的智力相当于小学二年级学生的水平，她的智商值也从 39 上升到了 69，接近于正常人的最低水平 70。

25 岁时王显凤结婚了，3 年后产下一名健康男婴。

（二）创造力的可开发性

创造力开发不仅十分必要，而且人人都有实现的可能。创造学家和心理学家对创造机理和大量创造实践的研究，为人们从创造力的本质上分析了创造力开发的可行性。在创造者实施创造的过程中，创造性思维发挥主导作用，而人的大脑是思考的器官，是创造性思维的发源地，是智慧的源头。现代医学（尤其是现代解剖学）和生物科学的研究，从人脑的生理机制上为人们开发创造力提供了强有力的理论依据。

研究表明，人的大脑由左右两个半球组成，每个半球均由大脑皮层（皮质）、大脑白质（髓质）、基底神经节和脑侧室组成。其中平均厚度为 2.5～3mm 的大脑皮层是脑细胞最集中的地方，是高效神经活动的基础，也是思考的器官。在总数多达 140 亿的脑细胞中，经常处于活动状态的只有十几亿，仅占脑细胞的 8%左右，而 90%以上的脑细胞则处于相对静止或睡眠状态。另据实验资料推测，人脑的记忆容量相当于 7 亿多册书籍，单项记忆可保持 80 余年。即便是一个勤奋好学的人，一生中至多只利用了自己大脑功能的百分之几。由此可见，人脑还存在极大的开发潜力。正是这种潜力，为创造力的可开发性提供了理论依据。如果有办法使更多的脑细胞活跃起来，那么人们的思维能力和创造力将会得到大幅度提升。

早在 19 世纪中叶，生理学家和外科医生就已经发现，人大脑的各个部位分别具有不同的功能。科学研究表明：人的左脑和右脑有明确分工，左脑主要负责逻辑、文字、语言、图析、数字、次序，右脑则主要负责颜色、音乐、想象、空间感觉、直觉、图画等活动。图 2-1 清楚地显示出左右脑的具体功能。人们认为大脑左半球集中了占主导地位的逻辑和语言中枢，它管理人的右侧身体和右手的活动，因而被称为优势半球；大脑右半球一直被认为缺乏高级活动功能，它只管理身体的左侧和左手的活动，因而被称为劣势半球。

20 世纪 60 年代末，美国加利福尼亚理工学院的罗杰·斯佩里教授在科学实验的基础上，提出了人脑的“双势理论”。他认为人的大脑两半球各有分工，右半球主要承担逻辑思维、语言能力及具有掌握空间想象与主体认知和艺术表现的能力。因而，右半球被认为是创造的大脑，其主要通过直观想象思维来进行创造性思维和创造活动。他对于人右脑的深入研究冲击了“优势半球”观念。据此他认为，大脑两半球在功能上虽有一定分工，但其功能是互补的。两半球相辅相成、紧密配合而构成为一个统一的控制系统。那些在不同领域取得卓越成绩的人，无不既具有强大的左脑思维，又拥有超发达的右脑。据国际脑研究组织（ISBO）公布的数据：93%的成功人士都是全脑得到充分开发的人。因而，可以得到结论：开发创造力就需要按照人脑思维的规律和思维发展的规律，进行左右脑各个部分的全面开发，促进左右脑的平衡和协调发展，从整体上进行全脑开发。现代心理学研究表明：人脑可用资源的 5%～10%分布在左脑，90%～95%的脑潜能都储藏在右脑。现代医学通过运用放射性示踪原子获得的大脑工作状况的照片已清楚证实，创造性工作主要是由右脑承担的。然而，由于过去人们忽视了右脑的使用和训练，使得右脑有较大的潜能还没有被有效地激发、利用。因该项研究成果，罗杰·斯佩里与美国学者大卫·休伯尔和瑞典学者托斯坦·维厄瑟尔共享了 1981 年诺贝尔生理学或医学奖。

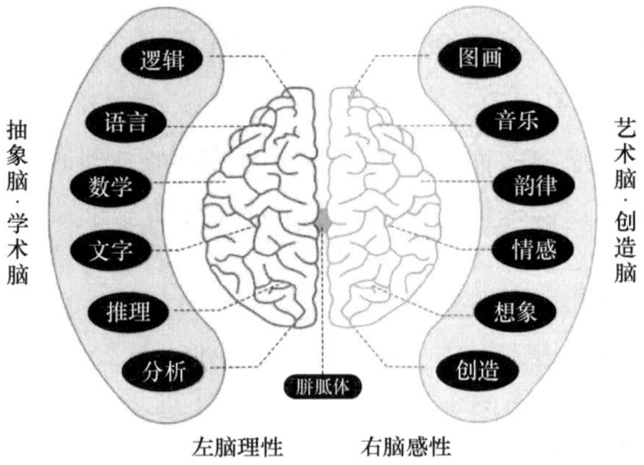

图 2-1　大脑左右两半球的优势功能

由上可知，对大脑进行的生理活动机制的研究是对大脑潜能的认识。从人的生理方面来看，创造力是人脑普遍存在的一种自然属性，它蕴含巨大的潜力。

［案例］

爱因斯坦的大脑

享年 76 岁的伟大数学家和物理学家艾伯特·爱因斯坦，于 1955 年 4 月 18 日在美国新泽西州普林斯顿大学医院去世。当时 42 岁的托马斯·哈维是普林斯顿大学的病理学家，碰巧成了验尸的医生，他将爱因斯坦这颗堪称历史上最聪明的大脑保存了下来，并切片成 240 片进行研究。哈维在自己后半生里尽了最大努力，希望能用科学的方法解读这位伟大科学家的智慧密码。但在最初的三十年间的研究中，并没引爆任何科学发现。

1985 年，美国加利福尼亚大学伯克利分校的玛丽安·C. 戴蒙德（Marian C. Diamond）从哈维那里要了 4 个脑块，她在前期的小鼠试验中发现，相比无刺激的环境，暴露在感官刺激比较多的环境中，会使胶质细胞与神经元的数量比升高。当戴蒙德检查哈维给她的 4 个脑块时，她在其中一个脑块中发现了她正在研究的现象，并断定，这个脑块中的神经胶质细胞的比例之所以比较高，是因为爱因斯坦对这部分组织的使用频度比较高。

此后不久，科学家试图从解剖学的角度对爱因斯坦的超凡智力做出解释。20 世纪 90 年代，美国亚拉巴马大学伯明翰分校的布里特·安德森（Britt Anderson）和加拿大麦克马斯特大学的心理学家桑德拉·维特尔森（Sandra Witelson）将爱因斯坦的天资归功于他脑组织的其他特性。安德森注意到，爱因斯坦大脑前额叶区的脑细胞密度高于常人。而维特尔森则发现，爱因斯坦的顶盖异常缺失，而顶盖是缝隙结构的一部分，能把大脑顶叶分为不同区域。据此，维特尔森声称，爱因斯坦拥有一个扩大了的皮层区域，这个区域与视觉空间及数学能力有关。

2007 年，美国佛罗里达州立大学的古人类学家、主要从事脑演化研究的迪安·福尔克（Dean Falk）从爱因斯坦脑部照片中发现，爱因斯坦的脑部形态有一些不同寻常的特点。例如，大脑皮层上有个球状突起物，形如“Ω”，前期研究认为，这一特征与音乐天赋有关。“我们可以进行有意思的推断”，福尔克写道，“爱因斯坦天赋异禀，在某种程度上或许与他大脑皮层的解剖结构异于常人有关”。

关于爱因斯坦脑部的最新研究，是福尔克与上海华东师范大学的门卫伟于 2013 年发表的一项研究。他们为这位物理学家惊人的思维能力，找到了另一个解剖学上的解释——除了独特的皮层形态和细胞结构外，福尔克与门卫伟认为，“至少在爱因斯坦大脑的两个半球之间，有某些区域的交流通路有所增强”。他们是通过比较爱因斯坦本人和对照人群的胼胝体（连接左右大脑的神经纤维束）的横截面积来进行推断的。

事实上，在爱因斯坦去世前 100 年，科学家对天才脑组织漫长而曲折的探索就开始了。1855 年，被誉为那个时代的“爱因斯坦”的德国数学家卡尔·弗里德里希·高斯（Carl Friedrich Gauss）逝世，他在哥廷根大学的同事负责对其尸体进行解剖并取出了脑组织。高斯的脑组织研究算是一个开端，苏联科学家亦收集了列宁和斯大林等名人的脑组织。

如今，距离哈维得到爱因斯坦的脑组织已经过去了 60 多年。2007 年，95 岁的哈维在普林斯顿去世。就在哈维去世前不久，他将大部分爱因斯坦大脑、小脑和脑干归还至普林斯顿大学医学中心（University Medical Center of Princeton）。当年哈维亲手获取那颗传奇大脑时，他希望能借此窥探伟大的智慧缘自何方。在他去世的时候，神经科学的发展已经远远突破了他当年所能想象的一切，然而他所期待的那把开启天书的钥匙，却始终不曾出现。

对爱因斯坦智力的研究至今还在进行中……

（三）创造力开发的实践依据

美国通用公司 1936 年对职工进行了创造力开发的培训，一年后，其职工申报的专利数提高了三倍。美国的帕内斯（S. J. Parness）等人曾在布法罗大学对 330 名大学生进行观察和研究，发现受过创造教育的学生与没有受过这种教育的学生相比，前者在自信心、主动性和指挥能力方面都有较大幅度的提高。创造学诞生以来的实践不仅证实创造力确有可开发性，而且表明创造力开发的事业大有可为。

日本丰田汽车公司成立于 1933 年，以生产轿车、卡车为主，是日本汽车制造业最大的垄断企业。其创始人丰田喜一郎提出了“好产品，好主意”的口号，一贯重视发挥企业职工的创造积极性。公司推行“创新制度”后，经过教育和训练，职工提出的创新建议逐年增加，1968 年为 2.9 万件，1973 年增至 28.4 万件，1974 年为 39.8 万件，1976 年达到 46.3 万件。其中被采纳的有 38.6 万件，占总数的 83%。由于员工的创造力得到充分开发，公司的生产经营取得很大成功。20 世纪 70 年代初全世界出现石油危机，汽车工业一度萧条。美国汽车制造商们仍坚持制造大耗油量的轿车，结果到 1975 年就难以维持下去。丰田公司预先估计到这一变化，设计了小型、省油、排污少的新型轿车，一举打入美国市场。1977 年，丰田公司年产量达到 272 万辆，居世界汽车行业第 3 位，总销售额超过 22800 亿日元，利润也突破了 1000 亿日元大关。

我国引进创造学以来，在创造力开发方面也取得了瞩目的成绩。上海第三钢铁厂开展创造技法培训，55 名工程技术人员经过半个月的学习，共提出创造性设想 3560 条，两年间获得直接经济效益 3737 万元。最早进行创造教育实验的上海和田路小学，涌现出许多创造发明的小能手，不少创造发明成果在全市、全国甚至国际性比赛中获奖。以该校为实验基础总结出的“和田十二法”已在各地中小学生中产生深远影响。在中华全国总工会系统推广创造学的过程中，湖北宜昌的 30 多个工厂举办了多种创造学培训班，4000 多人参加培训，700 多人积极提出想法。1989 年宜昌全县开发出 57 种新产品，创产值 1400 万元。当年湖北其他市、县经济滑坡，唯独宜昌县工农业总产值增长了 25%。近几年来，为激励广大高校学生刻苦钻研、勇于创新、多出成果、提高素质而举办的“挑战杯”课外学术科技作品竞赛、电子设计大赛、结构设计大赛、教学建模竞赛和奥林匹克竞赛等活动，在全国高校播下了崇尚科学、追求真知、勤奋学习、迎接挑战的种子。大学生的创造力得到很大提升，取得了骄人的成绩。竞赛中的很多作品在学科发展中具有突破意义，有的作品在生产领域中得到了直接应用，这也证明了创造力是可以开发的。

我国创造学学者近年来进行的创造力开发实践表明，经过有计划、有组织的创造力开发培训，受试者的创造力都有显著的提高。西北工业大学鲁克成教授于 1991 年 9 月为中国航天科工集团第二研究院培训班主讲创造力开发课程，历时一周。主要讲授创造学原理和创造技法及实践。诸多创造技法使学员们的眼界大开，并改变了传统的思维定式，使他们认识到一成不变的事物是不存在的。当时该单位需要使用 DG40.5 硅钢带来生产一种产品，但由于无货，生产处于待料阶段。创造力培训班的学员们冲破了对创造的神秘感，在实践中，他们使用了头脑风暴法，辅之以希望点列举法和缺点逆用法，寻找解决问题的最佳方案。最后终于研创出成本低、简单易行、操作方便的硅钢带。此外，还大大提高了工作效率，使原来 15 天才能完成的任务，用 1 天就完成了。

20 世纪 80 年代，庄寿强教授在中国矿业大学创建招收了国内第一个工业自动化创造工程试点班，从办学情况来看，通过教育和训练，创造力是可以提高的。该班 27 人，入学前全为高中学生，无一人有发明创造成果，也无一人听说过创造学。然而，通过科学的创造教育，毕业时全班学生发明创造成果达到了几百项，获国家专利 25 项，在校内外引起了强烈反响。

实践证明，只要进行科学的开发，通过教育和训练，人的创造力是完全可以被激发出来的，任何一个人的创造力都能得到显著的提高。一个人事业上的成就与他创造力的大小是成正比的，也就是说，一个人的创造力越高，他事业的成就也越大。

总之，无论是从社会角度还是从个体角度，创造力开发都着眼于对创造力实施建设、提高、发展的综合性措施，唤醒、启发、挖掘、释放主体创造力，提高人的创造品质，改进思维技巧，增强解决问题的能力。

二、创造力开发的原理

创造力开发的一般原则是：用则进，废则退。所谓头脑越用越灵，就是这个意思。在这一原则下人们发现，创造潜力的开发是有一定规律可循的，这种规律可称为创造力开发原理。

（一）压力原理

对于一般人来说，无论做什么事情，最好要有一定的压力。这一点更适用于创造。无恐则怠慢，怠慢则难以创造。没有压力，久而久之，人的意志会衰退、智慧会枯竭、才干会丧失，即使以前很聪明的人，也会变得笨拙起来。所以，适当的压力对于创造是十分有意义的，压力是驱散怠惰、激发求知欲的积极因素。对于创造者来说，其压力可能来自以下几个方面。

1. 社会压力

社会压力指的是社会的制度、政策和法律等方面的压力。要有效地调节社会对创造者的压力，可以通过提高创造者的觉悟水平、增强创造者的时代感和责任心来进行。强烈的民族自豪感和责任心，对于国家的寄托、民族的希望，都可以产生一股压力，即创造的动力。

历史上有很多创造者，他们为了民族、为了国家、为了整个人类的进步而奋发向上，努力在自己钻研的领域创造出崭新成果，做出了巨大贡献。其中很多人的成功就是由于社会压力通过其自身因素而起的作用。当代中国的大学生，应当随时调节来自社会的种种压力，为了建设中国特色社会主义事业，为了全面落实国家创新体系，为了尽快把我国建成创新型国家，就必须要增强时代感和紧迫感，努力奋斗和创新，极大地开发自己的创造力。

2. 经济压力

虽然每个人对社会的需求层次是不相同的，但其中一个最基本的需求就是生存需要。生活在社会中的人，一方面具有永不满足现状的心态，另一方面又具有相对怠惰的心理，往往达到了某种目的便不思进取了。所以适当增加经济压力、不断进行反馈调节，也能促使人们继续发明和创造，以获得更好的经济效益。许多面临倒闭的工厂因职工创造出新产品而重新发展的事例不胜枚举。

3. 工作（环境）压力

由于工作上的需要，不得不进行某些创造性活动，这即是工作压力。常见的各种科学院、研究所、攻关队、科研组等，其“功能”是在给研究者提供一定条件的同时，也给他们一种工作（环境）压力。当然，工作压力太大或许会把人压垮，但如果工作上没有压力，人的创造才能也是难以发挥出来的。例如，美国可口可乐公司有一次在纽约召开世界各地机构负责人参加的研究公司广告新主题的会议，会上要求每个参加者都要提出有创意的方案，否则就不散会。在这种情况下，与会人员只能开动脑筋、认真思索，结果参加会议的人全都提出了各自的新方案。最后，由执行副总裁史卡利根据这些创意提炼出最终主题，一整天的紧张会议才告结束。

4．自我压力

创造者对于事业的执着追求，对于学术的刻苦钻研，自己给自己规定了某种目标，即形成了一种内在的自我压力。凡为人类做出重大贡献的科学家和创造者，其成功之道多是靠自我压力，他们善于运用所掌握的知识巧妙地将外界压力转变为自我压力，从而调整自己的目标和行为，主动地开创新局面。

有一位企业家曾在自己居室中挂上了一个“吾日三问创新”的条幅，鼓励自己时时不忘创新，从而达到了自我加压开发创造力的目的。著名喜剧小品演员洛桑因车祸身亡后，其崇拜者之一、湖南衡阳市衡东县公路局员工杨国在感慨之余，发现了这类事故与过路车辆中缺少医护设备有关。于是，他自己确定了创造目标，自觉加压进行创造力的开发，在以后的两年时间里研究出了 30 多项有关发明，申报了 16 项国家专利。

自我压力的实质是自己向自己挑战、自己与自己竞争，从而不断追求为自己确立的一个又一个更高的奋斗目标。法国作家巴尔扎克在 1834 年确定了创作 137 部反映法国革命后社会生活的、定名为《人间喜剧》的庞大创作计划，当时就有 4 家出版商和他签约。之后，他便以惊人毅力朝着自己的目标前进，实际完成了 90 余部，取得了令人惊异的创作成果。

在压力原理中，逆境无疑是一种极大的外部压力。无数事实表明，逆境往往是通向成功的道路。正所谓“石压笋斜出，岸悬花倒生”。逆境更能锻炼创造者的品格，使其茁壮成长，因此有人提出了曲折和磨难是人生宝贵财富的见解。“西部歌王”王洛宾也曾以自己坎坷经历悟出，挫折并不全是坏事，它可以使人更加清醒、更加成熟。可见，创造者需要辩证地对待逆境，积极地将逆境转化为自己奋进的动力。

1990 年，在我国召开的第十一届亚运会上曾有一项火炬接力活动，但接力所用的火炬却要从外国进口，其价格昂贵、附带条件苛刻。对此，广东神州公司立即表态：“堂堂 11 亿人口的中国，火箭都能上天，凭什么让外国人看不起？亚运火炬我们包了！”在没有任何参考资料的情况下，他们把压力变为动力，夜以继日、加班加点，只用了不到一个月的时间就圆满地完成了“争气火炬”的研制任务。

（二）激励原理

1．信息激励

我们现在已步入信息社会。在人们周围，充满着各种各样的信息。有意识地注意有关信息、发现有关信息、分析有关信息、利用有关信息，从而引导自己的创造活动，这是开发创造力的重要途径。海尔集团总裁张瑞敏在四川出差时听人说本厂洗衣机在当地农村销售受阻，原因是农民常用洗衣机洗地瓜，这样排水口一堵就没法再用了。由此，张瑞敏抓住这一在别人看来似乎是不好的信息，要求该厂技术人员开发一种能洗地瓜的洗衣机。后来，这种洗衣机一问世，果然占领了很大市场。法国有许多公司为了获取有用的信息而绞尽脑汁，其中一种方法是聘请知名经济学家、管理学家做兼职顾问，顾问的工作就是定期陪董事长共进晚餐，通过进餐时的聊天而使董事长获取各种信息。

总之，我们周围的信息是十分丰富的，一个创造者要善于识别、寻找那些对自己创造活动有利的信息，多看、多听、多写、多想、多记、多接受教育和考查、多参加各类学术活动等，这样做才有利于自己创造力的开发。

2．心理激励

心理激励包括的范围比较宽，这里仅介绍研讨和争论在开发人们创造力中的作用。

首先，研讨、争论能振奋人的精神，可以激发人们探索未知领域的积极性，增强人们的创新意识。其次，可以开阔视野、丰富知识，使思维更加活跃和广阔，从而有利于发散性思维的形成，直至产生灵感。最后，研讨和争论可以发现问题、深化认识。化学史上关于对燃素说的长期争论，地质学中水成论与火成论的激烈争论等，都对科学技术的发展起到了极大的推动作用。

目前有些学校缺乏必要的学术争论，学生基本上是在被动地吞食教师早已咀嚼多遍的知识，学生之间“互不干扰”，造成一种呆滞的学习氛围。对此，作者曾运用心理激励原理，主动地在大学生中采用“作业互判”的方法，有意引起同学之间的相互争论，从而达到了互相激励、深化认识、产生新意的教学效果。

3．机制激励

机制激励是指建立一些有利于人们开发创造力的纪律、制度、条文、法规，以鼓励人们创造力的开发。它在一定意义上属于创造环境的范畴。例如，我国国家创新体系的建立，就对开发国民的创造力有不可估量的作用，促成了一大批创造成果的问世及其向市场的转化。此外，《中华人民共和国专利法》的再次修改及对各种创新奖励条文的出台，均有力地激发了人们创造力的开发。从创造学意义上说，我国政府和各级领导以前所做的有关创新方面的工作，绝大多数均可归属于机制激励的范畴。

（三）流动原理

这里所指的流动，主要是人才流动。合理的人才流动可以极大地开发人们的创造力。不合理的流动，或像一潭死水那样不流动，就会阻碍人们创造能力的发挥。当然，流动应遵循一定的原则。例如，可以按兴趣和爱好进行流动，按受阻迂回方式进行流动，按不同地区、不同单位的需要进行流动等。

现在，国家已为人才的流动制定了许多政策规范，社会上也出现了许多挪岗位、换地方、大跳槽的现象。应该说，这些做法在一定意义上对于人们创造力的开发是有利的。

（四）调节原理

对于创造者来说，一个时期的创造活动应该有一个相对稳定的奋斗目标。但是，也不能死盯在一个目标上，创造者常常需要根据自己的实力状况和环境条件的变化，特别是在抓住创造过程中遇到的各种机遇以后，需要经过反复比较而对原有的目标进行适当动态调节。当然，这种动态调节并不是见异思迁、随心所欲地改变原有的目标，而是通过调节能够及时地、更好地发挥创造者自己的创造优势，从而达到最佳的创造效果。这种调节的本身也是创造力开发的过程。

三、创造力开发的途径

（一）注重积累和更新知识

知识是创造力的基础，要开发创造力，就要注重积累和更新知识，形成合理的知识结构。无论是从信息革命知识更新速度日新月异的角度看，还是从未来知识经济时代情况瞬息万变、需要加速更新知识的角度看，都要求创造者具有更强烈的求知欲望，有更新知识的紧迫感。成功的创造者往往是求知若渴、知识宽阔又能与时俱进的。

每个人都要特别珍惜各种在校学习的机会，科学地管理自己的时间。同时，熟练地掌握各种学习工具和方法。例如，应掌握好中文、外文、数学、计算机等学习工具；掌握好课堂学习方法、课外自学方法和讨论交流方法等。

为了有利于开发创造力，应该根据创造性主体的不同情况，建构以下三种有参考价值的知识结构：一是以本专业的知识为深度，以相关专业的知识为广度的 T 形跨专业知识结构；二是以哲学知识统摄自然科学知识、社会科学知识、思维科学知识的网络型跨领域知识结构；三是以重大研究课题为中心，收集相关资料，积累所需知识的扩散型知识结构。

科学研究领域中，广博的知识对创造力的发挥有着重要的作用。牛顿说："如果说我能看得比别人远，那是因为我站在巨人的肩上。"这句话非常形象地说明了知识继承与知识发展的关系。科学发现大都来自对某领域知识的深刻学习，都是建立在已有经验知识的基础之上的。

［案例］

DNA 双螺旋结构的发现

1953 年 4 月 25 日是一个十分令人难忘的日子，这天美国生物学家詹姆斯·杜威·沃森（James Dewey Watson，1928 年—）和英国生物学家弗朗西斯·克里克（Francis Crick，1916—2004 年）在英国著名的《自然》杂志（第 171 期）上，发表了一篇题为《核酸的分子结构》的论文，他们在论文中提出了 DNA 分子的双螺旋结构模型。这是 20 世纪生命科学最伟大的成就，标志着分子生物学的诞生。

沃森是美国人，1947 年毕业于芝加哥大学动物学系，他选择了遗传学作为自己的研究专业，1950 年获博士学位，1951 年秋经导师介绍，沃森来到英国剑桥大学卡文迪什实验室继续深造，正如沃森所言，我是为 DNA 而来的。就在这里，他遇见了研究伙伴克里克，克里克毕业于英国伦敦大学，是学数学和物理专业的。第二次世界大战结束后，他选择生物学作为自己的研究方向。两位年轻人志趣相投，一见如故，他们相信只要搞清 DNA 的分子结构就能揭开基因遗传的奥秘。

1951 年 11 月，沃森和克里克开始进行 DNA 空间结构的研究。当时人们已知 DNA 由核苷酸组成，美国细菌学家艾佛里已完成细菌转化实验，初步证实 DNA 是遗传物质。世界上已有几个实验室正在角逐看谁先发现 DNA 结构。例如，英国皇家学院的物理学家威尔金斯和弗兰克琳，美国加州理工学院的化学家鲍林等。他（她）们虽然不是生物学家，但是在 DNA 结构的研究方面都取得了一些进展：X 射线晶体衍射分析是威尔金斯领导的小组的主要研究方法，并用此法获得了 DNA 衍射照片；弗兰克琳分析这些照片，她根据图中的阴影和标记部分推测DNA可能是一个螺旋体；鲍林发现多肽链是通过氢键扭成 α 螺旋结构等。

世人不禁感叹：如此重大的发现为什么只用了一年多的时间？且出自当时年仅 25 岁的沃森和 37 岁的克里克这两位年轻人之手！沃森和克里克在《核酸的分子结构》一文中坦率地写道：我们主要是依靠别人已经发表的实验数据构建这个模型的。由于在研究 DNA 分子结构方面的伟大贡献，沃森、克里克和威尔金斯共同获得了 1962 年的诺贝尔生理学或医学奖。

在沃森和克里克研究的同时，弗兰克琳也在研究 DNA 的结构，但她尝试着不用任何已有的知识，而是从零开始对DNA的结构进行探索研究，结果她没有成功。

DNA双螺旋结构的发现包含了多方面的知识，如弄清楚主骨架的数量和位置，就需要知道X射线的知识，要知道如何才能得到X射线及X射线的衍射模式等。因此，没有扎实的专业知识和广泛的相关知识是绝不可能攻克这一科学难题的。弗兰克琳事件从反面说明，科学发现对已有知识的依赖性，最起码可以说，适当的已有的知识，可以加速科学发现。

DNA双螺旋结构的发现是生命科学史上的奇迹和里程碑，具有划时代的意义。它不仅揭开了基因遗传之谜，也是近代生物工程勃勃兴起的重要基石。沃森和克里克的这种严谨务实、团结互助、勇于探索的科学精神，永远值得我们学习。

（二）推广实施创造教育

实践证明，实施创造教育是开发创造力最根本、最有效的一种途径。与传统教育相比，实施创造教育有很大难度，它需要有与其配套的教学系统，如需要有创造性的教师、创造性的教材、创造性的教学方法和管理方法、创造性的评价标准和考核方式等。创造力的开发离不开创造教育，通过上述创造教育系统的顺利实施，可以使得受教育者获得创造理论知识、创造性思维的训练、创造方法的实践等，从而最大限度地提升受教育者的创造力。由于创造教育是以提高学生创造性为重要目标的一种教育，因而创造力的开发具有特别重要的意义。

（三）进行创造性思维练习和训练

从某种意义上讲，创造力的核心是创造性思维。不能很好地进行创造性思维的人，就很难发挥自己的创造能力。

狭义的创造性思维，有时指的是发散性思维。从思维的角度分析，现在的大、中、小学生所接受的各种教育和练习，绝大部分都属于集中性思维，学校一般很少注意对学生发散性思维的培养。经常进行发散性思维练习，有利于创造力的开发和自觉进行创造活动。

创造性思维的另一个属性，就是要摆脱习惯性思维，摆脱人们在从众心理支配下的群体思维。为此，有人又将其称为求异思维。事实表明，脱离习惯性思维本身往往就会导致新的发现和发明。例如，对于“用火烧食物时，火在食物的什么方位上？”这个问题，习惯性思维是火在下方。然而，在野外利用篝火烤鱼时，火则是在侧旁。火能否放在食物的上方呢？在这种想法的启示下，人们发明了不会把鱼烧焦的烤鱼器。有人说，所谓发明创造，其实就是与别人看同样的东西却能想出不同的事情。这里所讲的“看同样的东西却想出不同的事情”，实际上就是一种摆脱群体思维的结果。

创造性思维可以通过思维练习得到提高。然而，一个人要有效地提高创造思维能力，通过创造性的增加较快增强自己的创造力，最佳的方法即是对创造性思维进行专门训练。现在，国内外出现了多种不同的“创造性思维训练材料”，这些“训练材料”对于受训者常常缺乏必要的“训”，即教导，教诲，而更多的是一些“练”的内容，因此很难达到“训练”的目的。因此，如何切实进行创造性思维训练，开发人们的创造力，值得广大创造学工作者和有志于创造学研究的人们深入思考和研究。

（四）加强创造原理、创造技法的学习

创造原理是客观存在的创造规律。历史在发展，时代在前进，但客观的创造规律并不会改变，创造规律更不会因某些人的主观愿望而变化。学习、了解、掌握并合理地运用这些创造规律，可以加快人们创造力的开发。

一般创造学把创造技法列为学科的主要内容，并认定学习创造技法是促进创造活动的重要途径，因而普及推广创造技法就成了一般创造学的重要任务。我国学者提出并广泛推荐的所谓“十二个一”（加一加，减一减，扩一扩，缩一缩，变一变，改一改，联一联，学一学，代一代，搬一搬，反一反和定一定）创造技法，之所以在部分人员尤其是中小学生等低层次文化人员中一度受到欢迎，即是因为其中含有一些相关的创造原理。所以，认真地深挖、领会、掌握和运用人类最基本的创造原理是开发创造力的重要途径。

（五）培养创造性人格

爱因斯坦曾说过：“智力上的成就在很大程度上依赖于性格的伟大，这一点往往超出人们通常的认识。”这句话深刻地指出了一个人的性格与创造的关系。可见，要想更有效地开发人的创造力，就应该注意培养自己与创造相关的创造人格，诸如勇敢和献身精神、坚毅和刚强、怀疑和挑战、乐观和幽默等，积极参加自己有兴趣的、与本专业相关的社团活动，通过主动与他人打交道，培养善于与别人交流合作的团队精神，敢为人先等创造性人格。

总之，开发创造力诸多途径，可归纳为注重积累和更新知识，建构合理的知识结构，通过创造教育来训练人的创造性思维、掌握创造原理（及相关技法）和培养创造性人格。而这几方面的因素恰恰构成了“创造性”的主要内容。

第四节　创造力测评

为了发展人的创造力，人们一方面研究培养创造力的途径，另一方面探讨对创造力的测量与评价。对于后者，我们简称为创造力测评。在对创造力的研究探索中，最有实践色彩和影响最广的成果就是有关创造力测试方面的研究。所谓创造力测评，就是为了评价一个人创造力的高低而采用科学的方法对人的创造力进行测量和评定的过程。创造力测评是创造学重要的研究课题之一，也是一项非常有意义的研究工作。

一、创造力测评的作用

（一）鉴别预测指导作用

创造力测评可以有效地鉴别和预测被测量者的创造力及发展水平，了解人们的创造能力，对于发现和开发被测评者的创造力具有重要的指导作用。通过创造力测评，有助于施教者在教育过程中做到因材施教，使人的创造力得到充分发挥，提高创造教育的效果和质量，创设良好的发展环境，使每个人的创造力都能得以开发和完善。

（二）选拔人才作用

创造力测评利于诊断人们的需要，为设计指导方案提供有用的基本资料，特别对特殊人才的选拔具有重要的指导意义。有时为了适应特定工作需要，需要选拔在某些专项上具有特殊才能的人才，常常需要借助于科学有效的测量手段进行筛选。通过创造力测评，对被测者的创造性工作和创造力发展水平进行有效的鉴别测试，根据测试成绩，筛选出在某些特殊领域里有发展潜力的人才，以满足特殊才能人才的选拔和培养的需要。

（三）培养提升作用

创造力测评的最初目的往往只是想鉴别和选拔具有独特创造性的人，但实际运用中，各种创造力测评手段事实上已经获得了另外一种功能——培养功能。一方面，创造力测评的过程是一个激发人们发挥其创造性思维的过程，如发散思维流畅性、灵活性和独特性测评，要求提高个体的发散思维水平，这同时就起到了一种训练个体创造性思维能力的作用；另一方面，一些创造力测评的项目，目前已被引入到教学活动中，作为培养和训练学生创造力的重要教学内容之一，并日益得到推广和普及。再者，通过创造力测评，被测评者可以了解自己的创造力状态，以便自觉地开发个体创造力。因此，在创造教育和培训中，创造力测评有助于个体的创造力不断提升。

在实施创造力测评时，应注意以下几个问题：

（1）正确对待创造力测评。创造力测评的工具不是万能的，利用其评价创造力有其局限性。进行测评时，要正确对待测评工具和测评过程。测评前，测评者要充分理解创造力的概念，测评工具的理论背景。对于这种工具具体测什么，其结果说明什么，要十分清楚。只有这样，才能正确选择和使用创造力测评工具。例如，如果评价者认为创造力仅是视觉艺术上表现出来的才能，那么具有语言和音乐才能的人可能会被认为创造力不强。

（2）选择的测评工具应能反映出创造力的共性与复杂多样性。创造力在不同的人身上表现的程度和方式都是不同的，创造力应该被看作一种多侧面的现象，而不是一个可以精确定义的单一的结构。

（3）选择恰当的主测者，客观科学地解释测评结果。由于创造力本身的复杂性，这就要求测评的选择、施测、计分和解释都必须由专门受过训练的专业人员来完成。有些创造力测验并不存在唯一正确的答案，不同的测试统计人员往往会有不同的计分结果。因而客观公正地解释测试结果具有十分重要的意义。

创造力和传统智力是不同的。理论和实践均证明，一般的智力测验并不能满足社会和教育系统鉴别和选择创造性人才的需要，传统的智力测验有固定的答案，而创造力测验的项目答案是不固定的。传统的智力测验要求人们做正确的答复，而创造力测验则强调被试者完成任务的速度和解决问题的方法和数目，传统的智力测验是以“正确”为标准来评判的，而创造力测验是以“优良”为标准来评判的。“优良”的准则是独特性、适当性、变化性、凝聚性。所谓独特性是指所创造的对象的不平凡性，以致常被视为违反常规；所谓适当性是指思考者的意图与外界情境的吻合；所谓变化性是指克服现存形式的限制而创造出一种新形式来转换的能力；所谓凝聚性是指一种衡量解答方案的综合概括能力。测量和评价过程本身就是一个激发人们发挥其创造性思维的过程，因此，通过创造力测验可以真正了解人的创造能力、实际工作能力，而不是他的知识积累的多少和天赋才能的高低，这对实际工作更具指导意义。

美国著名的创造力专家、全美创造力教师培训专家阿兰·乔丹·斯塔科（Alane Jordan Starko）认为：“任何创造力测验都不可能把造就个体创造力的所有认知、感情、社会以及文化的力量纳入其中。”因为一个人的创造力是由认知风格、能力因素、环境因素等多方面因素综合决定的，一份测试试卷的内容不可能包含并客观地反映上述所有因素。这类测验可以用来“估计创造潜能”，至少测试结果可以作为判断某个人创造力的某一方面的参考依据。

二、创造力测评的原则

对个体创造力的测评是一项非常严谨的科学工作，必须依照一定的原则进行。在这里，我们归纳出以下几条最基本的原则：

（一）一致性原则

一致性原则要求所用测评工具与测评者对“创造力”的定义相一致。一般来说，对创造力的操作定义决定了对测评工具和方法的选用。如果认为个体创造力的高低程度表现在发散性思维方面，那么就应该用以测量发散性思维为核心的测评；如果认为具有创造力的人不仅是创造力测验分数高，并且具有创造性人格，那么创造力测评时，还应该辅以创造性人格测验。总之，这一原则要求测评者不能盲目地使用测评工具，要弄清楚自己所使用的测评工具的特点及可解释的范围，这样才能保证测评的信度和效度。

（二）多样性原则

研究创造力的心理学家认为，创造力是一种有别于智力的能力，因此在内容上创造力测评的题目，也有别于智力测验。智力测验内容为封闭式题目，而创造力测评题目为开放式题目。由于个体创造力具有多维度和多层面的结构，因此我们可以从不同的角度，采用多种多样的方法进行描述和测评。因此，测评的方法是多种多样的。具有创造力的人，他们的心理素质表现在很多方面，而不是局限于某一方面，这就要求测评者应该使用多种手段来实施鉴别。如果仅用一两个创造力测评工具，那么结果肯定是不准确的。例如，在言语上没有表现出创造力的人，也许在操作上会有较高的创造力表现。此外，如果研究者是要对一个人的创造力进行鉴别的话，那么，同样必须遵循多样性原则以做出全面判断。

测评创造力的途径与方法有很多，大体可以划分为主观评定和客观评定两大类。主观评定是指由有关专家或专门研究者按照一定的标准，对受测者的创造力进行评价的方法。尽管人们很少用主观评定，但其历史却是由来已久。它可以追溯到高尔顿 1870 年的《遗传的天才》一书，高尔顿就是用这种方法来评定那些杰出人物的。

客观评定可以采用实验测评、作品分析等途径和方法。实验测评是通过给受测者设置一定的问题情境，控制和改变一些条件，记录其反应情况，然后加以分析的一种测评方法。利用实验法对个体创造力进行测评，实质上是对阻碍个体创造力发挥的心理定式现象进行分析，以及对个体创造性地解决问题的判断。这种测评有较高的信度，但是效度值得怀疑。作品分析是指通过对被试者按照要求完成作品的定性和定量分析，从而揭示其创造水平的一种方法。作品分析常利用某些数量化指标来进行较为精细的客观评价，具有客观性，且分析深入，但由于编制计分系统是其关键，所以操作难度较大。

（三）适用性原则

适用性原则包括年龄适用性和专业适用性。

（1）年龄适用性。不同的测评要求被测者以不同的方式做出反应。例如，有言语反应方式（说），操作反应方式（做），以及纸笔反应方式（写）等。对不同年龄段的个体，要充分考虑到所选测验的合适程度。例如，对于较小年龄的儿童来说，纸笔测验是不适合的，这受制于他们书面语言发展特点。而对于小学高年级以上的人来说，纸笔测验是比较普遍使用的方式。

（2）专业适用性。在实施测评时，要明确各种创造力测评测的是什么，评的是什么。数学创造力测验只适用于数学范围，用来测验语文显然不合适。其他各专业的创造力测验的选用也同样要恰当，测评工具的选择与测评的目的是一一对应的。一言以蔽之，只有遵循适用性原则，测评结果才是有效的。

（四）专业性原则

创造力测评的选择、施测、计分和解释都必须由经过专门训练的工作者进行。尤其是在个别施测的情况下，需要专业水平较高的测评者。由于存在个体差异，不同的测评者对同一个体的评价结果很可能是不同的，有时甚至差距很大。因此，只有尽可能选择有相同专业背景的测评者，才能最大限度地减少误差，以达到较高信度的评定效果。

（五）客观性原则

测评时切勿迷信测评分数。无论是为了筛选，还是鉴定创造力，分数都不是绝对可靠的依据，抛弃其测评技术本身误差不谈，就创造个体的发展而言，创造力也是可以培养的。即使测量结果显示没有很高创造力的人，也不能被认定其终生没有创造力；即使在某一方面没有表现出创造力，有时在其他方面的发展潜力也是很大的。所以面对受测者，考查测验分数时，应客观地就其所能说明的方面、程度加以解释，绝不能夸大其词。只有客观地解释测评结果，才算得上是科学的测评。

三、创造力测评的方法

由于创造力是一个多维度、多层面的结构体，可以从不同角度进行描述和测评，因此，其测评的方法是多种多样的。

（一）创造力测验法

创造力测验法是通过心理测验对个体的创造力进行测量的方法。创造力测验一般采用标准化的题目，按规定的程序实施，然后将测验成绩与相应的标准比较，从而评定个体的一般创造力程度。创造力测验法是最常用，也是争论最大的测量方法。它适用范围广、易控制，结果易于统计和解释。然而，它的信度与效度往往不能令人满意。

1. 吉尔福特的南加利福尼亚创造力测验

南加利福尼亚创造力测验由美国心理学家吉尔福特于 20 世纪 60 年代后期首创于南加利福尼亚大学，故而得名。测验的主要内容包括以下方面：①词汇流畅性，写出包含特定组分（字母）的单词；②概念流畅性，列举属于某一类别的事物名称；③联想流畅性，列举近义词；④表达流畅性，写出以指定字母开头的单词和句子；⑤用途变通，列举指定事物的非常用途；⑥比喻引申，用多种方式完成包含比喻的句子；⑦用途列举，列举指定事物的各种用途；⑧故事命题，为给定的情节命题；⑨结果推断，列举给定虚构事件的不同结果；⑩职业象征，列举给定事物或符号所象征的职业；⑪图形组合，用给定的简单几何图形组合成指定的事物；⑫图形变化，把给定的简单几何图形添加成多种事物的略图；⑬火柴拼图，移动指定数量的火柴使图形按照要求改变；⑭装饰设计，用各种不同的设计修饰给定物体的轮廓。

2. 托兰斯测验

托兰斯测验由美国心理学家托兰斯在明尼苏达大学首创，称为托兰斯创造性思维测验，亦称明尼苏达创造力测验。根据托兰斯的理论，创造性思维是创造力的核心，包含着若干方面的特征，主要为流畅性、灵活性、独特性、周密性等。因此，对创造力的测验即可集中表现为对创造性思维上述特征的考核。托兰斯测验有以下几个优点：一是它可以有条理地列出各种能力、心理的功能和人格特征对创造过程的影响；二是它提供一种步骤，以判断特殊过程与成果的因果关系，来确定何种人物适合于何种过程，并且提供一种步骤，以指出各种便利创造过程的条件。但是托兰斯测验也有一些质疑，有学者认为，这个测验中得分高者，不见得就真正有创造的表现。这是对该测验效度的一种疑问。

（二）创造力实验法

创造力实验法是指通过给受测者设置一定的问题情境，控制和改变一些条件，记录其反应情况，然后加以分析的一种测评方法。较著名的研究是有关阻碍个体创造力发挥的心理定式现象的研究，以及个体如何克服思维定式、创造性地解决问题的研究。

（三）作品分析法

作品分析法是指通过对被测者按要求完成作品的定性和定量分析，从而揭示其创造水平的一种方法。这是一种客观的分析法，因为它常利用某些量化指标来进行较为精细的客观评价。这里的“作品”仅限于个体的工艺品、作文、故事、绘画、乐谱及计算机程序等。作品分析法虽然具有客观、分析深入、细致等优点，但是由于编制计分系统是其关键，导致了这种方法的难度大于前面两种。一般来说，创造力测评中运用作品分析法的情况并不常见。

（四）主观评定法

主观评定法是指由有关专家或专门研究者按照一定的标准，对被测者的创造力进行评价的一种方法。虽然主观评定法与作品分析法同是属于分析与评定的范畴，但两者有根本区别。前者是一种概括、笼统的评定，后者是深入分析的评定。前者的对象包括被测者的各个方面，后者的对象仅限于“作品”。前者必须由多个人来完成，后者只需一人即可完成。前者的评定标准是主观的，后者则有客观的评分系统为依据。主观评定法较为经济，具有有效的预测性。但是这种方法常会受评价者的个人经验、认识水平、情绪状态、疲劳状况等主观因素的影响。

四、创造力测评题

开发创造力是人才培养的一个重要目标，但要人尽其才，首先需要对人的素质能力有一个整体的、客观的认知。与许多能力一样，创造力也需要一个较为科学的测评。创造性的评价是创造力培养的重要环节，准确地测试、客观地评价人们的创造力，对于创造活动的开展、深入具有十分重要的作用。本书收录了几套创造学家们编制的创造力测试题，并配有评分标准，人们可根据测试的题目和标准及有关要求进行自测。

需要说明的是，这些测试方法都不具有绝对的意义。实际上，创造心理在不同的民族、不同的社会、不同的个体身上都有差异。这就决定了要找到一种绝对有效的、普遍适用的测试方法是很困难的。测试本身不是目的，测试的目的在于正确地评估自己的创造性，并对自己的创造力水平有个初步的、大致的了解和认识，以便进一步自觉地去培养和完善自己的创造性人格。创造力测试亦成为许多部门发现和选拔创造性人才的方法之一。

（一）测评题 1

目前，关于创造性人格方面的综合测试较多，美国普林斯顿公司设计的量表在国际上比较著名。下列 25 个题目是美国普林斯顿“人才开发公司”的测试题，该公司要求在进行测试时，被试者必须以忠实而又迅速的口气回答“是”或“否”，不能模棱两可，更不能用猜测性的口气回答。

（1）我的兴趣总比别人产生得慢。（　　）
（2）我有相当的审美能力。（　　）
（3）有时我对事情过于热心。（　　）
（4）我喜欢客观而又有理性的人。（　　）
（5）“天才”与成功无关。（　　）
（6）我喜欢有强烈个性的人。（　　）
（7）我很注重别人对我的看法和议论。（　　）
（8）我喜欢一个人独自深思熟虑。（　　）
（9）我从不害怕时间紧促、困难重重。（　　）
（10）我很自信。（　　）
（11）我认为既然提出问题，就应彻底解决。（　　）
（12）对我来说，作家使用华丽辞藻只是为了自我表现。（　　）
（13）我尊重现实，不去想那些预言中的事情。（　　）
（14）我喜欢埋头苦干的人。（　　）
（15）我喜欢收藏家的性格。（　　）
（16）我的意见常常令别人厌恶。（　　）
（17）无聊之时正是我某个主意产生之时。（　　）
（18）我坚决反对无的放矢。（　　）
（19）我对工作不带有任何的私欲。（　　）
（20）我常常在生活中碰到一些不能单纯以“是”或“否”判断的问题。（　　）
（21）挫折和不幸并不会使我对热衷的工作有所放弃。（　　）
（22）一旦责任在肩，我会排除困难完成任务。（　　）
（23）我知道保持内心镇静是关键的一步。（　　）
（24）幻想常给我提出许多新问题、新计划。（　　）
（25）我只是提出新建议而不是说服别人接受我的这种新建议。（　　）

普林斯顿“人才开发公司”认为，答完这25道题，如果答“是”的题目有20题或20题以上，那么被测试者是个创造性较强的人；答“是”的题目有10～19题的人，创造性为中等；答“是”少于10题的人，创造意识较弱。

（二）测评题2

这套题是根据美国著名心理学家托兰斯的研究成果编成的，简称托兰斯测试法。它要求被试者对下面20种情况做出判断，如果符合自己的情况就在（　　）里打上“√”，如果不符合就打“×”。

（1）办事情、观察事物或听人说话时能专心致志。（　　）
（2）说话、作文时经常用类比的方法。（　　）
（3）能全神贯注地读书、书写和绘画。（　　）
（4）完成老师布置的作业后，总有一种兴奋感。（　　）
（5）敢于向权威挑战。（　　）

(6)习惯寻找事物产生的各种原因。（ ）
(7) 能仔细地观察事物。（ ）
(8) 能从别人谈话中发现问题。（ ）
(9) 在进行创造性思维活动时，经常忘记时间。（ ）
(10) 能主动发现问题，并能找出与之有关的各种关系。（ ）
(11) 除日常生活外，平时大部分时间都在读书学习。（ ）
(12) 对周围事物总持有好奇心。（ ）
(13) 对某一问题有新发现时，精神上总感到异常兴奋。（ ）
(14) 通常能预测事物结果，并能正确地验证这一结果。（ ）
(15) 即使遇到困难和挫折，也不气馁。（ ）
(16) 经常思考事物的新答案和新结果。（ ）
(17) 具有敏锐的观察力及提出问题的能力。（ ）
(18) 在学习中有自己选定的课题，并能采取自己独有的发现方法和研究方法。（ ）
(19) 遇到问题时，常能从多方面探索可能性，而不是固定在一种思路或局限在某一方面。（ ）
(20) 总有新设想在脑子里涌现，即使在游玩时也能产生新设想。（ ）

评价标准：打“√”的给 1 分，打“×”的不给分，最后算出总分。对照表 2-1，就可知道创造人格优势。

表 2-1　分数对照表

分数	0～9	10～13	14～17	18～20
等级	差	一般	好	很好

（三）测评题 3

下面 20 个测试题是根据中外众多科学家、发明家的个性心理特征编制和设计的，它不仅能测试你的创造力，还可以帮助你从中找到提高创造力的方法和途径。请测试者在认为正确的题后面括号里答“是”，否则答“否”。

(1) 即使是十分熟悉的事物，你也常用陌生的眼光审视它。（ ）
(2) 你评价资料的标准首先是它的来历而不是它的内容。（ ）
(3) 对所从事的事业即使遇到困难和挫折也不会动摇你的意志。（ ）
(4) 你从来不做那些自寻烦恼的事情。（ ）
(5) 聚精会神工作时，你常常忘记时间。（ ）
(6) 你特别关心周围的人对你的评价。（ ）
(7) 你最愉快的事是对某个问题深思熟虑、精推细敲。（ ）
(8) 你不认为灵感能揭开成功的序幕。（ ）
(9) 你对周围的事物有好奇心，一旦产生了兴趣便很难放弃。（ ）
(10) 你认为把事情做得尽善尽美是不明智的。（ ）
(11) 遇到问题，你能从多方面探索它的可能性，而不是拘泥于一条思路。（ ）
(12) 那些没有报酬的事，你从来就不想干。（ ）
(13) 你对于事情过于热心，当事情完成之后总有一种兴奋感。（ ）
(14) 按部就班、循序渐进才是解决问题最正确的方法。（ ）

（15）你宁愿单枪匹马，也不愿和许多人搅在一起。 （　）
（16）和朋友争论问题时，你宁可放弃自己的观点，也不使朋友难堪。 （　）
（17）对你来说，提出新建议比说服别人接受这些建议更重要。 （　）
（18）你所关心的是“是什么”，而不是“可能是什么”。 （　）
（19）你总觉得你有用不完的潜力。 （　）
（20）你不能从别人的成败中发现问题、吸取经验和教训。 （　）

计分方法：

上面共列出 20 个测试题，每题 2 分共 40 分。凡在单号题答“是”的得 2 分，答“否”的得零分；在双号题答“是”的得零分，答“否”的得 2 分。

测试结果：

28～40 分：创造力强。你具有许多不寻常的个性心理特征。你既能灵活、有条不紊地思考问题，又能将思考的结果加以实现，这是你最大的优势。你是个人才，如果已经有所成就就要戒骄戒躁，如果暂时还没有也不要急，只要努力，总会崭露头角。

16～26 分：创造力一般。你习惯采用现有的方法与步骤考虑问题、处理问题，虽比较保险，但难有大的突破。思维灵活性是创造力的基础，你不妨做些自我训练，说不定机会适合时会显出你的才干。

14 分以下：创造力弱。你在工作上较少得到灵活思维的快乐和喜悦，在个人生活上也往往缺乏趣味和魅力。不过，不要灰心，那些熟悉的工作是你的用武之地。

（四）测评题 4

这是一套威廉斯创造性人格测评练习。在下列句子中，如果你发现某些句子所描述的情形很适合你，则请你在表 2-2 中“完全符合”处打“ √ ”；若有些句子仅是在部分时候适合你，则在“部分符合”处打“ √ ”；如果有些句子对你来说，根本是不可能的，则在“完全不符合”处打“ √ ”。

（1）在学校里，我喜欢试着对事情或问题做猜测，即使不一定都猜对也无所谓。
（2）我喜欢仔细观察我没有看过的东西，以了解其详细的情形。
（3）我喜欢听变化多端和富有想象力的故事。
（4）画图时，我喜欢临摹别人的作品。
（5）我喜欢利用旧报纸、旧日历及旧罐头瓶等废旧物来做各种好玩的东西。
（6）我喜欢幻想一些我想知道或想做的事。
（7）如果事情不能一次完成，我会继续尝试，直到成功为止。
（8）做功课时，我喜欢参考各种不同的资料，以便得到多方面的了解。
（9）我喜欢用相同的方法做事情，不喜欢去找其他新的方法。
（10）我喜欢探究事情的真假。
（11）我喜欢做许多新鲜的事。
（12）我不喜欢交新朋友。
（13）我喜欢想一些不会在我身上发生的事情。
（14）我喜欢想象有一天能成为艺术家、音乐家或诗人。
（15）我会因为一些令人兴奋的念头而忘记了其他事。
（16）我宁愿生活在太空站，也不喜欢住在地球上。

（17）我认为所有的问题都有固定的答案。
（18）我喜欢做与众不同的事情。
（19）我常想知道别人正在想什么。
（20）我喜欢故事或电视节目所描述的事。
（21）我喜欢和朋友在一起，和他们分享我的想法。
（22）如果一本故事书的最后一页被撕掉了，我就自己编造一个故事，把结局补上去。
（23）我长大后，想做一些别人从没想过的事情。
（24）我觉得尝试新的游戏和活动，是一件有趣的事。
（25）我不喜欢太多的规则限制。
（26）我喜欢解决问题，即使没有正确的答案也没关系。
（27）有许多事情我都很想亲自去尝试。
（28）我喜欢唱没有人知道的新歌。
（29）我不喜欢在班上同学面前发表意见。
（30）当我读小说或看电视时，我喜欢把自己想成故事中的人物。
（31）我喜欢幻想 200 年前人类生活的情形。
（32）我常想自己编一首新歌。
（33）我喜欢翻箱倒柜，看看有什么东西在里面。
（34）画图时，我很喜欢改变各种东西的颜色和形状。
（35）我不敢肯定我对事情的看法都是对的。
（36）对于一件事情先猜猜看，然后再看是不是猜对了，这种方法很有趣。
（37）玩猜谜之类的游戏很有趣，因为我想要知道结果如何。
（38）我对机器有兴趣，也很想知道它里面是什么样子，以及它是怎样转动的。
（39）我喜欢可以拆开的玩具。
（40）我喜欢想一些新点子，即使用不着也无所谓。
（41）一篇好的文章应该包含许多不同的意见或观点。
（42）为将来可能发生的问题找答案，是一件令人兴奋的事。
（43）我喜欢尝试新的事情，目的只是想知道会有什么结果。
（44）玩游戏时，我通常是有兴趣参加，而不在乎输赢。
（45）我喜欢想一些别人常常谈的事情。
（46）当我看到一张陌生人的照片时，我喜欢去猜测他是怎么样的一个人。
（47）我喜欢翻阅书籍及杂志，但只想知道它的内容是什么。
（48）我不喜欢探寻事情发生的各种原因。
（49）我喜欢问一些别人没有想到的问题。
（50）无论在家里或在学校，我总是喜欢做许多有趣的事。

表 2-2　答题卡

题号	完全符合	部分符合	完全不符	题号	完全符合	部分符合	完全不符
1				3			
2				4			

（续）

题号	完全符合	部分符合	完全不符	题号	完全符合	部分符合	完全不符
5				28			
6				29			
7				30			
8				31			
9				32			
10				33			
11				34			
12				35			
13				36			
14				37			
15				38			
16				39			
17				40			
18				41			
19				42			
20				43			
21				44			
22				45			
23				46			
24				47			
25				48			
26				49			
27				50			

计分方法：

本套测试题由中国台湾的王木荣修订，共 50 题，包括冒险性、好奇心、想象力、挑战性四项；测试后可得四种分数，加上总分，即得五项分数。分数越高，说明创造力水平越高。计分方法为：正面题目，完全符合计 3 分，部分符合计 2 分，完全不符计 1 分；反面题目：完全符合计 1 分，部分符合计 2 分，完全不符计 3 分。

冒险性：包含（1）、（5）、（21）、（24）、（25）、（28）、（29）、（35）、（36）、（43）、（44）共 11 道题，其中（29）、（35）为反面题目。

好奇心：包含（2）、（8）、（11）、（12）、（19）、（27）、（33）、（34）、（37）、（38）、（39）、（47）、（48）、（49）共 14 道题，其中（12）、（48）为反面题目，其余为正面题目。

想象力：包含（6）、（13）、（14）、（16）、（20）、（22）、（23）、（30）、（31）、（32）、（40）、（45）、（46）共 13 道题，其中（45）为反面题目，其余为正面题目。

挑战性：包含（3）、（4）、（7）、（9）、（10）、（15）、（17）、（18）、（26）、（41）、（42）、（50）共 12 道题，其中（4）、（9）、（17）为反面题目，其余为正面题目。

第三章　创造性思维与练习

第一节　创造性思维概述

思维是人脑对客观事物间接的、概括的反映过程，是认识的高级形式。思维在创造活动中有着极其重要的作用，因为创造活动是人类对未知世界的认识和发现的活动过程，在创造的过程中，人们要产生新的思想、新的知识和方法，探索到尚未发现的规律，这时就尤其需要思维活动的参与，如果离开了思维，人类的创造活动便寸步难行。

创造性思维是人类所独具的。千百年来，人类凭借着创造性思维不断地认识世界、改造世界。从这个意义上说，人类所创造的一切成果，都是创造性思维的外在表现与具体实物化。古今中外，人们无限赞美创造者、崇拜发明者、敬仰科学家，但对于人类这种创造性思维的本质、特征及其机制等问题却了解甚少。

思维不一定都能产生创造。思维是人脑对客观事物间接的概括和反映，总是指向于解决某一个或几个问题，这就为人们的创造性活动奠定了基础；但是，并不是所有的思维结果都表现为创造，特别是对于保守型思维来说，则更是如此。

创造性思维一般指的是开拓人类认识新领域的一种思维，是要突破已有知识与经验的局限，产生前所未有的思维新结果、达到新的认识水平的思维，常常是在看来不合逻辑的地方发现隐秘。从这一点上说创造性思维是一种具有开创意义的思维活动，一种复杂的高级心理活动。一项创造性思维成果的取得，一般要经过长期的探索、刻苦的钻研甚至多次的挫折之后才能取得，而创造性思维能力也要经过长期的知识积累、素质磨砺才能具备，至于创造性思维的过程，则离不开繁多的推理、想象、联想、直觉等思维活动，是需要人们付出脑力劳动才能获得的。

创造性思维在很大程度上是以直观、猜想和想象为基础而进行的一种思维活动。大家所熟知的哥伦布竖鸡蛋的故事就能充分说明哥伦布的创造性思维。

一、创造性思维的特征

虽然创造性思维可以划分为不同类型，但不同的创造性思维之间存在一些共性，一般典型的创造性思维具有以下六个方面的特征。

（一）新颖性

创造性思维不同于非创造性思维的主要特征就是新颖性。从本质上说，创造性思维就是一种新颖性思维，这种新颖性思维包括三个含义：①它是突破常规思维、习惯思维的旧程序，采取新程序、新思路的超常思维；②它是突破过去和现在已知的、现成的思路和形式，善于适应不断变化的新情况，以新思路、新方法解决新问题的应变思维；③它是体现在思维的结果上，必须是首次获取，这一点尤为重要。思维者通过思维过程第一次产生的各种新设想、新概念、新设计、新方法、新理念、新作品等，都是首次获取的创造性思维成果。这些思维成果都符合前所未有的条件，其新颖性必定是“空前”的。

1982年年初，著名建筑大师贝聿铭接受新上任的法国总统密特朗的委托，为改造和修复卢浮宫提供设计方案。卢浮宫是法国国家博物馆所在地，馆内珍藏的文物世界闻名。由于受原建筑结构的限制，加上年久失修，卢浮宫的状况已引起普遍的不满。贝聿铭的设计一反常规，在卢浮宫中心的拿破仑庭院打开了一个入口，建造一个高70英尺（1英尺=0.3048米）、每小时能容纳1.5万人的玻璃金字塔，周围再配上三个小金字塔和三个有喷泉的三角形水池。尽管当初遭到很多人反对，但建成后却造成轰动，成为堪与埃菲尔铁塔相媲美的巴黎新象征。贝聿铭的这个设计，就充分体现了创造性思维的新颖性。贝聿铭设计的北京香山饭店没有采用常规的对称设计，而且依据地形，并考虑到保护古树，将香山饭店设计成结构和形态均不对称的、中西合璧的第三种风格，也是创造性思维新颖性的极好体现。

（二）流畅性

创造性思维的流畅性是指能够迅速产生大量设想或思维速度较快的性质。流畅性是对思维速度的一种评价，创造性思维无疑是流畅性思维。人们常用“思潮如涌”来形容才思敏捷的科学家的风貌，用“一气呵成”来描述才华横溢的文学家的工作状态。一个“涌”字，一个“呵”字，充分体现了创造性思维的高速度特征。德国数学家高斯上小学时就初露才华。一次，老师要大家计算从1到100之间所有自然数的和，话音刚落，高斯就算出了正确的答案5050。原来他想出了创造性的方法：把1～100组合成1+100，2+99，……，50+51，共50组，每组的和都是101，然后乘以50组，立即得出了正确答案。高斯的算法是创造性思维流畅性的范例。

创造性思维的酝酿过程可能是十分艰辛的，但在它诞生之时，就必定表现为高速度的流畅性思维。著名科学家达尔文曾回忆生物进化论学说的创立经过，并在《物种起源》一书中记录到：“1838年8月，即我开始有系统的调查工作之后15个月，我偶读马尔萨斯的《人口论》以资消遣，由于长期观察动植物的习惯，当然不难认出随处可见的生存竞争的事实。于是我恍然大悟……这时我终于得到了一个可以作为工作根据的学说。”我们不难从作者的记录中得出如下看法：15个月艰苦的脑力劳动，一个偶然的外因触发，他在恍然大悟之时能够运用流畅的创造性思维，解决了一个伟大学说的核心问题。

（三）灵活性

创造性思维的灵活性是指思维的灵活、多变，其思路能及时转换和变通。主要表现在以下几点。第一，思维的主体性。能从多方位、多角度、多侧面去思考问题，寻求问题的答案。第二，思路的变通性。当某一思路行不通时，能及时放弃旧的思路，转向新的思路。第三，方法的多样性。不仅善于采取多种方法解决问题，而且能主动放弃无效的方法而采取新的方法。创造性思维并没有现成的思维方法和程序可以遵循，进行创造性思维活动的人在考虑问题时，可以迅速地从一个思路转向另一个思路，对问题进行全方位思考。因此，创造性思维常伴随有“想象”“直觉”“灵感”之类的非逻辑、非规范的思维活动，他人不可以完全模仿或者模拟，往往一闪即逝，不能复制。

［案例］

被利用的总统

美国一出版商有一批滞销书久久不能脱手，他忽然想可以给总统送去一本书，于是他这样做了，并三番五次地去征求意见。总统为了逃脱他的纠缠，便回了一句："这本书不错。"出版商便大做广告："现有总统喜爱的书出售！"

于是，这些书被一抢而空。

不久，他又送给总统另一本滞销书。总统因上过一次当，这次说："这本书糟透了。"出版商又做广告："现有总统讨厌的书出售！"

这些书很快销了出去。

第三次，出版商又送去一本书，总统接受前两次的教训，不做任何答复。出版商却因此大做广告："现有总统难下结论的书，欲购从速！"

结果书又被抢购一空。

这位出版商之所以把滞销书销售了出去，是因为他头脑灵活并且积极主动地努力，因而创造了一个又一个的机遇。

（四）敏感性

创造性思维的敏感性是指敏锐地认识客观世界的性质。客观存在的事物是丰富多彩而错综复杂的，一切事物又都处在发展变化的运动状态之中。人们通过各种感觉器官直接感知客观世界，但如果要想理性地认识客观世界，就得运用思维。在人们开展各种形式思维的过程中，创造性思维对于客观世界的认识往往更为敏锐。例如，我国有个成语"一叶知秋"，反映了可以把第一片黄叶的飘落作为秋天来临的标志这一规律，也表明了第一个总结出这个成语的人创造性思维的敏感性。

在科学发展史上，反映创造性思维敏感性的例子就更多了。1820 年，丹麦科学家奥斯特有一次讲课时发现，通电的导体会引起一旁磁针的偏转，从而揭开了电与磁相互关系研究的序幕。英国科学家法拉第敏锐地认识到这一发现的重要性，并且预言它将打开一个科学新领域的大门。他自己也勇敢地冲向这个未知领域进行大胆探索，终于开辟出电磁学的崭新天地。法拉第的成功同他创造性思维的敏感性存在有机的联系。

（五）精确性

创造性思维的精确性是指能周密思考、满足详尽要求的性质。随着科学技术的发展，客观事物的复杂性要求人们细心观察、周密思考，舍此便难以完成许多重大的科研项目和系统工程。以微电子技术为例，到 20 世纪 80 年代末期，极大规模集成电路的集成度（每片芯片的晶体管数）已经超过 100 万，采用 6 英寸硅片的存储器位数已达到 1024K，加工技术则需要精确到 1～1.5μm，而且要求环境绝对清洁，每立方英寸内的灰尘不得超过 100 颗。在这种情况下，要想创新，必须有独到的见解和周密、详尽的思维能力。创造性思维的精确性正是我们探索微观世界的可靠保证。

英国生物学家、化学家桑格在生物大分子测定方面的突破是创造性思维精确性的典范。众所周知，蛋白质由氨基酸组成，其结构与成分十分复杂。例如，由 500 多个氨基酸组成

的血清蛋白可能有 1×10^{600} 种结构。桑格从 20 世纪 40 年代中期开始，创建了一套超微量方法，费时 10 年，终于确定了最小的蛋白质——牛胰岛素中氨基酸的排列顺序，因此荣获 1958 年诺贝尔化学奖。接着他又向核酸进军，设计了更精细的方法，测定了核酸的结构，并第二次荣获诺贝尔化学奖。

（六）变通性

创造性思维的变通性是指运用不同于常规的方式对已有的事物重新定义或理解的性质。人们在认识客观世界的过程中，如果只会按照常规的方式去进行思考，久而久之，就会形成固定的习惯，因局限于已有的认识而难以创新发展。遇到障碍和困难的时候，往往也会束手无策，难以超越和克服。在这种情况下，创造性思维的变通性有助于打破常规，找到新的出路。

曹冲称象的故事反映了创造性思维变通性的作用。有人送给曹操一头大象，为了测定大象的重量，大家想尽办法却没有结果。曹操的幼子曹冲灵机一动，让人把象牵到船上，并记下船的吃水深度；然后换上使船吃水深度相同的石块，再分批称出石块的重量，石头的总重量即为大象的体重。就创造性思维的变通性而言，曹冲使用了等值变换法，把欲求重量的概念，由不可分割的大象替换成了可分割的石块。

综上所述，新颖性、流畅性、灵活性、敏感性、精确性和变通性是典型的创造性思维所具备的基本特征，其中尤以新颖性、流畅性和灵活性为主。并非所有的创造性思维都具有上述全部特征，而是各有侧重，因人因事而异。因此，我们在评价创造性思维时，应该全面衡量，不能苛求完美无缺。

二、创造性思维的过程

创新思维很多时候是以发现问题为中心，以解决问题为目标的高级心理活动。对这种心理活动过程的研究理论有很多。不同的人对此的认识和划分也不尽相同，其中比较有影响的划分方法是美国心理学家华莱士的四个阶段理论，即准备阶段、酝酿阶段、顿悟阶段和验证阶段，这一理论较为科学地描绘了创造性思维的过程，如图 3-1 所示。

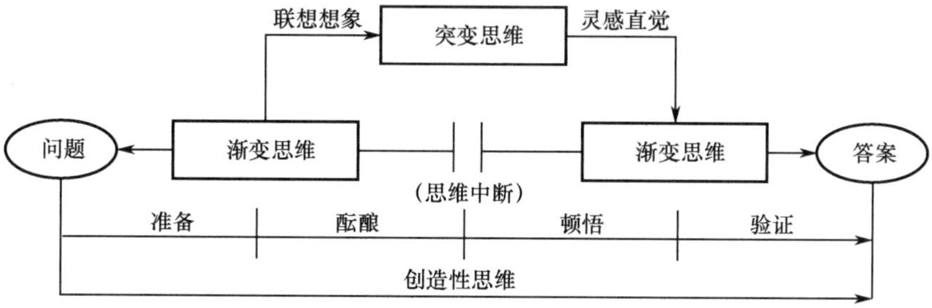

图 3-1　创造性思维过程结构示意图

（一）准备阶段

思维自问题开始，问题就是矛盾，矛盾时时处处都有，问题也就无时不在。但若真正引起人们的积极思维，大多是“为什么”和“怎么样”一类的问题。发现问题的过程，就是发现矛盾的过程。这一环节的主要任务就是抓住主要矛盾，找出问题的本质，抓住矛盾的主要方面，找出问题的核心。其实，提出问题比解决问题更重要，因为后者仅仅是方法和实验的过程，而提出问题则要找到问题的关键、要害。在人类社会生活的各个领域中，存在种种问题，但并不是每个人都能发现问题，尤其是发现和提出有重要价值的问题。要做到这一点依赖于下列条件：

（1）社会的需要。社会的需要是发现问题和明确问题的催化剂。随着人类社会的发展，会出现各种各样急待解决的问题，它是人们思维的压力和动力。有人说，社会的需要会比一百所大学更能造就人才。

（2）个体活动的积极性。社会的需要转化为个人的思维任务之后，一般来说，个体活动的态度越积极，活动量越大，范围越广，越能发现问题和提出问题。只有具有强烈的社会责任心和高度的活动热情及主动的态度，才能发现常人不注意的问题。

（3）个体的求知欲。求知欲是人追求某种现象或弄清某个问题的内部动因。求知欲望强烈的人总是能在别人不认为有问题的地方发现问题，总是能在被公认的解释中提出疑问，总是能要求有更深奥的和更确切的说明。他们往往“异想天开”或产生一些常人看来荒诞不经的想法，寻根问底，穷追不舍，把问题弄个水落石出，这里面就是爱好和兴趣的问题。

（4）个体的知识水平。知识贫乏可以使人对一切感到新鲜，并刺激提出一些不了解的问题，但往往缺乏深度，让人感到肤浅可笑。一般而言，知识越是丰富，钻研越是深刻，提出的问题就会越多、越重要。我国著名桥梁力学专家茅以升测试研究生的一个重要方式就是让学生对读过的书籍提问题，根据所提问题的数量和质量给每个人评定成绩，这对我们是一个启发。

（二）酝酿阶段

酝酿阶段是对前一阶段所获得的各种资料和事实进行消化吸收，从而明确问题的关键所在，并提出解决问题的各种假设和方案。酝酿在其性质和持续时间上变化很大，它可能只需要几分钟，也可能要几天、几个月甚至几年。此时，有些问题虽然经过反复思考、酝酿，仍未获得完美的解决，思维常常出现中断、想不下去的现象。在这个时期里，思维者不再蓄意解决问题，或者说已经暂时放弃了，在现象上看是有意识的努力一度中断的时期。但在这个时期，华莱士觉得“无意识的大脑活动”仍在继续，即大脑的潜在意识仍在不知不觉地对收集到的材料进行筛选和重组。

日本创造心理学家高桥浩曾在谈到这一阶段的特点时说：“创造性思维也和造酒一样，需要有一个酝酿期。在第一阶段中，经有意识的努力而得到的东西大都是勉勉强强、比常识稍胜一筹的东西，不能有大作用。到了下一步的酝酿期，和酿造名酒一样，新的思想方案才逐渐成熟起来。普通一般的人不能忍耐这个酝酿期，也没想到有经历这一个时期的必要，因而老是在第一阶段里徘徊。”

在酝酿期里，这些问题仍会不时地出现在人们的头脑中，甚至转化为潜意识，这样就为第三阶段（顿悟阶段）打下了基础。许多人在这一阶段常常表现为狂热和如痴如醉，令常人难以理解。例如，牛顿把手表当鸡蛋煮、安培不认识家门、陈景润在马路上与电线杆相撞……

在酝酿阶段，实际上都需要收集与占有与问题有关的大量材料，没有大量的与问题有关的有价值的信息，要顺利解决问题是不可能的。中国古代诗人李贺“诗袋”的故事；“韦编三绝”的故事；马克思创作《资本论》，研读了 1500 本以上的著作；这些事情均说明占有大量有关信息的重要性。

（三）顿悟阶段

顿悟阶段有人也称为豁朗阶段，经过酝酿阶段对问题的长期思考，创新思路可能突然出现，思考者大有豁然开朗的感觉，真是“山重水复疑无路，柳暗花明又一村”。这种所谓“顿悟”，主要并不是由语言表达出来，而是通过视觉上的幻象表达出来的。这种顿悟一出现，就十分不同于别的许多经验，它是突然的、完整的、强烈的，甚至会脱口喊出，“是这样的”“哈！没错儿！”华莱士把这种经验称为“尤瑞卡经验”。如阿基米德终于寻到了希腊王向他提出的检验王冠含金量问题的答案时，从浴盆里跳出来，狂喜地在大街上边跑边喊，向世界大声宣告：“我已经找到它了！我已经找到它了！”灵感的来临，往往是突然的、不期而至的。如德国数学家高斯，为证明某个定理，被折磨了两年仍一无所得，可是有一天，正如他自己后来所说：“像闪电一样，谜一下解开了。”

在这个阶段一般离不开提出假设。所谓假设，是指关于引起一定结果的原因的推测。解决问题的关键是提出解决问题的方案，即解决问题的原则、途径、方法。但这经常不是简单地能够立刻找到和确定下来的，而是先以假设的方式出现。提出的假设越合理，问题解决得就越快。合理假设的提出，取决于两个因素，一是对问题的明确程度，二是主体已有的知识经验。对问题越明确，知识经验越丰富，提出假设就越有针对性和广阔性。

（四）验证阶段

思路豁然贯通以后，所得到的解决问题的灵感、构想、方案和假设还必须在理论上和实践上进行反复论证和试验，验证其可行性。灵感的成果还必须经历一个仔细琢磨、具体加工和验证的过程。这是对整个创造过程的反思，以使创造成果建立在科学的理论基础之上，并物化为能被他人所理解和接受的形式。这种检验和反思就是要通过一定的方法来确定所提出的思路是否符合客观规律。经验证后，有时方案得到确认；有时方案得到改进；有时方案甚至完全被否定，再回到酝酿期。检验假设分两种方法，一种是实际行动，即按照假设去具体解决问题；二是智力活动，即进行推演。这种方法用在检验不能用实际行动检验的假设上。如军事行动的方案、重大工程的方案等。但检验假设最终仍是实践，实践是检验真理的唯一标准。总之，灵感所获得的构想必须经过检验，这种检验就是在意识的支配下进行了。

四个阶段理论只是对创造性思维过程的大体描述，在实际的创造活动过程中，常常是相互交错、相互渗透的。

关于对创造性思维过程的研究，国内外曾提出一些不同的见解，下面介绍两种有影响的观点或理论。

刘奎林是目前我国系统研究灵感思维的一位学者，他在四个阶段理论的基础上，进一步就创造性思维中的灵感思维的过程进行了研究，提出了“诱发灵感的机制序列链”理论。这个序列链由五道程序组成，即境域、启迪、跃迁、顿悟、验证。

美国心理学家吉尔福特在对创造性思维的研究中，提出了发散思维和集中思维的区分。

作为一个完整的创造性思维过程，既离不开发散思维，也离不开集中思维，而且呈现出一种二者相互促进、相互转化、交互推进的思维程序，即集中思维→发散思维→集中思维的程序。无论科学创造或文艺创作，都是在经历这样一个思维过程之后才获得创造性成果的。

从以上介绍的三种理论可以看出，华莱士和刘奎林的过程论主要是从认知的心理上揭示了包括显意识和潜意识在内的创造性思维的全过程。不过刘奎林是着重于灵感思维；而吉尔福特的过程论则是从“发散”和“集中”这两种在显意识进行中所运用的重要方式上，说明了创造性思维的过程。可见，他们是从不同的角度为我们从不同的侧面来揭示创造性思维的过程的。

关于创造性思维，中国清代学者王国维在《人间词话》中曾用借喻的手法生动描绘了从向往到苦思再到惊喜于发现的三个境界：

昨夜西风凋碧树。独上高楼，望尽天涯路。

衣带渐宽终不悔，为伊消得人憔悴。

众里寻他千百度，蓦然回首，那人却在灯火阑珊处。

此处引用的词句，虽然不是原作中的本意，但是有着一样深远的意境：做学问、做研究，要达到第三境界，必须有专注的精神，反复研究，艰苦探索，终会豁然贯通，有所发现，收获喜悦。

［案例］

葡萄酒的保鲜问题

法国的生物学家、化学家巴斯德一直被葡萄酒储存过程中会变酸的问题困扰着，他曾想过很多办法，却都无法解决。

后来，他经过反复研究证明，葡萄酒变酸的原因是发酵器中的一种细菌在起作用。可是，如果简单地将葡萄酒用火煮沸杀菌，又肯定会影响葡萄酒的质量。

于是，如何既消灭细菌，又不影响葡萄酒的质量，就成了一个非常难以解决的问题。巴斯德使用了好几种方法，都没有得到理想的效果，他变换了好几种抗菌的药物也无法达到预想的目的。经过一次又一次的试验失败后，他几乎失去了信心，于是只好暂时放下这项工作。

这一年冬天的一个周末，巴斯德请了几位朋友到家中做客，由于天气变冷，巴斯德出于对朋友的健康考虑，就将大家都十分喜爱的葡萄酒倒在铜壶里，然后放在炉子上稍稍加热以后才让朋友饮用。这一次，热情的巴斯德温热了许多葡萄酒，尽管朋友们开怀畅饮，却没有喝完。朋友走后，巴斯德将剩下的葡萄酒重新装进瓶子里，后来也就慢慢地忘了这事。

到了第二年的夏天，巴斯德突然想起了这些酒，以为一定早就变质了。可当他打开的时候，竟惊奇地发现，这些酒竟然一点都没变质！一个困扰着葡萄酒行业的难题终于全面彻底地解决了。巴斯德后来成立了葡萄酒保鲜研究所，进一步开发保鲜技术。这个保鲜技术的发现，不仅挽救了葡萄酒业的生产，同时也给各种饮料行业带来了勃勃生机。

第二节 创造性思维的分类

一、方向性思维

（一）发散思维与集中思维

1. 发散思维

1）发散思维的含义

发散思维也称为辐射思维、多向思维、扩散思维或求异思维，是对同一问题从不同层次、不同角度、不同方面进行思考，从而求得多种不同甚至奇异答案的思维方式。例如，“一题多解”“一事多写”“一物多用”等方式，都可培养发散思维能力。不少心理学家认为，发散思维是创造性思维最主要的特点，是测定创新能力的主要标志之一。

发散思维的过程是：解决某一问题如有很多答案，即以这个问题为中心，思维的方向像辐射一样向外发散，找出的答案越多越好。然后从诸多答案中，寻找出最佳的一种，以便最有效地解决问题。这种思维就像自行车的轮子一样，许多辐条以车轴为中心向四周辐射。

2）发散思维的特征

发散思维随着水平的提高，往往表现出较强的流畅性、变通性和独特性。

（1）流畅性是指在较短的时间内生成并表达出尽可能多的思维观念，以及较快地适应、消化新的思维观念。流畅性反映的是发散思维的速度和数量特征，机智与流畅性密切相关。如关于报纸的用途，单位时间内说出的越多越好。

（2）变通性是指改变思维方向的能力。变通性要求人们克服头脑中某种自己设置的僵化的思维框架，按照某一新的方向来思索问题的过程。变通性比流畅性要求更高，需要借助横向类比、跨域转化、触类旁通，使发散思维沿着不同的方面和方向扩散，表现出极其丰富的多样性和多面性。阅读、练书法等都是报纸的用途，如果想到报纸能做帽子、做衣服则具有思维的变通性。

（3）独特性是指在发散思维中做出不同寻常的、异于他人的新奇反应能力。它更多地表征发散思维的本质，是发散思维的较高层次。如果想到报纸做衣架则具有独特性。

发散思维可以使人思路活跃、思维敏捷，办法多而新颖，考虑问题周全，能提出许多可供选择的方案、办法及建议，特别能提出一些别出心裁、一语惊人或完全出乎人们意料的见解，使问题奇迹般地得到解决。所以发散思维在创造中常常会起到举足轻重的作用。

［案例］

许国泰的发散思维

在一次讨论会上，创造力研究专家村上幸雄拿出一枚曲别针，请与会者说出曲别针的用途，以此来比较一下大家的思维广度。大家各抒己见，很快就说出了60多种，例如，做窗帘、衣服、汽车模型等工艺品，以及开瓶器、针、纽扣、发夹、鞋带、钥匙圈、牙签、烤肉叉子、耳环、夹子等。这时有人问村上能说出多少种，村上一笑，伸出三个指头。“30种？”村上摇头，“300种？”村上点头，于是村上来到台上，滔滔不绝地向大家说出曲别针的300种用途。正当大家惊叹于村上过人的开放思维时，以“思维魔王”著称的许国泰站起来说：“对于曲别针的用途，我能说出三万种。”

许国泰说：“刚才村上先生讲的曲别针的用途可以用四个字概括，就是钩、挂、别、连。这仍然具有局限性，要使思维突破这种格局，最好的办法就是借助于简单的形式思维工具——信息标和信息反应场。”接着他把曲别针的总体信息分成重量、体积、长度、截面、弹性、直线、颜色等十多个要素，再把这些要素，用一根标线联系起来，形成一个信息标，然后，把与人类实践活动有关的要素联系起来，通过交叉组合等形式，可以得出曲别针的用途有无限多种：把曲别针用在音乐上可创作曲谱；曲别针可以做成英、俄、希腊等外文字母，用来进行拼读；曲别针可以与硫酸反应生成氢气；曲别针可以用来做指南针；曲别针可以串起来导电；曲别针是铁制成的，铁与其他物质反应生成的化合物有成千上万种……实际上，曲别针的用途，几乎近于无穷！

在这个故事中，许国泰之所以能够说出曲别针如此多的用途，其诀窍在于他科学地运用了发散思维，体现出了极强的创造能力。

3）发散思维的形式

（1）发散思维是一种开放性的思维，任一发散，既无一定方向，也无一定范围，它主张打开五官大门，张开思维之网，冲破一切禁锢，尽力接受更多的信息。发散思维能够产生众多的创造性设想，它除了应用已有的知识与记忆外，更重要的是加入了想象的因子，这就使人们的思路显得更加开阔，其答案也就不会限制在“唯一”之中，而是会产生许多不同的、荒诞离奇的答案，这些答案经常以不合逻辑和反常规的形式出现。

以砖的用途为例。一些不太使用发散性思维的人在讲到砖的用途时，只是提到砖可以造房、砌墙、搭灶、铺路等。虽然有时还可讲到一些其他用途，但大都离不开“建筑材料”这一类。而一个发散思维很好的人，则可以讲出更多的用途，如可以当做锤子砸铁钉，可以做武器自卫，可以叠起来当凳子用，磨碎后掺进水泥可以当颜料，还可用来压住帐篷或薄膜的边缘，可以压纸、掉线、当直尺、在水泥地上当笔使用，甚至可以当多米诺牌等。

（2）发散思维还可以是平行发散，即多路思维。多路思维就是把研究对象的特征，人为地分成若干路，然后一路一路地考虑，以取得更多的解决方案。多路思维可以使人考虑问题有条不紊、周密、细致。

例如，浙江定海县白泉冷冻场对鹅的加工，采取了多路思维进行综合处理，即先把鹅分解为鹅肉、鹅毛、鹅肚及鹅废物等几个平行的部分，然后一路路开发，一道道加工。例如，单是鹅毛就可再分为刁翎、窝翎、尖翎及鹅绒四条线路，进行区别对待、系统开发。结果，一只鹅的价值比以前增加了三四倍。

多路思维要求思考者善于一路一路地想问题，这就需要涉及多方面的知识及综合社会生活经验，所以就要求我们在日常生活中细心观察、认真学习、不断拓宽知识面，敢于冲破各种思维阻碍，进行创造性思维。

（3）发散思维的另一种形式是立体思维。立体思维是指思考问题时跳出点、线、面的限制，在三维空间中立体式地进行思维。立体思维从大局着眼，从宏观的高度寻找微观层面的问题的解决办法，运用立体思维常有的“出乎预料之外，却在情理之中”的奇效。

[案例]

盈利的奥运会

尤伯罗斯主持的第23届奥运会被称为“世界上最经典的立体思维”案例。

鉴于之前的多次奥运会都是亏损的，美国洛杉矶市长提出以商业化方式来筹办第23届奥运会，并选中尤伯罗斯来主持。最后这届奥运会不仅没有负债，反而盈利了2亿美元。尤伯罗斯之所以能够成功，一个重要的原因在于他成功地运用了立体思维的方式，超越了传统的奥运经营理念。他的主要做法是：

（1）没有投巨资修建体育场馆，尽可能利用洛杉矶已有的体育场馆。

（2）没有建设供运动员住宿的奥运村，而是利用了三所大学放假期间的学生宿舍。

（3）说服商家建游泳池和自行车赛场。

（4）每个行业只收取一家赞助费。

（5）要求供货商赞助。

（6）出售转播权。

（7）提前一年发售门票，获得利息。

（8）出售火炬接力权。

（9）出售专利商品。

在当时的情况下，这是运用立体思维进行商业运作的一个成功案例，绝大多数做法都很新颖独特。

立体思维在日常生活和生产上是非常有用的。例如，在养鱼业中，根据鱼的习性，合理搭配饲养的鱼种，充分利用鱼塘上、中、下空间，提高单位体积产量；在农业生产中，利用空间，采取间作、套种等多种措施，提高土地利用率，达到增产、增收的目的。

为了获得创造的成功，在运用发散思维的过程中，应该尽量从多种维度发散，独创性地去发散，这样才能获得质量高、数量多的创造设想，获得更满意的创造成果。

发散思维练习：①5分钟之内写出能想到的带有“土”字结构的字，越多越好；②尽可能多地写出领带、眼镜的用途；③列举出包含“三角形”的各种物品，越多越好；④说出一只猫与一台冰箱相似的地方；⑤用两个圆、两个三角形和两条直线组成各种有意义的图案；⑥给故事添加结尾；⑦如果全世界只有一种语言，一种文字，世界将会是什么样子？

2. 集中思维

1）集中思维的含义

集中思维也称为求同思维、复合思维、聚合思维或收敛思维，是与发散思维相对应的、方向相反的思维形式，是指主体为了满足某种需求，在发散思维产生大量备选信息和方案的基础上，根据相应的评价标准，通过归纳、演绎、分析、综合、比较等方法进行聚集搜索，优选出一个最佳信息或方案的思维过程。

集中思维的过程是在发散思维产生的大量信息的基础上，向一个最佳方向聚集。如果说发散思维是由一到多的话，那么集中思维则是由多到一。

［案例］

惹祸的波斯猫

第一次世界大战中，法国和德国交战时，法军的一个旅司令部在前线构筑了一座极其隐蔽的地下指挥部。指挥部的人员深居简出，十分诡秘。但是法军只注意到军事人员的隐蔽，却忽略了长官养的一只小猫。德军的侦查人员在观察战场时发现：每天早上八九点时，都有一只小猫在法军阵地后方的一座土包上晒太阳，德军以此判断：

（1）这只猫不是野猫，野猫一般白天不出来，更不会在炮火隆隆的阵地上出没；

（2）猫的栖身处就在土包附近，很可能是一个地下指挥部，因为周围没有人家；

（3）根据仔细观察，这只猫是相当名贵的波斯猫，在打仗时还有兴趣玩这种猫的不会是普通的军官。

据此，他们判定那个掩蔽处一定是法军的高级指挥所。随后，德军集中六个炮兵营的火力，对那里实施猛烈袭击。事后证明，他们的判断完全正确，这个法军地下指挥所的人员全部阵亡。

这个例子就是根据收集到的信息，进行分析、判断，优选出最佳信息，得出结论，进而做出正确判断的集中思维案例。

人在思维过程中，经常要对许多并列因素进行选择。集中思维能帮助我们对并列因素做出判断。借助于集中思维进行选择的问题看起来简单，其实包含着丰富的科学性和哲理性。集中思维对并列因素的选择不是等概率的抽样，而是力求达到结果优化的目的。为了有效发挥集中思维的选择作用，应该首先为选择提供尽可能多的并列因素。如果并列因素少，选择的余地就小；反之，并列因素多，选择的余地就大，才能确保集中思维能够充分地进行分析、综合和对比。

隐形飞机的制造就是一种集中思维的结果。要制造一种使敌方的雷达探测不到，红外及热辐射仪等追踪不到的飞机，这需要分别做到雷达隐身、红外隐身、可见光隐身、声波隐身四个目标的并列因素，每个目标因素中还有许多具体的小目标因素，通过具体地解决一个个小目标因素、分目标因素，最终制造出隐形飞机。

2）集中思维的特征

集中思维也有本身的特点，具体包括唯一性、逻辑性和比较性。唯一性是指尽管解决问题存在多种多样的方法和方案，但最终总是要根据需要，从各种不同的方案和方法中选取解决问题的最佳方法或方案。集中思维是唯一确定的，不允许含糊其辞、模棱两可。一旦选择不当就可能造成难以弥补的损失。

集中思维强调严密的逻辑性，需要冷静的科学分析。它不仅要进行定性分析，还要进行定量分析，要善于对已有信息进行加工，由表及里，去伪存真，仔细分析可能产生什么样的后果及应采取的对策。

比较性是指在集中思维的过程中，对现有的各种方案进行比较才能确定优劣。比较时既要考虑单项因素，更要考虑总体效果。

集中思维对创造活动的作用是正面的、积极的，和发散思维一样，是创造性思维不可缺少的。这两种思维方式运用得当，会对创造性活动起促进作用；使用不当，就不能发挥应有的作用。

从一个完整的思维过程来说，发散思维和集中思维相辅相成，缺一不可。在创造性解决问题的过程中，可以通过发散思维推测出许多假设和新的构想；也可以通过集中思维，从中找出一个最正确的答案。事实证明，任何创造成果，都是发散思维与集中思维的对立统一，往往是二者不断更替、不断反复、不断叠加的过程。

集中思维练习：①写出海水与江水的共同之处，越多越好；②尽可能多地列举出形状与锯齿相似的东西；③说出几种能解决擦拭黑板粉尘污染的方法；④如果得到了一份即开型彩票奖金一万元，你如何设计对其支出最合理；⑤设计能把鸡蛋立在桌面上的几种方法。

（二）正向思维与逆向思维

1. 正向思维

所谓正向思维，就是人们在创造性思维活动中，沿袭某些常规去分析问题，按事物发展的进程进行思考、推测，是一种从已知进到未知，通过已知来揭示事物本质的思维方法。这种方法一般只限于对一种事物的思考。坚持正向思维，就应充分估计自己现有的工作、生活条件及自身所具备的能力，就应了解事物发展的内在逻辑、环境条件、性能等。这是自己获得预见能力和保证预测正确的条件，也是正向思维法的基本要求。

正向思维的特点是常规和常见。所谓常规，是指思维时符合事物的自然发展过程，以时间上的从早到晚为主线，相应地表现为空间上的由近及远，或者从小到大、从幼到老、从生到死等。所谓常见，是指思维时以事物的常见特征、多发现象等作为依据来看待客观世界，符合一般惯例。

例如，某地区为振兴和发展地方经济，决定向国外银行借用长期贷款，其主观要求是利息越低越好，客观条件是有五家银行愿意提供此种款项。最后，决策者做出了向所要利率较低的两家银行贷款的决定，这就是运用的正向思维的方法。

正向思维与事物发展的一般过程相符，同大多数人的思维习惯一致，所以比较容易为人们所接受。人们可以通过开展正向思维来认识事物的规律，预测事物发展的趋势，从而获得新的思维内容，完成创造性思维。

像民间的“月晕而风，础润而雨”“朝霞不出门，晚霞行千里”“鱼鳞天，不雨也风颠”之类预报天气的谚语，也都体现为正向思维。

2. 逆向思维

1）逆向思维的含义

逆向思维也称为求异思维，它是对司空见惯的似乎已成定论的事物或观点反过来思考的一种思维方式。敢于“反其道而行之”，让思维向对立面的方向发展，从问题的相反面深入地进行探索，树立新思想，创立新形象。当大家都朝着一个固定的思维方向思考问题时，而你却独自朝相反的方向思索，这样的思维方式就称为逆向思维。人们习惯于沿着事物发展的正方向去思考问题并寻求解决办法。其实，对于某些问题，尤其是一些特殊问题，从结论往回推，倒过来思考，从求解回到已知条件，反过去想或许会使问题简单化。

2）逆向思维的特征

一是普遍性。逆向性思维在各种领域、各种活动中都有适用性，由于对立统一规律是普遍适用的，而对立统一的形式又是多种多样的，有一种对立统一的形式，相应地就有一种逆向思维的角度，所以逆向思维也有无限多种形式。如性质上对立两极的转换，软与硬、高与低等；结构、位置上的互换、颠倒，上与下、左与右等；过程上的逆转，气态变液态或液态变气态、电转为磁或磁转为电等。无论哪种方式，只要从一个方面想到与之对立的另一方面，都是逆向思维。

二是批判性。逆向是与正向比较而言的，正向是指常规的、常识的、公认的或习惯的想法与做法。逆向思维则恰恰相反，是对传统、惯例、常识的反叛，是对常规的挑战。它能够克服思维定式，破除由经验和习惯造成的僵化的认识模式。

三是新颖性。逆向思维对正向思维“反其道而行之”，不符合大多数人的思维习惯，是一种非常规的思维方式。正因为与常规不同，逆向思维往往从一个新的角度去认识客观世界，有利于发现事物或现象的新特征、新关系，有利于产生创造性思维的成果或者创造性地解决问题。

逆向思维是可以在正向思维建立的同时形成的。人的思维活动一般来说是按照一定方向进行的，思维训练中要积极地促使思维能够按需要自由地离开一种思路，而转移到另一种思路上去，从而形成思维方向的多面化。

日本路岛建筑公司发明了一种与常规建筑顺序相反的建楼方法，也是逆向思维的成功应用。按照这种自上而下的盖楼方法，先将楼的顶层在地面盖好，然后用若干台起重机把顶层托起，腾出空间，拼装下面一层的结构。每盖完一层，便由计算机控制的自动提升系统向上托起一层，继续在地面构造下面一层，直至整幢建筑完工。这种建楼方法避免了高空作业和高空运输，不仅保证了工人的安全，而且大大提高了工作效率，被称为建筑史上的奇迹。

3）逆向思维的方法

正向思维与逆向思维的结合使思路更为广阔，有助于开发创造性思维，更多地获取新的思维成果。军事上常有这类成功的例子。声东击西、增兵减灶等计谋都是运用逆向思维来实施战术的。甲方在东边虚张声势，使乙方按照正向思维得出甲方将从东边发动进攻的结论，从而向东边调兵遣将，加强防御。结果甲方却从西边发动进攻，出其不意、攻其不备而取胜。但假如甲方只会声东击西，那么重复几次后，乙方必然掌握这一规律，闻声于东而防备于西，使甲方难以得手。如果甲方把声东击西（声西击东）同符合正向思维的声东击东、声西击西结合起来交错进行，就是对兵法的创造性应用，获胜的把握就更大了。同理，增兵减灶如和增兵增灶、减兵减灶等计谋交替使用，就更能体现创造性思维的奇特效果。

由于人们比较习惯于正向思维，因此，为了有利于正向思维与逆向思维的结合，应该注重逆向思维的训练。逆向思维其实是正向思维的对立面，一般来说，对每一个正向思维均可以反其道而行以获取逆向思维。通常可以通过以下几个方面来实现。

（1）原理逆向。原理逆向是指把已有事物（成果）的原理或机制反过来加以思考。如电动机是由于电对磁的作用而运转的，反过来考虑磁对电的作用，则发明了发电机。发电机就是电动机原理逆向的产物。再如一般的锅炉是水在炉管内受热，热的烟气在炉管外流过，称为水管锅炉；反之，如果让热烟气在管内流过而水在管外受热，就产生了新的成果——火管锅炉。火管锅炉可以满足一些特殊需要，火车机车的锅炉就是火管锅炉。

（2）方法逆向。方法逆向是指在解决问题时，采用与惯用方法截然相反的方法的思维。一般的餐馆都是定好价格，由顾客点餐。而在意大利有一个琴德餐馆别出心裁地想出一个由顾客自定价格的经营方式。店主将餐馆经营的菜肴、点心、饮料等分成五六种一组的套餐，每种套餐分别规定五种价格，由顾客自己认付。实际情况如何？据老板介绍，大部分顾客都会付二等价格，因为去餐馆就餐的顾客，认为自定价格偏低，有失体面。只有当顾客对餐馆的菜肴感到不合胃口，或遇到质量不好，才会赌气付三等价格。老板认为，让顾客自定价钱，一方面可招徕顾客，另一方面可以根据顾客付款情况来反馈自己的服务质量，以便改进经营，提高菜肴制作水平。

（3）状态逆向。状态逆向是指人们根据事物某一状态的反面来认识事物，从中找到解决问题的办法或方案的思维方法。过去木匠用锯和刨来加工木料，都是木料不动而工具动，实际上是人在动，因此人的体力消耗大，质量还得不到保证。为了改变这种状况，人们将工作状态反过来，让工具不动而木料动，设计发明了电锯和电刨，从而大大提高了工作效率和工艺水平，减轻了工作量。

（4）功能逆向。功能逆向是指从原有事物功能上进行逆向思维，以寻求解决问题，获得新的创造发明的思维方法。人们写字都想写得清晰，字迹保留的时间长，但也有人想使写出的字容易擦去。据此，河南省一家圆珠笔厂采用南京理工大学王卫东发明的可擦圆珠笔油墨配方，大量生产可擦圆珠笔，投放市场后一炮打响，现在已经大量出口。人们常说以毒攻毒，其实这也是一种典型的功能逆向思维。例如，采取一种反常规治疗风湿病的措施，是把风湿病患者放到冰天雪地的恶劣条件中，运用人所独具的高强的适应能力，运用以毒攻毒的原理，增强患者肌体的抵抗力。通过治疗，许多患者疼痛症状完全消失，肌体功能恢复正常，少部分患者虽然没有完全恢复，但症状均明显减轻。从事这项试验的主治医生也因此独创了风湿病的“冷治疗法”。

多一只眼睛看世界，打破常规，向你所接触的事物的相反方向看一看，遇事反过来想一想，在逆向与正向之间多找些原因，多问些为什么，多几个反复，就会多一些创作思路。在创造性思维过程中，运用逆向思维方法，在人们的正常思考范畴之外反其道而行之，有时能够起到出奇制胜的独特效果。

逆向思维练习：根据给出事物及括号内注明的主要原理，运用逆向思维的方法，开发与其原理相反的创造性设想（每题 2 分钟左右）。

①围棋（仅在白天可视）；②火车（在地面上两根轨道上行驶）；③眼镜（改善前方视力）；④自行车（载人前进）；⑤压力锅（加压提高沸点）；⑥微波炉（微波使食物分子振动）。

（三）纵向思维与横向思维

1. 纵向思维

1）纵向思维的含义

所谓纵向思维，是指在一种结构范围内，按照有顺序的、可预测的、程式化的方向进行的思维形式，这是一种符合事物发展方向和人类认识习惯的思维方式，遵循由低到高、由浅到深、由始到终等线索，因而清晰明了，合乎逻辑。我们平常的生活、学习中大都采用这种思维方式。

2）纵向思维的特点

（1）由轴线贯穿始终。当人们在对事物进行纵向思维时，会抓住事物的不同发展阶段所具有的特征进行考量、比照、分析。事物体现出发生发展等连续的动态演变特性，而所有片段都由其本质轴线贯穿始终。例如，人类历史由人类的不同发展历史串联而成，这里的时间轴是最常见的一种。特别是在各种各样的专项研究中，轴的概念类型就非富多了，如在物理研究中，水在不同温度中表现的物理特性是由温度轴来贯穿的。

（2）有清晰的等级、层次、阶段性。纵向思维考察事物背景参数量变到质变的特征，能够准确把握临界值，清晰界定事物的各个发展阶段。

（3）有良好的稳定性。运用纵向思维，人们会在设定条件下进行一种沉浸式的思考，思路清晰连续单纯，不易受干扰；情感上呈现阶段性的平稳状态，因为宗旨不变，随着时间的推移而不断积累，达到一定程度就会有质的飞越。

（4）有明确的目标。执行时就如同导弹根据设定的参数锁定目标一样，直到运行条件变化才会终止，一旦条件满足、时机成熟还会继续进行。

（5）有强烈的风格化。纵向思维本身的种种专精特质，决定其具有极高的严密性、独立性，个性突出，难以被复制，广泛流传。于人性情方面显得泾渭分明，甚至格格不入，很多专家都是这种性格。

3）纵向思维的表现形式

纵向思维有多种不同的表现形式，其中一种为连环法。具体应用这种方法时要遵循以下四个步骤：

（1）确定要达到的理想成果是什么，即按照理想，希望得到什么样的东西；

（2）确定妨碍成果实现的障碍是什么；

（3）找出障碍的因素，即产生障碍的直接原因是什么；

（4）找出消除障碍的条件，即在哪种条件障碍不再存在。

这是一种较为严密的方法，用这种方法进行思考，虽说比较费时，但不至于思考不周，发生遗漏。这种思考方法把问题一步步地推演下去，像链条一样，最终找到解决问题的办法，对于那些不喜欢直观，而喜欢按逻辑思考问题的人，是一种非常实用的方法。

［案例］

大野耐一的为什么

丰田汽车工业公司总经理大野耐一认为，他之所以能发明“丰田生产方式”，根本原因在于他从不满足，善于“在没有问题中找出问题”。

在世人看来，“不满足现状”总是不好的，但在丰田工厂里却有一个口号：“不满足是进步之母。”丰田工厂鼓励员工对现状不满，但要求把这个不满足同改革结合起来，而不是和牢骚结合起来。大野本人就是个善于从不满中发现问题，加以改进的人。大野曾总结他发现问题的秘诀，即凡事要“问五次为什么”。

有一次，生产线上有一台机器老是停转，修了多次都无效。大野就问：“为什么机器停了？”工人回答：“因为超负荷，保险丝烧断了。”

大野又问：“为什么超负荷呢？”

答：“因为轴承的润滑不够。”

大野再问：“为什么润滑不够？”

答：“因为润滑泵吸不上来油。”

大野再问：“为什么吸不上来油呢？”

答：“因为油泵轴磨损，松动了。”这样，大野还不放过，又问：“为什么磨损了呢？”

答：“因为没有安装过滤器，混进了铁屑。”

于是，大野下令给油泵安上过滤器，终于使生产线恢复了正常。

倘若不是这种打破砂锅问到底的精神，而只满足换一个保险丝或换一下油泵，过一段时间仍会出现同样的故障。大野说：“丰田生产方式”就是积累并运用这种反复问五次‘为什么’的科学探索方法创造出来的。”所以，当你探寻一个问题的原因时，一定要追根溯源，深入探查问题的核心，而不要满足于停留在问题的表面，多问几个“为什么”的纵向思维方式在科学研究上也起着重要的作用。

因此，我们要进行积极的思维活动，不管遇到什么问题，都要多问几个“为什么”。当你恰到好处地利用纵向思维这把开启脑力的钥匙后，整个世界也就为你敞开了大门。

［**案例**］

爱迪生的好奇心

爱迪生是人类历史上最伟大的发明家，他一生发明的东西有1600多种，有人不无夸张地说：“如果人类没有了爱迪生的发明，人类文明至少要往后推迟200年。”那么，爱迪生的发明天赋从何而来呢？对他一生进行长期研究的专家指出，爱迪生的发明很多来自提问。平时爱迪生会对常人熟视无睹的问题提出无数个“为什么”。虽然他没有将自己所问的问题都求出答案来，然而他已经得出来的答案却多得惊人。

有一天，爱迪生在路上碰见一个朋友，看见他手指关节肿了。便问：“为什么会肿呢？”“我不知道确切的原因是什么。”“为什么你不知道呢？医生知道吗？”“唉！去了很多家医院，每个医生说的都不同，不过多半的医生认为是痛风症。”“什么是痛风症呢？”“他们告诉我说是尿酸淤积在骨节里。”“既然如此，医生为什么不从你骨节里取出尿酸来呢？”“医生不知道如何取法。”“为什么他们不知道如何取法呢？”“医生说，因为尿酸是不能溶解的。”“我不相信。”爱迪生回到实验室里，立刻开始做尿酸溶解的实验。他排好一列试管，每只管内都注入四分之一不同的化学溶液。每种溶液中都放入数颗尿酸结晶。两天以后，他看到有两种液体中的尿酸结晶都已经溶解了。于是这位发明家有了新的发现，一种医治痛风症的新方法问世了。

（见“中国论文网”）

爱迪生这种凡是都爱问个“为什么”的思维方式，为他以后的各种发明创造开辟了一片广阔的天地。纵向思维就是要问“为什么”，实际上“为什么”这三个字表达了一种深入开掘的欲望。平时，对那些平常的事物，我们自认为很熟悉，想不起要问“为什么”。殊不知，事物的真实本质和改变创新的机遇，往往就隐藏于对寻常事物再问一个“为什么”的后面。

2. 横向思维

1）横向思维的含义

所谓横向思维即侧向思维，是指突破问题的结构范围，从其他领域的事物、事实中得到启示而产生新设想的思维方式，它不一定是有顺序的，同时也不能预测。横向思维由于改变了解决问题的一般思路，试图从别的方面、方向入手，其思维广度大大增加，有可能从其他领域中得到解决问题的启示，因此横向思维常常在创造活动中起到巨大的作用。

横向思维是相对于纵向思维而言的一种思维形式。纵向思维是按逻辑推理的方法，直上直下地集中思维。而横向思维是当纵向思维受挫时，从其他方向寻找问题的答案的思维方法。

下面的例子可以考察你的思维方式。

［案例］

电梯怎么安

某工厂的办公楼原来是一栋两层楼的建筑，占地面积很大，为了有效利用地皮，工厂新建了一个12层的办公楼，并准备拆掉旧办公楼。

员工搬进新办公楼不久，便开始抱怨电梯不够快、不够多，特别是在上下班高峰期，他们得花很长时间等电梯。

公司顾问想了几种办法：

（1）在上下班高峰期，让一部分电梯在奇数楼停，另一部分在偶数楼停；

（2）安装几部室外电梯；

（3）把上下班时间错开；

（4）在每个电梯门口安装镜子；

（5）搬回旧办公楼。

你会选择哪个方案？

如果你选择了（1）、（2）、（3）、（5），那么你用的是“纵向思维”，即传统思维。如果选择了4，那么你是一个“横向思维”者。据说这家工厂选择了（4），成功地解决了员工乘电梯的问题。

当员工们忙着在镜子面前审视自己，或者偷偷观察别人时，他们的注意力不再集中于等待电梯上，焦急的心情得到放松。其实大楼并不缺电梯，而是人们缺乏耐心。

2）横向思维的特点

横向思维的特点是思路活泼多变，善于联想推导，随机应变。

横向思维富有浪漫色彩，看似问题在此，其实“钥匙”在彼；似乎瞄着问题的焦点，答案却在远离焦点的一侧。横向思维的要义在于“他山之石，可以攻玉”，借助系统之外的信息、知识、经验来解决面临的难题。横向思维是利用事物间的相互关联性，经由常人始料不及的思路达到预定的目标，这就要求思维的主体头脑灵活，善于另辟蹊径。

纵观世界科学发展史，一些科学奇迹的创造，往往正是通过横向思维打开传统思维束缚而取得的。

圆珠笔刚刚在日本造出时，困扰厂家的最大问题就是书写一阵后会因圆珠磨损而漏油，有的工程师从改进圆珠质量入手，有的则从改进油墨性能入手，但都未能解决漏油问题。东京山地笔厂的青工渡边却从四岁的小女儿把圆珠笔用到快漏油时就丢弃不用这一现象中得到启发，建议老板将笔芯做得短些，不等其漏油，油就用完了。这项“无漏油圆珠笔”的小发明，颇受顾客欢迎。

军事领域通过横向思维及时变换思路，同样可达到意想不到的倍增效应。《孙子兵法》云：“先知迂直之计者胜。”所谓迂直之计，就是懂得迂与直的横向思维。这个谋略表面上是迂回曲折的道路，而实际上却能更有效、更迅速地制胜。一般来说，常规思维方式是讲究“抢人之先”“先发制人”“争夺制高点”，是谓抢先一步天地宽。但在特定时期、特殊条件下，限于自身的实力，采用“迟人半步”的横向思维方式，避敌锋芒，潜心思索，克己之短，获得成功，也不失为妙招。

在日常生活中常见人们在思考问题时“左思右想”，说话时“旁敲侧击”，这就是横向思维的形式之一。这种情况在艺术创作中非常普遍。达·芬奇创作《最后的晚餐》时，出卖基督的叛徒犹大的形象一直没有合适的构思。他循着正常的思路苦思冥想，始终没有找到理想的犹大原型。直到有一天修道院院长前来警告画家，再不动手画就要扣他的酬金。达·芬奇本来就对这个院长的贪婪和丑恶感到憎恶，此刻看到他，达·芬奇转念一想何不以他作为犹大的原型呢？于是他立即动笔把修道院院长画了下来，使这幅不朽名作中每个人都具有准确而鲜明的形象。

3）横向思维的方法

促进横向思维的方法有五种。第一是对问题本身产生多种选择方案（类似于发散思维）；第二是打破思维定式，提出富有挑战性的假设；第三是对头脑中冒出的新主意不要急着做是非判断；第四是反向思考，用与已建立的模式完全相反的方式思考，以产生新的思想；第五是对他人的建议持开放态度，让一个人头脑中的主意刺激另一个人的头脑，形成交叉刺激。

如为了减少摩擦，人们一直在不断地改进轴承。但正常思路无非是改变滚珠形状、轴承结构或润滑剂等，都不能带来大的突破。后来，有人把视野转到其他方向，想到高压空气可以使气垫船漂浮，相同磁性材料会相互排斥并保持一定的距离。于是，将这些新设想移入轴承中，发明了不用滚珠和润滑剂，只需向轴套中吹入高压空气，使旋转轴呈悬浮状的空气轴承。横向思维是解决技术难题或进行管理创新、产品创新的最基本的思维方式，其应用实例不胜枚举。如鲁班由茅草的细齿拉破手指而发明了锯；威尔逊引入大雾中抛石子的现象，设计了探测基本粒子运动的云雾器；格拉塞观察啤酒冒泡的现象，提出了气泡室的设想，这些事例说明，从其他领域借鉴或受启发是创新发明的一条捷径。

4）横向思维与纵向思维的关系

纵向思维者对局势采取最理智的态度，从假设一前提一概念开始，进而依靠逻辑认真解决，直至获得问题答案；而横向思维者是对问题本身提出问题、重构问题，它倾向于探求观察事物的所有的不同方法，而不是接受最有希望的方法，并按照这个方法去做。这对打破既有的思维模式是十分有用的。

横向思维与纵向思维是不一样的，纵向思维遇到问题，是从正面去想；是横向思维是要避开问题的锋芒，在最不起眼的地方，也就是次要的地方，多做文章，把它挖掘出来，并把它的价值扩大。这样往往会有意想不到的效果，会更简单更方便。

世界万物是彼此联系的，从别的领域寻求启发、方法，可以突破本领域常有的思维定式，打破专业障碍，从而解决问题，或者对问题做出新颖的解释。

一百多年前，奥地利的医生奥恩布鲁格，想解决怎样检查出人体胸腔积水的问题。他想来想去，突然想到了自己父亲，他的父亲是酒商，在经营酒业时，只要用手敲一敲酒桶，凭叩击声，就能知道桶内有多少酒。奥恩布鲁格想：人的胸腔和酒桶相似，如果用手敲一敲胸腔，凭声音，不也能诊断出胸腔中积水的情况吗？"叩诊"的方法就这样被发明出来了。

历史上甚至有这样的现象，一些人在自己的领域内未见有什么大的进展，而在别的行业却成绩斐然。

例如，美国画家莫尔斯发明了电报，美国自行车修理工莱特兄弟发明了飞机，学医的鲁迅、郭沫若却成为文学、史学领域的大家。

从思维方向看，有直线思维和 U 形思维之分。在求解问题过程中，如果能用直线思维求解，那是再好不过的了，因为直接求解的思路最短，如纵向思维。但是许多问题的求解靠直线思维是难以如愿的，这时采用 U 形思维去观察思考，或许能使问题迎刃而解，如横向思维。

运用 U 形思维的基本特点就是避直就曲，让思路拐个大弯。在实际操作时，思路又怎样拐好这个弯呢？借助"第三者"的介入进行过渡思考，便是常用的拐弯技巧。

例如，电冰箱中的冷冻机中充满氟利昂和润滑油，如果密封不良，氟利昂和润滑油都会泄漏。传统的查漏办法是直接观察，费时费力且不可靠，能否发明一种新方法实现自动检测呢？有人想到了一种避直就曲的办法：将掺有荧光粉的润滑油注入冷冻机中，然后在暗室里用紫外光照射冷冻机，根据有无荧光的出现来判断是否出现渗漏和渗漏发生在何处。在这种方法中，荧光粉和紫外光就属于"第三者"。

二、逻辑思维与形象思维

（一）逻辑思维

1. 逻辑思维的含义

逻辑思维又称抽象思维，也称垂直思维，是人脑的一种理性活动，是人们把感性认识阶段获得的对于事物认识的信息材料抽象成概念，运用概念进行判断，并按一定逻辑关系进行推理，从而产生新的认识。它是对丰富多彩的感性事物去粗取精、去伪存真、由此及彼、由表及里加工制作以反映现实的过程。逻辑思维具有规范、严密、确定和可重复的特点。

2. 逻辑思维的作用

1）有助于我们正确认识客观事物

人们对客观世界的认识，第一步是接触外面的世界，产生感觉、直觉和印象；第二步是综合感觉的材料加以整理和改造，逐渐把握事物的本质、规律，产生认识过程的飞跃，进而构成判断和推理。在现实生活中，我们常常看到有的人知识、理论一大堆，谈论起来引经据典、头头是道，可一旦面对实际问题，却束手束脚，不知如何是好。这是因为他们虽然掌握了知识，却不善于通过思维运用知识。另有一些人，他们思维活跃、思路敏捷，能够把有限的知识举一反三，灵活地应用到实践当中，因此，逻辑思维让我们对客观事物的认识更加明确、更加正确。

2）可以使我们通过揭露逻辑错误来发现和纠正谬误

人类的生命过程就是生活过程，就是不断经历和实践的过程。任何科学实验、事物的研究探索、生活工作的每一步都可能会与理想有偏差，或许还会出现错误。有些人在经历这些不尽如人意的事情时，满是悔恨与感叹：努力了，却没有得到应有的回报；拼搏了，却没有得到应有的成功。他们抱怨自己的出身背景不好，抱怨自己拥有的资源不丰富，等等。然而，他们错了，他们可能最缺少的是逻辑思维能力。

3）能帮助我们更好地去学习知识

我们一再强调逻辑思维的意义、作用及重要性，并非是贬低知识的价值。我们知道，逻辑思维也是围绕知识而存在的，没有了知识积累，逻辑思维的应用就会出现障碍。因此，学习知识和启迪逻辑思维是提升自身智慧不可偏废的两个方面。逻辑思维能够帮助我们更好地学习知识、运用知识。没有知识的支撑，智慧就成了无源之水；没有了逻辑思维的驾驭，知识就像一潭死水，波澜不兴，智慧也就无从谈起了。

4）有助于推动我们成功

逻辑思维是一种心境，是一种妙不可言的感悟。在伴随人们行动的过程中，正确的逻辑思维方法、良好的思路是化解疑难问题、开拓成功的重要动力源。一个成功的人，首先是一个积极的思考者，经常积极地、想方设法地运用逻辑思维方法去应对各种挑战和困难。这种人也比较能体会到成功的欣喜。

3．逻辑思维的方法

逻辑思维是人对事物的思考、辨别、判断的过程，它不同于以表象为凭借的形象思维，逻辑思维已经摆脱了对感性材料的依赖，其方法主要体现在以下几个方面。

1）分析与综合

分析是在思维中把对象分解为各个部分或因素，分别加以考察的逻辑方法，是认识事物整体的必要阶段。综合是在思维中把对象的各个部分或因素结合成为一个统一体加以考察，以掌握事物的本质和规律的逻辑方法。

分析与综合是互相渗透和转化的，在分析基础上综合，在综合指导下分析。分析与综合，循环往复，推动认识的深化和发展。

例如，在光的研究中，人们分析了光的直线传播、反射、折射，认为光是微粒；人们又分析研究光的干涉、衍射现象和其他一些微粒说不能解释的现象，认为光是波。当人们测出了各种光的波长，提出了光的电磁理论，似乎光就是一种波，一种电磁波。但是，光电效应的发现又是波动说无法解释的，又提出了光子说。当人们把这些方面综合起来以后，一个新的认识产生了：光具有波粒二象性。

2）分类与比较

根据事物的共同性与差异性就可以把事物分类，具有相同属性的事物归入一类，具有不同属性的事物归入不同的类。"比较"就是比较两个或两类事物的共同点和差异点。通过比较就能更好地认识事物的本质。分类是比较的后继过程，重要的是分类标准的选择，选择得好还可导致重要规律的发现。

香港有一家经营黏合剂的商店，在推出一种新型的强力万能胶时，市面上也有各种类型的万能胶。老板决定从广告宣传入手，经过研究发现几乎所有的万能胶广告都有雷同。于是，他想出一个与众不同、别出心裁的广告，把一枚价值千元的金币用这种胶粘在店门口的墙上，并告示说，谁能用手把这枚金币抠下来，这枚金币就奉送给谁。果然，这个广告引来许多人的尝试和围观，起到了轰动效应。尽管没有一个人能用手抠下那枚金币，但进店买强力万能胶的人却日益增多。

我们可以在不同中，求相同或相似处，如人类发明飞机时参考了鸟的飞行原理，发明潜水艇参考了鱼的游弋原理。

3）归纳与演绎

归纳是从多个个别的事物中获得普遍的规则。例如，黑马、白马，可以归纳为马。演绎与归纳相反，演绎是从普遍性规则推导出个别性规则。例如，马可以演绎为黑马、白马等。

4）抽象与概括

抽象就是运用思维的力量，从对象中抽取它本质的属性，抛开其他非本质的东西，以反映事物的本质和规律。概括是在思维中从单独对象的属性推广到这一类事物的全体的思维方法，概括是科学发现的重要方法，因为概括是由较小范围的认识上升到较大范围的认识，是由某一领域的认识推广到另一领域的认识。例如，人们对各种钟、表的抽象就是，将"能计时"这个本质属性抽取出来，而舍弃大小、形状等非本质的属性。我们把"由三条线段组成的封闭图形"称为三角形，意思是无论一个图形的大小、形状和位置如何，只要它具有"由三条线段组成"和"封闭图形"这两个特征就是三角形。

4. 逻辑思维与创造性思维的关系

1）逻辑思维与创造性思维是辩证统一、运动发展的关系

创造性思维渗透在人的各种思维活动中，它是逻辑思维和非逻辑思维的综合应用。从微观机制上看，创造性思维是人的主观意识和潜意识的协同作用。以意识活动为基础的思维活动对应的是逻辑思维，会受到已有的知识、经验、认识规范、逻辑规则、创造性及心理定式等因素的约束，具有极大的自由创造性和不确定性。

2）创造性思维为逻辑思维提供基础和前提

创新、创造是人类更好地改造世界的武器和法宝，创造性思维是人们进行创造的核心。人的行为受时间、空间、环境等因素的制约，人的思维尽管也受到社会发展的影响，却能够撇开时空的限制，实现跳跃式联想，从远古、过去跳跃到现在、未来；从当下的此地联想到遥远的彼地，可以无限扩展和发展，这种思维扩散也需要遵循一定的规律，才能使创造性思维获得成功。这个原则与规律的寻找过程，必定会与知识进行链接，也就为逻辑思维提供了基础和前提。

3）逻辑思维是创造性思维的归宿和工具

逻辑思维是纵观历史的思维活动，是在对已有的科学方法进行分析、总结、提炼等基

础上形成并固定下来的。人类已有的思维活动在人类产生之前是不存在的，它是伴随着人类产生的，即使最初是极为简单、零散的思维碎片，也是人类在社会实践活动中一步步积累而成的。创造性思维也是人类尚未完全认识的思维形式之一，随着科学的发展，其部分形式和模式也必然会被人们发现。被人们发现、认识并沉淀下来的创造性思维，就成为具有固定模式的逻辑思维。

（二）形象思维

1．形象思维的含义

形象思维是在对形象信息传递的客观形象体系进行感受、储存的基础上，结合主观的认识和情感进行识别（包括审美判断和科学判断等），并用一定的形式、手段和工具（包括文学语言、绘画线条色彩、音响节奏旋律及操作工具等）创造和描述形象（包括艺术形象和科学形象）的一种基本的思维形式。是只用直观形象的表象，解决问题的思维方法。

例如，一个人要外出，他要考虑环境、气候、交通工具等情况，分析比较走什么路线最佳，带什么衣物合适，这种利用表象进行的思维就是形象思维。在文学作品中典型形象的创造，画家绘画、建筑师设计规划建筑蓝图等也是形象思维的结果。在学习中，不管哪一学科，不管是多么抽象的内容，如果得不到形象的支持，没有形象思维的参与，都很难顺利进行。所以我们学习各门课程时，既要运用抽象思维法，也要运用形象思维法。

形象思维是反映和认识世界的重要思维形式，是培养人、教育人的有力工具，在科学研究中，科学家除了使用抽象思维以外，也经常使用形象思维。在企业经营中，高度发达的形象思维，是企业家在激烈而又复杂的市场竞争中取胜不可缺少的重要条件。高层管理者离开了形象信息，离开了形象思维，他所得到信息就可能只是间接的、过时的甚至不确切的，因此也就难以做出正确的决策。

形象思维与逻辑思维（抽象思维）是两种基本的思维形态，过去人们曾把它们分别划归为不同的类别，认为："……科学家用概念来思考，而艺术家则用形象来思考。"这是一种误解。其实，形象思维并不仅仅属于艺术家，它也是科学家进行科学发现和创造的一种重要的思维形式。

例如，物理学中所有的形象模型，像电场线、磁感线、原子结构的枣糕模型等，都是物理学家抽象思维和形象思维结合的产物。这些理想化模型并不是对具体的事例运用抽象化的方法，舍弃现象，抽取本质，而是运用形象思维的方法，将表现一般、本质的现象加以保留，并使之得到集中和强化。

随着思维的成熟和后天的教育，人们的思维方式逐渐由形象思维向抽象思维过渡，并最终由抽象思维取代形象思维的主要地位。例如，面对五颜六色的苹果、草莓、桃子、菠萝……我们却说"水果"，甚至说"植物的果实"；面对千姿百态的天鹅、海鸥、老鹰、大雁……我们却说"飞禽"，甚至说"鸟纲"。这些都是抽象思维的结果。

但并这不意味着形象思维就一定是低层次的思维方式，因为当大脑在抽象思维的进化道路上走到极致的时候，形象思维又会以一种新的姿态焕发新生，并引导思维向更高层次发展，它不仅适用于不同的领域，而且适用于任何层次，尤其是在一些极度抽象的高尖端的科研领域，形象思维的作用更是不可取代的。创造是形象思维与逻辑思维互补的结果。

2. 形象思维的基本特点

1）形象性

形象性是形象思维最基本的特点。形象思维所反映的对象是事物的形象，思维形式是意象、直感、想象等形象性的观念，其表达的工具和手段是能为感官所感知的图形、图像、图式和形象性的符号。形象思维的形象性使它具有生动性、直观性和整体性的优点。

2）非逻辑性

形象思维不像抽象（逻辑）思维那样，对信息的加工一步一步、首尾相接地、线性地进行，而是可以调用许多形象性材料，一下子合在一起形成新的形象，或由一个形象跳跃到另一个形象。它对信息的加工过程不是系列加工，而是平行加工，是面性的或立体性的。它可以使思维主体迅速从整体上把握住问题。形象思维是或然性或似真性的思维，思维的结果有待于逻辑的证明或实践的检验。

3）粗略性

形象思维对问题的反映是粗线条的反映，对问题的把握是大体上的把握，对问题的分析是定性的或半定量的。所以形象思维通常用于问题的定性分析，抽象思维可以给出精确的数量关系。在实际的思维活动中，往往需要将抽象思维与形象思维巧妙结合，协同使用。

4）想象性

想象是思维主体运用已有的形象形成新形象的过程。形象思维并不满足于对已有形象的再现，它更致力于追求对已有形象的加工，而获得新形象产品的输出。所以想象性使形象思维具有创造性的优点。这也说明了一个道理，富有创造力的人通常都具有极强的想象力。

3. 形象思维的分类

形象思维具体体现为想象思维、联想思维、直觉思维、灵感思维等思维方式。

1）想象思维

（1）想象思维的含义。想象是形象思维的高级形式，是在头脑中对已有表象进行加工、改造、重新组合形成新形象的心理过程。想象与形象思维的过程是一致的，具有形象性、新颖性、创造性和高度概括性等特点。

想象不是凭空产生的，它是在社会实践活动中产生和发展的，以实践经验和知识为基础。想象的内容和水平受社会历史条件和生活条件的制约和影响。如“齐天大圣”有七十二般变化，但每一种变化都没有超越当时科学发展和时代水平。

（2）想象思维的特点。

① 形象性。想象思维是借助形象或图像展开的，不是数字、概念或符号。所以我们可以根据他人的描述，在头脑中塑造出各种各样的形象。例如，我们可以在读小说时想象出人物和场景的具体形象。

② 概括性。想象思维是对外部世界的整体把握，概括性很强。想象力比知识更重要，因为知识是有限的，而想象力概括这世界上的一切，推动着进步，是知识进化的源泉。

③ 超越性。想象中的形象源于现实但又不同于现实，它是对现实形象的超越，正是借助这种对现实形象的超越，我们才产生了无数的发明创造。

（3）想象思维的作用。

① 想象在创新思维中的主干作用。创新思维要产生具有新颖性的结果，但这一结果并不是凭空产生的，要在已有的记忆表象的基础上，加工、改组或改造。创新活动中经常出现的灵感或顿悟，也离不开想象思维。

② 想象思维在人精神文化生活中的灵魂作用。人的精神文化生活丰富多彩，主要靠的是想象思维。作家、艺术家创作出优美的、震人心魄的作品，需要发挥想象力，读者、观众欣赏作品，也需要借助想象力。

如欣赏艺术家的作品，要能解读作品的内涵，领略作品的美，就必须借助想象力来完成。想象力越丰富，感受到的美感就越多，对作者的认同感就越强，即产生了共鸣。例如，读李清照的词："梧桐更兼细雨，到黄昏，点点滴滴，这次第，怎一个愁字了得。"能令人感受到词中透出的丝丝凄凉。

③ 想象思维在发明创造中的主导作用。在无数发明创造中，我们都可以看到想象思维的主导作用。发明一件新的产品，一般都要在头脑中想象出新的功能或外形，而这些新的功能或外形都是人的头脑调动已有的记忆表象，加以扩展或改造而来的。

那么，如何发挥自己的想象力呢？一名学者曾经说过这样的话："眺望风景，仰望天空，观察云彩，常常坐着或躺着，什么事也不做。只有静下来思考，让幻想力毫无拘束地奔驰，才会有冲动。否则任何工作都会失去目标，变得烦琐空洞。若每天不给自己一点做梦的机会，那颗引领他工作和生活的明星就会暗淡下来。"

［**案例**］

同一个结果的两次测试

一次，一位老师做了一个测试。

他问高二学生："花儿为什么会开？"

得到的是异口同声的回答："因为天气暖和了。"

可当他拿同样问题去问幼儿园的小朋友时，却得到了几十种不同的答案。

有的孩子说："花儿睡醒了，想来看太阳。"

有的孩子说："花儿一伸懒腰，就把花朵顶开了。"

有的孩子说："花儿想跟小朋友比一比，看看哪一个穿的衣服更漂亮。"

有的孩子说："花儿想看一看，有没有小朋友把它摘走。"

还有的孩子说："花儿也有耳朵，它想出来听听小朋友们在唱什么歌。"

老师不由得感慨万千："我们的教育在使学生学会实事求是的同时，也扼杀了他们的大部分想象力。"

又一次，老师用粉笔在黑板上画一个圆圈，请被测试者回答这个圆圈是什么。

当问到机关干部时，他们一个个面面相觑，都用求救的眼光看着在场的领导。领导沉默许久，说道："没经过研究，我怎么能随便回答你的问题呢？"

当问到大学中文系学生时，他们哄堂大笑，拒绝回答这个只有傻瓜才回答的问题。

当问到初中学生时，一位尖子学生举手回答："是零。"一位差生喊道："是英文字母O。"这位差生遭到了班主任的批评。

最后，当问到小学一年级的学生时，他们异常活跃地回答：“句号”“月亮”“烧饼”“乒乓球”“老师生气时的眼睛”“我家门上的猫眼”……

事后，老师给这次测试起了个题目：“人的想象力是怎样丧失的？”

所以说，鸟儿要飞翔，需要借助于空气与翅膀，人类要有所创造则必须占有事实和开展想象。

（4）想象思维的分类。

① 无意想象。无意想象也称消极想象，是一种无目的、无计划的不受主观意志支配的想象。这种想象不受思维框架的束缚，可以让思维的翅膀任意飞翔，是一种非常自由、活跃的思维状态。如做梦、走神等。无意想象虽然是无法控制的，但是有时候也会产生积极的结果，使日思夜想、未能解决的问题突然在梦中得到解决。袁隆平说，他曾经两次做过同一个梦，梦见杂交水稻的茎秆像高粱一样高，穗子像扫帚一样大，稻谷像葡萄一样结得一串串，他和他的助手们一起在稻田里散步，在水稻下乘凉，成了一个禾下乘凉的幸福农民。

② 有意想象。有意想象是事先有预定的目的，受主体意识支配的想象。它是人们根据一定的目的，为塑造某种事物形象而进行的想象活动，这种想象活动具有一定的预见性、方向性。

有意想象又可分为再造性想象、创造性想象和憧憬性想象。

a. 再造性想象。再造性想象的形象是曾经存在过的，或者现在还存在的，但是想象者在实践中没有遇到过它们，而是根据别人的语言、文字、图样的描述，在头脑中形成相应的新形象的过程。例如，听广播时，头脑中就会构想出节目中描绘的各种景象，听别人描述某处风景时，头脑中也会相应的进行想象，甚至有画出来的想法。

b. 创造性想象。创造性想象是指完全不依据现成的描述和引导而独立地创造出新形象的思维过程。作家在头脑中构建新的典型人物形象就属于创造性想象。这些形象不是仅仅根据别人的描述，而是想象者根据生活提供的素材，在头脑中通过创造性的综合，构成前所未有的新形象。例如，鲁迅笔下的阿 Q、祥林嫂和狂人等都是这样的艺术形象。再如建筑装潢设计师设计音乐厅或客厅，服装设计师设计服装，也都需要运用创造性想象。

c. 憧憬性想象。憧憬性想象是一种对美好的未来，对希望的事物，对某种成功的向往。憧憬性想象也就是我们平时所说的幻想。积极的、符合现实生活规律的幻想，反映了人们美好的理想境界，往往是人的正确思想行为的先行。18 世纪法国著名科幻作家儒勒·凡尔纳（1828—1905 年）一生中运用憧憬性想象写出了 104 部科幻小说和探险小说，书中写的霓虹灯、直升机、导弹、雷达、电视台等，当时虽都不存在，但在 20 世纪都已实现。更使人难以置信的是，凡尔纳曾预言：在美国的佛罗里达将建造火箭发射基地，发射飞向月球的火箭。一个世纪以后，美国果然在佛罗里达发射了第一艘载人宇宙飞船。凡尔纳幻想的事物 70%如今已成为现实。这足以证明，憧憬性想象的确是科学创造发明的前导。

想象思维练习：①请用简单的图画表达“爱情”的含义；②给下列东西编谜语：青蛙、

向日葵、蜜蜂、苹果、葡萄；③依题作画：静、风、友谊、白云生处有人家；④请想象一下字母 M 和什么东西相似或相近；⑤请在一个圆上添加一些创意，使其变成你想象中的美妙事物。

2）联想思维

（1）联想思维的含义。联想思维就是根据当前感知的事物、概念或现象，想到与之相关的事物、概念或现象的思维活动。具体地说，联想就是根据输入的信息，在大脑的记忆库中搜寻与之相关的新信息的过程。搜寻的结果主要是再现，但形成新信息已是创造。例如，从红铅笔到蓝铅笔，从写到画，从画圆到印圆点，从圆柱到筷子，联想可以很快地从记忆里追索出需要的信息，构成一个链条，通过事物的接近、对比、同化等条件，把许多事物联系起来思考，开阔了思路，加深了对事物之间联系的认识，并由此形成创造构想和方案。在创新过程中，运用概念的语义、属性的衍生、意义的相似性来激发创造性思维，是唤醒沉睡在头脑深处记忆的最简便和最适宜的钥匙。

（2）联想思维的特点。

① 连续性。联想思维的主要特征是由此及彼，连绵不断地进行，可以是直接的，也可以是迂回曲折的形成闪电般的联想链，而链的首尾两端往往是风马牛不相及的。

② 形象性。由于联想思维是形象思维的具体化，其基本的思维操作单元是表象，是一幅幅画面。所以，联想思维和想象思维一样显得十分生动，具有鲜明的形象。

③ 概括性。联想思维可以很快把联想到的思维结果呈现在联想者的眼前，而不顾及其细节如何，是一种整体把握的思维操作活动，因此可以说有很强的概括性。

（3）联想思维的作用。

① 在两个以上的思维对象之间建立联系。通过联想，可以在较短时间内在问题对象和某些思维对象间建立起联系来，这种联系，就会帮助人们找到解决问题的答案。

正如《科学研究的艺术》一书的作者贝佛里奇在书中所说，独创性常常在于发现两个或两个以上对象或设想之间的联系或相似点，而原来以为这些对象或设想彼此没有联系。

② 为其他思维方法提供一定的基础。联想思维一般不能直接产生有创新价值的新的形象，但是它往往能为产生新形象的想象思维提供一定的基础。

③ 活化创新思维的活动空间。联想就像风一样，扰动了人脑的活动空间。由于联想思维有由此及彼、触类旁通的特性，常常把思维引向深处或更加广阔的天地，导致想象思维的形成，甚至灵感、直觉、顿悟的产生。

④ 有利于信息的储存和检索。思维操作系统的重要功能之一，就是把知识信息按一定的规则存储在信息存储系统，并在需要的时候再把其中有用的信息检索出来。联想思维就是思维操作系统的一种重要操作方式。

（4）联想思维的分类。

① 相关联想。相关联想是由给定事物联想到经常与之同时出现或在某个方面有内在联系的事物的思维活动。例如，当你遇到大学老师时，就可能联想到他过去讲课的情景。

诗歌中时空接近的联想的佳句很多，如："春江潮水连海平，海上明月共潮升。滟滟随波千万里，何处春江无月明。"春江、潮水、大海与明月（既相远又相近）联系在一起。

任何两个概念（语词）都可以经过四五个阶段建立起相关联想的联系。例如，"木材"

和“球”是两个离得很远的概念。但是，只要经过四步中间联想（每个联想都是很自然的）就可以从“木材”联想到“球”。

其环节是：木材→树林，树林→田野，田野→足球场，足球场→球。

再如，“天空”和“茶”：天空→土地，土地→水，水→喝，喝→茶。

多做这样的练习，就可以提高相关联想能力。

［案例］

马戏团与冰淇淋

有一年冬天，大雪纷飞时，美国冰冻类食品的销售量反而飞速上升。发财心切的冰商们高兴得心花怒放：这是天赐良机啊！于是大家一哄而上，大量的冰棒、冰淇淋等冷饮源源不断地生产出来。结果不出半月，市场饱和，供过于求。冰商们资金周转失灵，一下子都吓傻了眼。其中有一个冰商最心急，他想再这样在家里坐等，无异于束手待毙，公司会给拖垮的，于是他积极出去想法子。

突然，一阵“哗啦哗啦”的声音传入他耳中。抬头一看，是一张马戏团的海报被风吹得不停地抖动。“哎，有了！”他眼前一亮，火速赶到马戏团演出的地点。走进马戏团老板的办公室，他边打手势边眉飞色舞地急急发话：“先生，请允许我为远道而来的你们做点事。每次演出时，在剧场入口处，让我的公司赠给每位观众一份可口的爆炒蚕豆。”

马戏团老板大喜过望，如此锦上添花之举，何乐而不为呢？

观众纷纷进场，边看马戏边津津有味地吃着香喷喷的爆炒蚕豆，但是等到演出休息时，观众突然感到口中干渴难受。此时剧场入口处涌出了一大群卖冰棒、冰淇淋的孩子，价格虽然比平时贵了好多，人们还是争相走出剧场购买。转眼间，这批冷冻类食品被抢购一空。连续五天这个冰商的商品统统销售一空，不但没有使企业陷入倒闭的惨境，反而赚了一大笔。

冰商由马戏团的海报，联想到马戏团的演出；联想到如果给观众吃炒豆，观众必然口渴；观众口渴，便会买他的冷饮食品。正是由这一系列的联想思维，冰商不仅销出了他积压的冷饮，并且还发了一笔财。

② 相似联想。相似联想是从给定事物想到与之相似的事物（形状、功能、性质等方面）的思维活动。

例如，从油炸元宵可以联想到与之形状相似的乒乓球，从飞鸟可以联想到与之功能相似的飞机，从香味可以联想到与之气味属性相似的花香。

相似联想能促使人们产生创造性的设想和成果。

［案例］

盲文的发明

法国人路易·布莱叶是一位盲人，同时也是盲文的创造者。他 7 岁时，两只眼睛就不幸失明了。有天，路易在一家餐馆里听朋友读报。他从报上得知，一位法国上尉发明了一种被称为“夜写法”的密码。这种以凸起点横写成的密码，在战场上被用来传递消息。即使在夜间，也能用手指摸读明白。例如，以一定的圆点符号代表相应的意义：一个点表示前进，两个点则表示撤退等。路易感到异常兴奋，他认为这种方法肯定能建立起一套符号语言系统给全世界千百万人带来光明。于是他用了 5 年时间，创造出了一种简便的方法，他以 6 个不同的小孔，形成 63 种不同的组合，除表示 26 个字母外，还能表示标点符号和一些常用词，这就是盲文。后来，路易还用自己创造出的“布莱叶点字法”写了一本书。这就是受相似联想启发而产生创造性思维的案例。

③ 类比联想。类比联想是指对一件事物的认识引起对和该事物在形态或性质上相似的另一事物的联想。这种联想是借助于对某一事物的认识，通过比较它与另一类事物的某些相似达到对另一事物的推测理解。

［**案例**］

戳出来的创意

美国一家制糖公司，每次往南美洲运方糖都因受潮而遭受巨大损失。结果有人考虑：既然方糖用蜡密封还会受潮，不如用小针戳一个小孔使之通风，经试验，果然取得意想不到的好效果。他申请了专利，据媒体报道，该专利的转让费高达 100 万美元。

日本的一位先生听说戳小孔也算发明。于是也用针东戳西戳埋头研究，希望也能戳出个发明来。结果，他发现，在打火机的火芯盖上钻个小孔，可以使打火机灌一次油，由原来使用 10 天变成使用 50 天。发明终于让他“戳”出来了。

还可以在哪里戳孔呢？日本盛行一时的“香扣子”出口贸易，就是因为有人发现，在衣扣上戳个小洞注入香水，香水不但不易消失，而且“永远”香味扑鼻。

在此案例中，随美国制糖公司戳小孔获专利之后，日本人从另外的角度戳小孔搞发明就是运用的联想思维。

④ 因果联想。因果联想是指由事物的某种原因而联想到它的结果，或指由一个事物的因果关系联想到另一事物的因果关系的联想。

人们由冰想到冷，由风想到凉，由火想到热，由科技进步想到经济发展，就是运用的因果联想。

美国工程师斯波塞在做雷达起振实验时，发现口袋里的巧克力熔化了，探究其原因，是雷达发射时的微波造成的，找到因果关系就联想到用微波加热食品，发明了“微波烤炉”。

联想思维练习：①给你一个圆，你能画出什么？（越多越好）；②下列数字能联想到什么？5211314，1.7321，881064；③用 3～5 个词，在两个词语之间建立练习：足球—讲台，黑板—聂卫平，汽车—绘图仪，油泵—台灯；④在 1 分钟内尽可能多地说出形容“美”的词。

3）直觉思维

（1）直觉思维的含义。直觉思维是未经逐步分析，不受某种固定的逻辑规则约束而直接领悟事物本质的一种思维形式。它是一种无意识的、非逻辑的思维活动。是根据对事物的生动直觉印象，直接把握事物的本质和规律，是一种高度省略和减缩了的思维。

对直觉的理解有广义和狭义之分。广义上的直觉是指包括直接的认知、情感和意志活动在内的一种心理现象，也就是说，它不仅是一个认知过程、认知方式，还是一种情感和意志的活动。而狭义上的直觉是指人类的一种基本的思维方式，当把直觉作为一种认知过程和思维方式时，便称为直觉思维。狭义上的直觉或直觉思维，就是人脑对于突然出现在面前的新事物、新现象、新问题及其关系的一种迅速识别、敏锐而深入的洞察、直接的本质理解和综合的整体判断。简言之，直觉就是直接的觉察。

直觉是人们在生活中经常应用的一种思维方式，作为一种心理现象，不仅贯穿于日常生活中，也贯穿于科学研究之中。

当年贝可勒耳发现了铀盐的放射性现象后，引起青年居里夫妇的极大兴趣，居里夫人检验了各种复杂矿物的放射性，发现沥青铀矿的放射性比纯粹的氧化铀强四倍多。她断定，铀矿石除了铀之外，显然还含有一种放射性更强的元素。居里以他作为物理学家的直觉，立即意识到这一研究成果的重要性，放下自己正在从事的晶体研究，和居里夫人一起投入到寻找新元素的工作中。经过艰苦的劳动，他们先后从沥青中提炼出了纯净的钋和镭，居里夫妇和贝可勒耳因此共同获得了 1903 年的诺贝尔物理学奖。

美国化学家普拉特和贝克曾经对许多化学家采用填调查表的方式进行调查，有 232 名化学家向他们递交了调查表，其中有 33%的人说在解决重大问题时经常有直觉出现，50%的人偶尔有直觉出现，其中 17%的人未有此现象。这种调查至少在某种数量上表明了直觉在创造中的重要地位。

中国科学院院士张光斗教授对于直觉思维有这样的评价和经历："（在我的科学创造历程中）有借助直觉的，即研究一个问题，事先想了一套意见或设想，到处理该问题时，忽然凭直觉想到一个新意见，解决了关键性问题，事先是没有考虑到的。例如，在长江葛洲坝工程中已开工的设计是保留葛洲坝这个江中岛，于是大家都按照这一前提来解决各种复杂技术问题，我去了也是按照这个思想来考虑如何解决这些复杂技术问题。后来，在现场，凭直觉提出挖掉葛洲坝这个江中岛。经过研究，证明这个想法是正确的，许多复杂技术问题就较容易解决了，当然还要做许多实验和研究工作。现在的葛洲坝工程是照此设想的设计修建的。"

（2）直觉思维的特征。

① 直接性。直觉思维是不用逻辑推理，也无须分析综合，而多是靠直接的领悟，就能对遇到的事物和接触的问题直接做出反应，并能在刹那间直抵事物的本质或得出结论，或提出解决问题的方法。这是直觉思维最根本的特征。学者周义澄说："直觉就是直接的觉察。"

② 突发性。直觉思维常常使人一遇到问题，很快就能萌发出答案，或想出对策。其过程非常短暂、速度非常快，通常是在一念之间完成的。

例如，稍懂一点围棋的人都会知道，在快棋赛或正规棋赛进入读秒阶段中，容不得棋手苦思细想，需要在短短的数秒中看透令人眼花缭乱的黑白世界，迅速地找到最佳的落子点。像棋手这样按"棋感"行棋就体现了直觉思维的快速性。

③ 非逻辑性。直觉思维往往是从对问题思考的起点一下就奔到解决问题的终点，似乎完全没有中间过程，跳跃式地将思维完成。它不是按照通常的逻辑规则按部就班地进行，既不是演绎式的推理，也不是归纳式的概括，主要依靠想象、猜测和洞察力等非逻辑因素，

直接把握事物的本质或规律。它不受形式逻辑规则的约束，常常打破既有的逻辑规则，提出一些反逻辑的创造性思想。如爱因斯坦提出的“追光悖论”；它也可能压缩或简化既有的逻辑程序，省略中间烦琐的推理过程，直接对事物的本质或规律做出判断。例如，当华生医生初次见到福尔摩斯时，福尔摩斯开口就说：“我看得出，你到过阿富汗。”华生医生对此非常惊讶。

④ 理智性。在日常生活中，人们会经常遇到一些资深的医生，在第一眼接触某一重病患者时，他们会立即感觉到此人的病因、病源所在，而他们下一步的全面检查就会自觉地围绕这些感觉展开。医生们的“感觉”，即直觉，是同他们丰富的经验、高深的医学理论和娴熟的技术分不开的。所以直觉思维过程体现出来的不是草率、浮躁和鲁莽行为，而是一种理智性思维的过程。

（3）直觉思维的作用。

① 选择的功能。自然界和社会生活中值得去探讨的问题很多，我们不可能研究所有的问题。究竟应该去研究什么问题，单单运用逻辑思维是无法决定的，还必须借助直觉。同样，每一个问题的解决，往往有许多种可能性，我们不可能每一种方法都去尝试，只可能选择其中的一种或几种方法。而在选择的过程中，只有凭借以往积累的经验，在各种方法难分优劣的情况下做出最佳选择。

例如，当普朗克提出能量子假说以后，物理学就出现了问题：究竟是通过修改来维护经典物理理论，还是进行革命，另创新的量子物理呢？爱因斯坦凭借他的直觉能力，选择了一条革命的道路，创立“光量子假说”，对量子论做出了创造性预见。

② 预见与预测功能。科技工作者运用直觉可以对科技创造进行预见与预测。运用直觉不仅可以对某一种科技创造领域的发展方向进行预测，而且可以对某一具体研究课题进行预测。直觉的预见、预测的正确程度与直觉水平高低有密切关系。直觉高度灵敏的科学家具有远大而敏锐的眼光，能正确地预测科学发展的趋势，有着独到的见解和计谋。

例如，生物学家达尔文在见到向日葵总是朝着太阳的现象后，便凭直觉提出：“其中可能含有能跑向背光一面的某种物质。”

这种设想，后人通过实验证实了这种物质的存在，它就是促使植物提早开花结果的“植物生长素”。

③ 直觉的突破性作用。直觉就是在面临一个课题，或者面对一种奇特现象时，先对其结果做出大致的估量与猜测，不是先动手进行实验设计或计算论证。也就是说，直觉是一种模糊估量法。这种模糊估量，在创建新的理论时显得特别重要。因为新的科学理论总是为了试图解决原有理论不能解决的问题而提出来的，它的出现总是在被证实之前，此时就需要用到直觉思维。

例如，我国杨纪珂教授结合自己依靠直觉获得新的发现和发明的实例指出，在科学活动上升到艺术的领域时，“直觉就会对科学技术的发现和创造起非常重要的作用”。

借助于直觉，他发现蝴蝶的翅鳞由于结构上的均匀条纹而产生分光现象。还发明了用蜂窝结构以厚纸和板元制成省料、质轻而强度高的复合板。

（4）直觉思维的局限性。直觉容易局限在狭窄的观察范围里。有时，甚至经验丰富的研究者，像心理学家、医生和生物学家也常常根据范围有限的、数量不足的观察事实，凭直觉错误地提出假说或引出结论。例如，在没有对病人进行周密的观察之前，匆匆根据直觉做出判断，医生就有可能做出错误的诊断。

直觉有时会使人把两个风马牛不相及的事件纳入虚假的联系之中。因此，直觉得出的发现或者猜测，应由实践来检验它的正确性，这是科学创造的一个极其重要的阶段。

直觉思维练习：①“我相信同学们的课外作业都完成了。”这句话中有没有相同的三个字？②三个角减去两个角还剩几个角？③期末考试时，偷偷看了一眼小纸条，结果被监考老师发现了，你该怎么办？④洞察服饰的变化，做出明年服装款式和流行色彩的预言。⑤找出你所在组织存在的问题，预见其中蕴藏的危机与机遇，并对关键点给予形象描绘和文字描述。

4）灵感思维

（1）灵感思维的含义。灵感思维也称顿悟，是人们借助直觉启示所猝然迸发的一种领悟或理解的思维形式。

在生活中，我们常常有这样的体会，当对一个问题的思考进入死胡同，虽然绞尽脑汁，但仍一无所获，沮丧之余，不得不放弃这种研究。忽一日，或在吃饭，或在散步，或在交谈，或在干别的什么事时，头脑中忽地划过一道闪电，眼前豁然一亮，一个念头在毫无思想准备的情况下突然降临，倏忽之间，闭塞许久的思路顿时贯通，缠绕多日而未能解决的问题迎刃而解了，这种突然降临的良策就是灵感。

例如，牛顿发现天体运动的原因，据说是在花园里碰巧一个苹果从树上掉下来，他因此突然想到，使苹果落地和天体运动是因为同一种力（后来被称为万有引力）。

其具体过程是这样的：苹果的落地使他想到既然在最深的矿井和最高的山上都这样感到地球的吸引力，那么这种力能否达到月球？牛顿自己说：“就在这一年，我开始想到把重力引申到月球的轨道上。”

（2）灵感思维的特征。

① 突发性。逻辑思维是按一定规律有意识地寻出，想象思维是主动自觉地进行搜索，而灵感思维却往往是在出其不意的刹那间突然出现。

例如，爱因斯坦回忆说：“一天，我坐在伯尔尼专利局内的椅子上突然想到：假设一个人自由落下时，他绝不会感到自身的重量。我吃了一惊，这个简单的想法给我打上了一个深深的烙印，这是我创立引力论的灵感。”

② 瞬时性。灵感的出现常常是蜻蜓点水式的一点，又像闪电似的一闪，极易稍纵即逝。我国宋代文学家苏轼的“作诗火急追亡逋，清景一失后难摹”即是对灵感瞬时性特征的生动写照。

基于灵感的瞬时性特征，就需要我们在灵感出现时，马上抓住它，尽量不要与它失之交臂而留下遗憾。

③ 跳跃性。跳跃性是一种思维形式和过程的突变，表现为逻辑的跳跃。灵感的出现所得的一些绝妙的想法和新奇的方案不是一种连续的、自然的进程，而是一种质的飞跃的过程。

④ 偶然性。灵感在什么时间可以出现，在什么地点可以出现，或在哪种条件下可以出现，都是难以预测且带有很大偶然性的，往往给人以“有心栽花花不开，无意插柳柳成荫”的感叹。

[案例]

耙子与刮胡刀架

1895年夏天，作为推销员的吉列住在旅馆里，早晨起来刮胡子的时候，因为刀子太钝把脸刮破了。他很生气，便立刻想到，应该发明一种不会刮破脸的安全刮胡刀！

吉列被这一设想鼓舞着。他冥思苦想起来，甚至辞去工作不干，整天待在家里。可是，时间年复一年地过去了，他仍然一筹莫展，一无所获。

闷热的夏天，吉利有一次到树下纳凉。就在这时，奇迹发生了，他看到一位农夫正操着钉耙在耙地。耙子呈木梳状，非常简陋，可是耙过的地面又平又细。吉列的眼睛大放光彩，他辛辛苦苦想了好几年的安全刮胡刀，不正是这个样子吗？只要设计的刀片倾斜角度恰到好处，就会像耙子耙地一样，把胡子刮得干干净净，而当使用角度改变时，刀片两侧的保护结构便使刀片离开皮肤，再也不会把脸刮破了。

就这样，经过多次试验，T形刮胡刀架诞生了。T形刀架现在早已走入寻常百姓家。随着时代的变迁，刀架材料由铁变成了钢，后又变成了不锈钢，而后又变成了塑料。但它的形状始终没有改变。

灵感思维练习：①假如你是一个哑巴，走过西瓜地时看见卖西瓜的老汉住的房子马上要倒了，怎样才能让老汉走出危房？②被人追到30层楼顶，你该怎么办？③给别人讲一个自己现编的故事。④设计一款新笔，请从自然界、生活中寻找形象。⑤写诗、写科幻小作文。

第三节 创造性思维定式与弱化

一、思维定式的含义

思维定式也称为思维惯性，物理学上把物体保持原来运动状态的属性称为惯性，思维上也可以这样理解。

来看一道测试题：一位公安局长在茶馆里与一位老头下棋，正下到难解难分之际，跑来了一个小孩儿，小孩儿着急地对公安局长说："你爸爸和我爸爸吵起来了。"老头问："这孩子是你的什么人？"公安局长答到："是我的儿子。"请问：这两个吵架的人与公安局长是什么关系？据说有人曾将这题对100人进行了测验，结果只有两人答对。其实答案很简单：公安局长是女的，吵架的一个是她的丈夫即小孩的爸爸；另一个是她的爸爸即小孩的外公。那为什么答对的人很少呢？因为多数人看到"公安局长""茶馆""与老头下棋"这些描述，从以往的经验判断出发，为公安局长预先设定一个男性身份，这样就把简单的问题想得复杂了。这种预先设定的心理状态和惯性的思维活动就是思维定式。

思维定式是人类心理活动的普遍现象。思维定式的形成，与现实社会的文化传统和个人的独特生活经历有很大关系，它具有很大的惯性，一旦定型之后就很难改变，因为支持思维惯常定势的，是思维主体的实践目的、价值模式和知识储备等内在因素。

二、常见的思维定式

（一）习惯型思维定式

习惯型思维定式是指当人们采取某种思路解决问题获得成功后，再遇到同类问题时就很容易用同样的思路去处理问题，而且每成功一次，这种思路就得到一次巩固，以致形成了不容易改变的思维惯性。

一天，著名心算学家阿尔伯特·卡米洛正在做表演，这时有人给他出了一道题："一辆载着283名旅客的火车驶进车站，有87人下车，65人上车；下一站又下去49人，上来112人；再下一站又下去37人，上来96人；再再下一站又下去74人，上来69人，再再再下一站又下去17人，上来23人……"那人刚说完，心算大师便不屑地回答道："小儿科！我告诉你，火车上一共还有……""不"那人打断他说，"我是想请您算出火车一共停了多少站？"阿尔伯特·卡米洛顿时呆住了，面色难堪，他没有想到这人会问这么简单的加减法。

［案例］

真诚的世俗

那是一个风雨交加的深秋的夜晚，马路上车辆稀少，行人寥寥无几，一个俊俏的年轻男子驾驶一辆跑车回家。他路过一个公交站点时，忽然发现了自己心仪已久的妙龄女郎在雨中等车，另外还有一个救过自己命的医生，以及一个患病急需就诊的老太太，而车上只能再载一人。此时镜头定格。

若先救老太太，岂不是失去接近心仪女郎的机会？若载上女郎，怎对得起有再生之恩的医生？若先送医生，哪还有人道主义？假如你是那驾车的俊男你会怎么做？怎样才能三全其美？

不少人都会处于人道主义先救老太太，可是那俊男却急中生智，让医生驾车送老太太到医院就诊，自己留下来陪伴那心仪已久的女郎，等公交车，送她回家。

从这个案例可以看出，大部分人在日常生活与工作中都安于习惯性思维，也就是每当思考一个问题或是解决一个问题时，总是抱着一种习惯的思维方式，这样或许可以节省时间或者少费脑筋，但是要搞发明创造，就必须摆脱这种习惯性思维，主动去寻求新的思维方式。

（见"内乡教育网"）

在大学新生中，很多人感觉好长一段时间都难以适应大学生活，原因就在于他们总是将中学的评价体系和学习方式，拿到大学里来套用，结果一再碰壁。事实上，不是你所处的大学不好，而是你不能突破和改变旧有的思维习惯和行事的方式。

（二）直线型思维定式

直线型思维定式是指死记硬背答案，生搬硬套现有理论，不善于从侧面、反面或迂回地去思考问题。这是一种定向的、思路狭窄的、缺乏辩证性的思维方式。

有一位著名的女高音歌唱家名叫玛·迪梅普莱，她有一个在当地很出色的园林。每到周末都会有不少人来这里摘鲜花、拾蘑菇、捉蜗牛，有的甚至还会搭起帐篷，燃起篝火，在草地上野营、野餐，常常弄得园林一片狼藉，肮脏不堪。负责管理园林的管家，让人在园林的四周围上篱笆，竖起“私人园林，禁止入内”的木牌，并派了人在园林的大门看守，但都无济于事，许多人依然通过各种隐蔽的方式进入园林。

后来，迪梅普莱叫人做了一些大大的木牌立在各个路口，上面醒目地写道：“请注意！你如果在林中被毒蛇咬伤，最近的医院离此 15km，驾车半小时可到。”此后，再闯入她的园林的人就寥寥无几了。

管家解决问题的方法就是典型的直线型思维方式，却没有达到预期的目的，反而更刺激了人们想进去一探究竟的心理。所以，直线思维习惯看起来是最有效地解决问题的方法，使得许多人在面临问题时首先考虑的就是如何直截了当地一击即中，但有时却会是事与愿违。

（三）从众型思维定式

从众型思维定式是指人们因为懒于独立思考，或不敢标新立异，而盲目从众，一切随大流，抑制了创新的敏感和勇气。

有一位叫富尔顿的物理学家，由于研究工作的需要，测量出固体氦的热导率。他运用的是新的测量方法，测出的结果比过去计算的数值高 500 倍，他感到这个差距太大，如果公布出来会被人看成哗众取宠，因此，他没有公布自己的测量结果，也没有进一步地研究。没过多久，美国的一位年轻的科学家，在实验过程中也测出了同样的结果并将结果公布出来，很快在科技界引起了广泛关注，赢得了人们的肯定和赞誉。

日本有一位编织公司的董事长，名叫大原总一郎，他曾提出一项维尼纶（一种合成纤维）工业化的计划。但是这个计划在公司内部遭到普遍反对，大原总一郎不屈不挠，坚持推行自己的计划，终于大获成功。大原总一郎之所以能力排众议坚持己见，是因为他坚信他父亲经常对他说的一句话：“一项新事业，在十个人当中，有一两个人赞同就可以开始了；有五个人赞同时，就已经迟了一步；如果有七八个人赞同，那就太晚了。”

不论什么时候，最早提出新观念、发现新事物的，总是极少数人，而对于这极少数人的新观念和新发现，当时的绝大多数人都是不赞同甚至是激烈反对的。必须过了很久之后，由极少数人所发现的真理才慢慢传播出去、普及开来，成为普遍民众都接受的“常识”。所以，在面对新情况进行创新思维时，可以不必顾忌多数人的意见，不必以众人的是非为是非，这样才能真正打破封闭、开阔思路，获得新事物新观念。同样，生活中，遇事和看待问题，如果陷入了从众思维定式中，只是考虑多数人的意见和做法，没有自己独立思考的过程和明辨是非的能力，有时会丧失正确的判断，失去大好时机。

（四）书本型思维定式

书本型思维定式是指迷信书本上的理论，不敢提出质疑，不能纠正前人的失误，探索新的领域。

现在人们常说知识就是力量，其实这句话并不确切，应该说知识的运用才是力量。如果我们满脑子都是知识，但是这些知识一直藏在脑袋里，从来没有使用过，这样的知识就不会产生力量。在现实生活中，读书多的人往往容易拘泥于书本，常常不由自主地从书本的观点和立场出发去观察问题和处理问题，以致陷入书山文海中不能自拔。在这种情况下，知识不但不能给我们力量，反而会影响我们的创新能力。

在《三国演义》中，“熟读兵书，熟谙兵法”的马谡在山上屯兵，认为这样可以“凭高视下，势如破竹”；如敌兵截断水道，我军亦会“背水一战，以一当十”。马谡的这些观点，都能在兵书上找到根据，可白纸黑字的兵书与刀光剑影的战场毕竟是两回事。蜀军在被围后，不仅不能“以一当十”，反而“军心自乱，不战而溃”，最后失去了街亭。

战国时，赵国名将赵奢之子赵括，年轻时学兵法，谈起兵事来头头是道，就连他父亲也难不倒他。后来他接替廉颇为赵将，在长平之战中，他只知道根据兵书行动，不知道变通，结果被秦军打败。

在人类知识的发展历史上，专业的划分越来越细。这种过细的专业划分，固然有助于研究的深化，但也不可避免地带来了一些弊端。其中最主要的便是容易使人局限在某个专业内，眼界过于狭隘，束缚了创造性思维的发挥。

［案例］

聪明的爱迪生

爱迪生研制灯泡时，想知道灯泡的体积，便让从大学数学专业毕业的助手阿普拉去测量。阿普拉接到任务后，又是测量灯泡的直径，又是测量灯泡的周长，然后列出公式进行计算。由于灯泡不是球形，计算起来十分复杂，算了密密麻麻几大张纸，仍然没有结果。过了个把小时，爱迪生催问结果，阿普拉还没算好。安迪生一看，他算得太复杂了，便拿起了灯泡，沉在水里，让灯泡充满了水。然后把灯泡中的水倒入量筒中，看完量筒的读数，便轻而易举地知道了灯泡的体积。

阿普拉大学数学系毕业，学历并不算低，可在碰到测量灯泡体积这一并不超出其专业范围的问题时，却还不如只念了三个月小学的爱迪生。

书本知识对人类所起的作用确实是巨大的。一般来说，一个人读的书越多，他的知识就越丰富，本领也就越大。但是需要指出的是，书本知识也有弱点，就是滞后性，会过时；而且书本知识反映的是一般性的东西，表示的是理想化的状态，与客观事实之间往往存在较大的差异。所以在借鉴书本知识的同时，必须要结合实际，具体问题具体分析，敢于否定前人，勇敢地提出自己的观点，才能针对变化了的现实解决问题。正如著名心理学家安玛华尔所说：“知识本身并没有什么不好，受教育的危险是用老办法办事和按部就班的琐碎程序使人看不到超越常规的创造性方法，在学习一门知识的同时，应保持思想的灵活性，注重学习基本原理而不是死记一些规则，这样知识才会有用。”

（五）自我中心型思维定式

自我中心型思维定式是指一叶障目，不见泰山，局限在自己已有的知识或成果范围内，思考问题时以自我为中心。

刘备三顾茅庐请来了诸葛亮，对诸葛亮言听计从。张飞就很不服气，一心想和诸葛亮比试比试，并常常借机戏弄诸葛亮。有一天，诸葛亮想，该让张飞有一点自知之明了。他就对张飞说：“张将军，我们来比一比力气怎么样？”张飞轻蔑地笑了起来。于是，诸葛亮就问张飞：“请问是一只鸡重还是一根羽毛重？”“当然是一只鸡重。”“那再请问，是一只鸡扔得远，还是一根羽毛扔得远？”“自然是一根羽毛扔得远。”“好，那我来扔鸡，你来扔羽毛。”他们各拿各的，开始扔了。结果，诸葛亮比张飞扔得远多了。诸葛亮看张飞还是不服气的样子，便又问：“请问是拳头有劲还是手指头有劲？”“当然是拳头有劲。”“好。”诸葛亮说着，用手指着一只蚂蚁：“那我们分别用拳头和手指头来打死这只蚂蚁。”还没等诸葛亮说完，张飞便迫不及待地用拳头砸了下去，可是，却怎么也砸不死它。而诸葛亮用手指轻轻一摁，蚂蚁就死了。张飞一下子明白过来，从此张飞对诸葛亮佩服得五体投地。

这个故事虽只是个传说，并且类似的故事也有很多，但都反映出了人思维上存在这种局限在自己的想法中的自我中心型定式的现象，无论古人还是今人，无论圣贤还是普通群众，都难免会陷入以自我为中心的思维定式中去，导致一叶障目，不见泰山，有时在简单的问题面前也可能失去了思考能力，发挥不出自己的智慧，从而产生误会或耽误事情。

上面讲的都是常见的、大多数人都可能出现的思维定式，还有一些思维定式，在不同的人那里表现的程度不同。例如，偏执型思维定式、麻木型思维定式、自卑型思维定式等。

不同的人在不同的时期或条件下，思维定式的情况会有所不同。如果我们在现实生活中或创造性活动中，遇到了障碍，陷入了某种困境，难以再继续想下去的时候，就有必要认真检查一下：我们的头脑中是否有了某种思维定式在影响我们的思维？如果存在，就客观地去分析产生的原因并有意识地弱化它，这也是创造性人格的形成及创新思维的开始。

三、思维定式的弱化

思维定式对于解决问题有极其重要的作用，可以省去许多摸索、试探的步骤，缩短思考时间，提高效率，使得人们的学习、生活、工作简洁和明快，社会高度有序化。其中有一些程序、步骤甚至沉淀到潜意识，成为不自觉、下意识的习惯性反应。不仅一般人靠它来简单、方便地处理日常生活与工作问题，各级公务员熟练地掌握上级的各项方针、政策、法律、法规、规章制度来高效地处理大量的、烦琐的日常事物。专家之所以成为专家，正是因为他们积累了大量的本专业的理论与经验，其中比较成熟的还可以整理出来，系统化，编出程序，输入计算机，成为应用广泛的专家系统。专家积累的丰富经验，有许多还不能得到现有的科学技术理论的认可，往往是只知其然、不知其所以然，但在处理、解决问题上确实有效，我国传统医学中的中医、针灸、气功等至今基本上仍然处于这种状态。中医处理一些疾病的思路，都与西医有很大的差异，这是传承了几千年的思维定式。其实，不仅中国的中医、藏医如此，世界上其他国家与地区也有他们的传统医学，也属于这样的思维定式。因此，它在常规思维活动中的积极作用，必须充分认识。当然，对于这些思维定式也不能一概而论，思维定式也有消极的一面，尤其是在创新活动中，思维定式形成了思维障碍，严重地限制了认识、处理、解决问题的思路；阻碍新思想、新观点、新技术、新形象的形成与传播及推广和普及；常常会产生巨大的阻力，甚至会产生巨大的破坏力，阻止了人们创造性地解决问题，使人容易墨守成规，对于创新是非常不利的。我们要进行创造性思维，必须弱化思维定式的影响，才能让我们的思维闪烁出创造性的火花。

（一）转换思维视角，弱化思维定式

一位印度老人在临死前把他的 19 头牛留给了三个儿子，并要求他们：“老大拿财产的

1/2，老二拿 1/4，老三拿 1/5。”说完，老人就去世了。

三个儿子将父亲安葬后，便来分遗产。19 头牛的 1/2、1/4、1/5 都不是整数，按照印度的教规，牛被视为神灵，不能宰杀，可是，先人的遗嘱也不能更改，这可难坏了三兄弟。邻居听说后，把自家的一头牛借给了三兄弟。

于是三兄弟就按照 20 头牛分，老大分 1/2，得了 10 头牛，老二分 1/4，得了 5 头牛，老三分 1/5，是 4 头牛。19 头牛都分掉了，邻居的牛也归还了。

要培养创造性思维能力，有时候可以打破惯常思维，避开复杂计算，使问题简单化。

（二）迂回前进，不作直线思维

法国在很长时间内都没有推广土豆的培植。宗教信仰者不欢迎它，还给它起了个怪怪的名字——“鬼苹果”；医生们认定它对健康有害；农学家则断言，种植土豆会使土壤变得贫瘠。法国著名农学家安瑞·帕尔曼彻在德国当俘虏时，亲口吃过土豆。回到法国后，他决心要在自己的祖国培植它，可是很长时间他都未能说服任何人接受它。面对人们根深蒂固的偏见，他一筹莫展。后来，帕尔曼彻决定借助国王的权力来达到自己的目的。经过国王的许可，他在一块出了名的低产田上栽培土豆。他要了个小小的花招——请求国王派出一支全副武装的卫队，每个白天都在那块地里严加看守。这异常的举动撩拨起人们强烈的偷窃欲望。每当夜幕降临，卫兵们撤走之后，人们便悄悄地摸到田里偷挖土豆，然后再小心翼翼地将它移植到自家的菜园里。

每天晚上，土豆田里都能迎来一些蹑手蹑脚的偷窃者。就这样，土豆这个丑丑的小东西走进了千家万户，在法国得到了推广。帕尔曼彻终于如愿以偿。

有时用直接的方法问题得不到解决，可以采取迂回的方法，另辟蹊径。甚至在必要时以退为进，使问题迎刃而解，避开直线思维的影响。

（三）生疏问题转成熟悉的问题

停车收费码表很多人都听说过，它的诞生源于美国记者卡尔·马吉寻找新闻素材。20 世纪 30 年代，那时的美国汽车大量增加，但停车位却是有限的，而且政府制定的临时停车只能停一小时的规定基本没人遵守，好多上班族占了停车位从早晨停到晚上下班。许多商家异常愤怒，因为好多顾客的车子没地方停。警察在轮胎上画记号，也不能解决问题，车主会将车子挪动十几厘米，这样记号的位置就变了。商会为此专门建立了委员会，来解决这个问题，也是毫无办法。卡尔·马吉不仅是记者，还是律师，习惯从正面去解决重大问题。他会直击问题，一心一意地攻克它。停车的问题也不例外，他日以继夜的思考。他想能不能发明一种机器，按停车时间收取路边停车费用。马吉意识到他需要一个专门的计时器，但他不是工程师，他需要专业人士的帮助。在俄克拉何马州立大学工程学院的院长霍尔德·蒂森教授的支持下，马吉拿出 500 美元奖金，在工程学院的学生们中展开了设计竞赛。要求学生设计出造价低廉，易于操作，安全防盗，能识别钱币，不受天气影响的停车收费码表。虽然没有一件作品能满足全部要求，但最后在所有参赛作品中选出三件进行了融合与改进，最终获得了成功！1935 年 7 月，俄克拉何马城开始付费停车，虽然这项发明让很多司机不满，甚至有律师说收费不合理，但这项举措在市议会获胜，通过了收费问题，解决了停车难的问题，方便了很多人。

对于马吉而言，他只是名记者和律师，虽然偶尔也搞点小发明，但设计一个满足多种要求的机器却是他不能做到的。但是他很好地利用了大学生这项资源，把自己生疏的问题转变成了对学生而言是熟悉的机器设计问题，使问题得到了解决。有些时候，人的能力是有限的，遇到的困难是多种多样的，如果在自己熟悉的领域不能解决，可以像马吉这样，把对自己而言生疏的问题，转变为其他人熟悉的问题，或许能更快更好地解决问题。

（四）改变思考顺序，倒着想

一位缺衣少食、无依无靠的妇女，无意间救了一个妖怪，妖怪要报答她，让她提三个心愿，但是有一个条件："无论提什么要求，她的仇人将得到她所要的东西的一倍。"妇女先要了一笔钱，又要了一栋房子，第三个心愿难住了她，要什么能报了仇呢？后来妇女有了灵感，她要求："让我吓得半死。"

有个大财主，一天把他的两个儿子叫到面前，对他们说："你们赛马跑到沙漠里的绿洲去吧。谁的马胜了，我就把全部财产给谁。但这次不是比快，而是比慢，我到绿洲去等你们，看谁的马到得迟。"兄弟俩照着父亲的意思，骑着各自的马开始慢吞吞的赛马了。可是，在骄阳似火的大沙漠里慢吞吞地走怎么受得了啊！正当兄弟俩痛苦难熬而下马休息时，哥哥突然想到了一个好办法，等弟弟醒悟过来后已经来不及了，哥哥终于赢得了这场特别的比赛。哥哥的做法就是交换马，比快。

前一个例子中的妇女，如果按照常规直线思维，就会考虑什么好处只对自己有利，而对仇人不利？但是可以反过来想，什么坏处对这位妇女不利，对仇人更不利？这样问题就解决了。同样的，财主的儿子赛马，一般都会比谁的马快，这里却要比慢，既然题目本身不是常规的比法，当然可以改变思考顺序，倒着就能想出办法了。

只要形成思维定式的成因存在，思维定式就不可能彻底地清除，思维定式的清除是一个人格独立、自我意识觉醒的过程。克服创新心理定式、克服习惯定式、克服感情定式、克服一些认识误区才能有效地降低思维定式对思维的消极影响。

四、创造性思维的开发

（一）转换思维视角

在一般情况下，人们习惯于从固定的角度来观察事物、思考问题。但是，当面对新的特殊情况时，从固定的角度来观察事物、思考问题往往碰壁，这时就必须要转换思维视角，从不同的角度去思考事物、事物的不同要素或关系。既可以改变思考问题的立场，也可以改变思维的焦点，还可以从不同的角度去思考事物。

［案例］

精明的犹太人

一位犹太人来到一家银行的贷款部前，大模大样地坐下来。

"请问我能为您做点什么？"贷款部经理一边小心询问，一边仔细地打量着眼前这个人。他身穿名贵的西服，领带夹上镶嵌着名贵的宝石，脚蹬高档的皮鞋，昂贵的手表闪着金光……他是那么气宇轩昂。

"我想要借点钱。"犹太富翁说。

“完全没有问题，您想借多少？”贷款部经理问。

“1美元。”犹太富翁说。

“什么？您只要借1美元？是真的吗？”贷款部经理一脸的惊愕。

“是的，我只需要1美元，可以吗？”犹太富翁说。

“当然，借多少都可以办理，只要您能提供担保。”贷款部经理说。

“好吧。”犹太富翁从豪华的皮包里取出一大堆股票、基金、国债等有价证券，一并放在桌上，“这些做担保，可以吗？”

“先生，这里共有50万美元，做担保足够了。”贷款部经理清点了一下，“您真的只贷1美元？”

“是的。”犹太富翁面无表情地说道。

“那好吧，请这边办理手续。年息为6%只要您一年后归还本金和6%的利息，我们就会把这些担保还给您。”贷款部经理说。

“谢谢”犹太人办完手续接过1美元离开。

1年后，犹太人还了债，取回股票债券。当经理问及为何只借1美元时，犹太人笑答：“保险箱租金太高，变通一下，我只花6美分。”

都说犹太人精明，确实如此。一般来说，人们为贷款而抵押，总希望少压多贷，银行为保证自己的利益，则要求多压少贷。本来犹太人要银行保管的50万美元股票、债券，通过变换思维角度，成为用来贷款1美元的担保，这样便节省了一大笔保管费。

（二）重视发散思维

发散思维能力的强弱决定了创造性思维能力的强弱。因为发散思维采用的是多个思维指向、多个思维起点、多个评价标准、多个思维结论的多维思维的方式。这样能使我们思路开阔，在思维过程中一旦碰到阻碍，能使我们有广阔的选择余地。

例如，在回答“铅笔有哪些用途”时，A说可以画线、画画、做记录、打草稿、作为奖励或送人的礼品等；而B说可以作为书写工具、礼品，还能代替直尺，削尖的笔可做伤人的工具、当木材烧、做简易圆规等。

比较而言，A的发散思维虽然不少，但B所涉及的类别更多，故B的发散思维变通性和独创性比A强。

（三）开发逆向思维

很多事物顺着一个固定的方向或者采取一种成规模的方式发展到一定的阶段，就会不可回避地出现阻止事物继续向一种模式发展下去的各种障碍。此时，不妨试用逆向思维法，反向突破。

1800年，意大利物理学家伏特发明了伏特电池，第一次将化学能转换成电能。英国化学家戴维想，电能是否也可以“反过来”转化为化学能呢？他做的电解化学实验获得成功，通过电解各种物质，他一人竟发现了七种元素。

给寺庙推销梳子、司马光砸缸等都是逆向思维的结果。

（四）培养批判性思维

批判性思维实际上是一种逻辑思维。批判性思维就是审慎地运用推理去断定一个断言是否为真，也可以理解为对所面临的事物站在挑剔的立场上对其进行反向思考，看它是否站得住脚。

英国剑桥大学的入学面试里有一道题目：请问苹果是死的还是活的？这是一道有关批判性思维比较典型的例子，其实题目本身并不是要得到结果，到底苹果是死还是活，而题目本身也并没有正确和统一的答案。关键看学生论证这个问题的推理过程是否合理，是否能够有理论依据和事实依据。批判性思维是要求学生对事物不轻信，不言听计从，要经过自己的亲自论证、分析和调查以后，再对事物的本质做出判断。

（五）唤醒形象思维

形象思维是以具体的形象或图像为思维内容的思维形态，它是人的一种本能思维，每个人从一出生就会以形象思维方式考虑问题。可惜我们的教育只注重抽象思维的培养而忽视了形象思维的训练，导致我们有时候形象思维很差。

随着思维的成熟和后天的教育，人们的思维方式才逐渐由形象思维（具体）向抽象思维过渡，并最终由抽象思维取代形象思维的主要地位。但是并不是说形象思维不重要，二者是不可分割的，通过相互补充，对创新更有利。科学家研究表明，抽象思维到一定程度，尤其是在极度抽象的高、精、尖领域，形象思维的作用更是不可替代的。解析几何的产生，就是抽象思维与形象思维共同运作的智慧结晶。

［**案例**］

解析几何的建立

1619 年，23 岁的笛卡儿在一支德国部队服役，军营驻扎在多瑙河旁。11 月的一天，他因病躺在了床上，无所事事的他默默地思考着……

20 岁时，他大学毕业继承父业当了一名律师，当时法国的社会风气是“非红即黑”。也就是说，有志之士不是致力于宗教事业就是献身于军事，笛卡儿选择了后者。在军旅中一个偶然机会，他解出了数学教授别克曼的一道难题。从此成了别克曼教授的上宾，在数学的海洋中漫游，并游进了深水区。他开始看到了传统的几何过分依赖图形和形式演绎的缺陷。同时也深感代数过分受法则和公式的限制而缺乏活力。

代数与几何各自为政、画地为牢的状况抑制了数学的发展，怎样才能摆脱这种状况，架起沟通代数与几何的桥梁呢？这个问题苦苦折磨着年轻的笛卡儿。在没有战事的军队中，他常常有时间思考。

现在，他的思绪又回到了这个问题上……抬头望着天花板，一只小小的蜘蛛从墙角慢慢地爬过来，吐丝结网，从东爬到西，从南爬到北，忙个不停。要结一张网，小蜘蛛该走多少路啊！笛卡儿突发奇想，算一算蜘蛛走过的路程。他先把蜘蛛看成一个点，这个点离墙角多远，离墙的两边多远……他思考着，计算着，病中的他睡着了……梦中他继续在数学的广阔天地中驰骋，好像悟出了什么，又看到了什么，大梦醒来的笛卡儿茅塞顿开，一种新的思想初露端倪：互相垂直的两条直线间有一点，这个点可以用到这两条直线的距离，也就是两个数来表示，这个点的位置就被确定了。用数形结合的方式将代数与几何的桥梁连起来了，这就是解析几何学诞生的曙光。沿着这条思路前进，在众多数学家的努力下，数学的历史发生了重要的转折，建立了解析几何学。

（见“作业帮”）

第四节　创造性思维练习

安排练习的主要目的是引导学生参与创造性思维开发的实践，寻求一种体验。我们设计习题时尽量做到内容丰富、取材典型，形式生动活泼，体现较强的趣味性。但是，在练习时也难免会感到枯燥，涉及的知识点或许比较肤浅，一些方法和技巧在说穿了以后或许相当简单；然而，有没有亲身体验，感觉大不一样，理解更可能有天壤之别。

开放是创造性思维的重要原则，在练习中同样应该有所体现，所以练习中有些题型没有标准答案，也不需要标准答案。重要的是找到正确的（或创造性的）思路。做练习的乐趣和效果正存在于对创造性思路的不断探寻之中。

一、思维的流畅性

（1）计算流畅：在规定时间（3 分钟或 4 分钟）内，尽可能多地列出得数等于某个指定数值（如 9、14、23）的完整算式。

（　　个）

（2）词汇流畅：在规定时间（3 分钟或 4 分钟）内，尽可能多地写出包含某个特定结构（如“木”“口”“金”）的汉字。

（　　个）

（3）词汇流畅：在规定时间（3 分钟或 4 分钟）内，尽可能多地写出包含某个字母（如“e”“n”“o”）的英文（或其他外文）单词。

（　　个）

（4）概念流畅：在规定的时间（3 分钟或 4 分钟）内，尽可能多地列举某一类事物（“水果”“鸟类”“交通工具”“运动器材”）的名称。

（　　个）

（5）表达流畅：在规定的时间（4 分钟或 5 分钟）内，根据下列指定的字组尽可能多地造句，所造句子必须顺序包括该组所有的字，并且语法正确，意义能使人理解。

① 西—咸　（　　个）

② 海—热—冬　（　　个）

③ 春—飞—雨—山　（　　个）

④ 水—水—水—水　（　　个）

（6）图形流畅：在规定的时间（5 分钟或 6 分钟）内，尽可能多地画出包含特定结构（如圆形“○”、三角形“△”、T 形“T”）的事物并注明其名称。

（　　个）

二、思维的灵活性

（1）一词多解：对下列词组各做出尽可能多的解释，并分别造句（每题 2～3 分钟）。

① 人行

② 一班

③ 包袱

④ 差两分

（2）同音多义：根据下列各组汉语拼音，尽可能多地用汉字写出同音（四声可变化）而不同意义的词组（每题 3～4 分钟）。

① hua　yuan

② da　shu

③ yi　yi

④ shi　shi

（3）殊途同归：用下列各组数字通过四则运算分别求出指定得数 24，每个数字只能使用一次（每题不超过半分钟）。

① 3　3　3　3

② 4　4　4　4

③ 5　5　5　5

④ 6　6　6　6

⑤ 9　9　7　3

⑥ 3　9　9　9

⑦ 2　5　2　10

⑧ 4　10　4　10

⑨ 2　8　7　5

⑩ 3　5　7　3

⑪ 2　2　7　6

⑫ 2　2　8　9

⑬ 6　6　10　6

⑭ 9　9　10　6

（4）图形组合：根据指定的基础图形（如一个三角形“△”和两条直线“‖”，也可把圆形“○”、正方形“□”等定为基础图形）尽可能多地组合成各种事物，并写出其名称（4～5 分钟）。

三、思维的敏感性

（1）排除异类：从下列各组词汇中排除一个与其他词汇不同类者（2～3 分钟）。

① 甘薯　马铃薯　荸荠　姜　芋头　（　）

② 鲸　蝙蝠　海豹　海马　海豚　（　）

③ 天王星　火星　土星　木星　金星　（　）

④ 排球　棒球　篮球　橄榄球　曲棍球　（　）

（2）寻找同类：从下列各组数字或字母中各找出两个类别或性质相同者（2～3 分钟）。

① 1　2　3　4　5　6　7　（　）

② 4　5　6　7　8　9　1　（　）

③ A　B　C　D　E　F　G　（　）

④ T　U　V　W　X　Y　Z　（　）

（3）图形区别：从下列各组图形中找出 1～3 个与其他图形不同者（2～3 分钟）。

①

1　2　3　4　5

（　个）

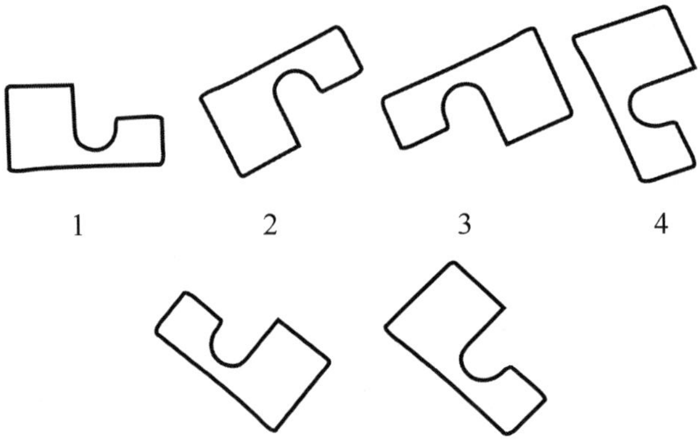

② （ 个）

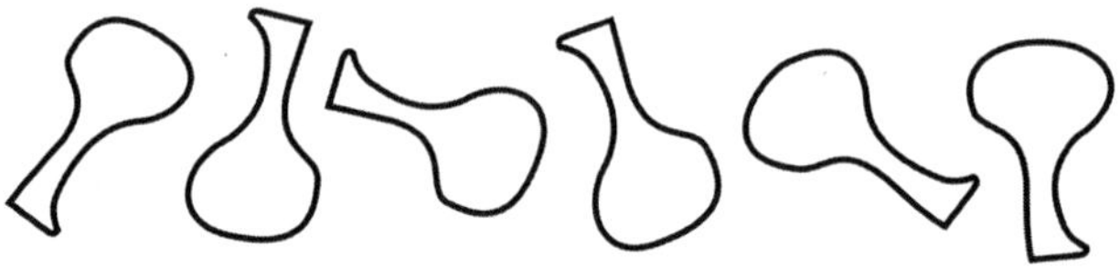

③ （ 个）

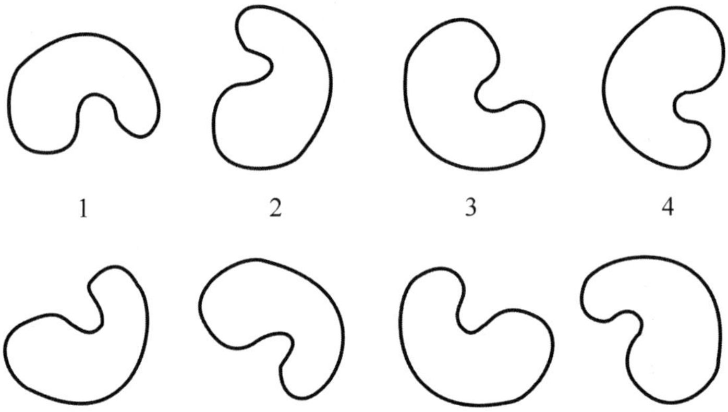

④ （ 个）

（4）顺序寻数：下图中有 1～100 共 100 个数字，请按顺序将这些数字寻找出来。10 分钟以内寻完表示敏感性很强，10～12 分钟寻完表示敏感性较强，12～15 分钟敏寻完表示感性一般，超过 15 分钟寻完则表示比较迟钝。

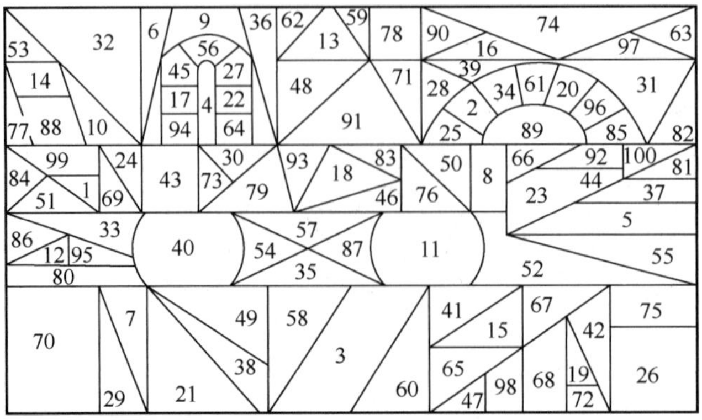

四、思维的精确性

（1）详尽数图：仔细数出下面的图形中包含的三角形的总数（1～2 分钟）。

（　　个）

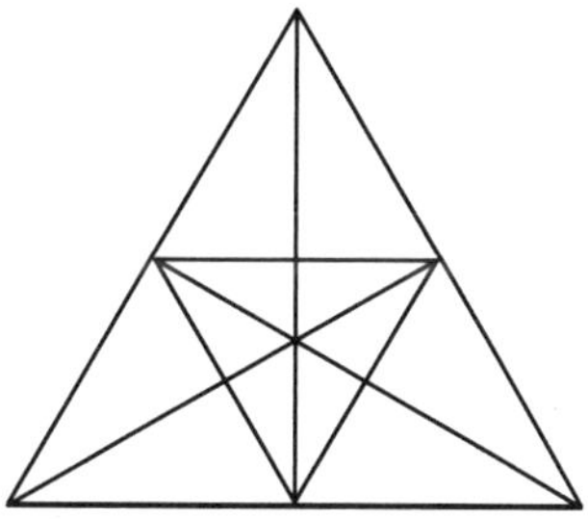

（2）寻找差异：仔细找出两幅图画中所有的不同之处（2 分钟）。　　（　　处）

（3）年龄排序：把某人的八位直系亲属（兄、弟、姐、妹、爷、奶、父、母）年龄由大到小的各种可能顺序都排列出来（母亲的年龄小于爷爷、奶奶）（3～4 分钟）。

（　　种）

（4）对联征答：根据给出的各句上联，按照对仗原则拟出对应的下联来（每题 3～4 分钟）。

① 五月黄梅天

② 无锡锡山山无锡

③ 风吹马尾千条线

④ 此木为柴山山出

五、思维的变通性

（1）变换定义：从不同的角度、用不同的表述方法对下列概念进行定义（每题 3～4 分钟）。

① 学校　　（　　种）

② 历史　　（　　种）

③ 身份证　　（　　种）

④ 梦　　（　　种）

（2）近义替代：分别写出在一定条件下可替代下列词汇的各种近义词（每题 3～4 分钟）。

① 休息（　　种）

② 飞（　　种）

③ 美丽（　　种）

④ 妒忌（　　种）

（3）非常用途：分别写出下列事物在特殊情况下的非常用途（每题 2～3 分钟）。

① 镜子（已破碎）（　　种）

② 牙膏（已硬化）（　　种）

③ 面包（已变质）（　　种）

④ 航天飞机（已损坏）（　　种）

（4）图形变化：下图中已有给定的图形（六个半圆形。也可换成三角形、梯形、矩形等），添加内容使其成为一幅有意义的图画并写出图名（4～5 分钟）。

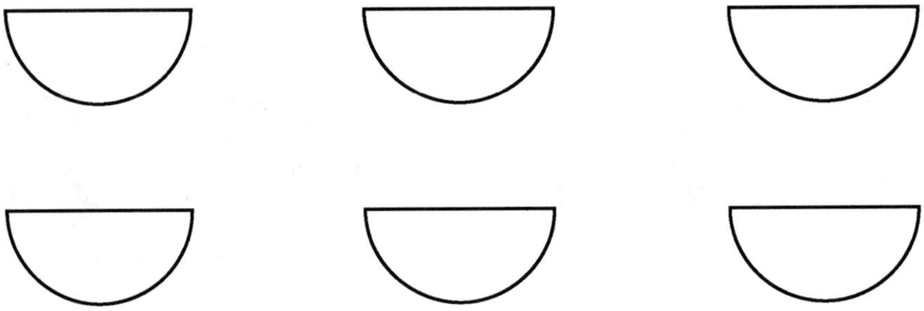

第四章　创造原理及技法

第一节　创造原理及原则

一、创造原理

创造技法是一种方法和手段，从原则上说，只要讲清楚它的原理和过程，一般来说每个人都可使用。由于在很多情况下人们并不需要追究创造技法的理论根据，所以单就技法而言，它一般不受文化水平、智力高低的限制，大、中、小学生及其他人员都可运用。当然，理论基础好、知识数量及结构合理的人，对技法理解得深、掌握得好，其效果会更显著。创造原理是创造技法之母，目前所谓创造技法虽然多达数百种，但究其来源即创造的原理并不很多，经过反复研究和筛选，认为创造的基本原理应主要包括十种：组合原理、综合原理、分离原理、还原原理、移植原理、逆反原理、迂回原理、强化原理、换元原理、群体原理。

（一）组合原理

组合现象是普遍的。例如，原子组合成分子，分子组合成细胞，细胞组合成组织、器官、系统，直到整个人体；个人组合成家庭，家庭又组合成社会等。组合现象是极其复杂的，组合的可能性是无穷的，组合是事物整体或部分的叠加。组合很容易导致创造发明，如我们常见的多用柜、两用笔、组合文具盒等，都是组合原理的体现。组合也能产生重大的创造发明。美国的“阿波罗”登月计划，可谓是当代最大型的发明创造结晶之一，然而“阿波罗”计划的负责人却直言不讳地讲，“阿波罗”宇宙飞船的技术没有一项是新的突破，都是现有技术。问题的关键在于能否使它们精确无误地组合好，实行系统管理。爱因斯坦对组合原理说得很深刻：“组合作用似乎是创造性思维的本质特征。”

组合原理是通过人为的组合形成新思想、新方法、新产品的原理。将研究对象进行简单叠加，或先将对象中的各个因素进行分解，然后将分解出来的有关部分根据需要再进行叠加，这些叠加称为组合。

在创造发明中，组合创造是无穷的。有人认为组合的主要类型大致有以下几种。

1．主体附加

主体附加是指在原有的技术思想中补充以新的内容，在原有的物质上增添新的功能。例如，在铅笔上加橡皮头、在照相机上加闪光灯、在盐里添加碘等。主体附加主要是指以原有的思想或物质产品为主体，附加的思想及功能只是起补充、完善或利用主体的作用。

2．异类组合

异类组合是指两种或两种以上不同领域中的技术思想或物质产品的组合，如航空母舰、瑞士军刀、智能手机等。异类组合的特点是被组合的物品来自不同的方面，一般无所谓主、次之分，参与组合的对象能从意义、原则、构造、成分、功能等任何一方面或多方面互相进行渗透，从而使整体发生变化。异类组合实际上是异类求同，在创造中有非常重要的意义。

3．同类组合

同类组合是指把两个或者两个以上相同或者相近的事物进行简单的叠加。在同类组合中，参与组合的对象与组合前相比，其基本性能和基本结构一般没有什么根本变化。因此，同类组合是在保持事物原有功能或原有意义的前提下，通过数量的增加来弥补功能上的不足或求取新的功能。最著名而经典的例子：松下电器总裁松下幸之助的发明，将原来人们使用的单插座电源改为多插头电源，为松下电器的发展壮大挣得了第一桶金。

4．重组组合

重组组合是指在同一个事物的不同层次上分解原来事物的组合，然后再以新的方式重新组合。重组的特点是改变事物各组成部分之间的相互关系，它是在同一事物上实施的，一般不增加新的内容。例如，自螺旋桨飞机发明以来，螺旋桨都是设在机首，两翼从机体伸出，尾部安装稳定翼。美国飞机设计家卡里格·卡图，按照空气的浮力和气动原理进行重组，将螺旋桨改放在机尾推动飞机前进，稳定翼则放在机头处。制造了头尾倒换的飞机。重组后的飞机，具有尖端悬浮系统及更加合理的流线型机身，因而增加了速度，排除了失速和旋冲的可能性，也提高了安全性。

组合原理是目前应用最为广泛的创新原理之一，美国著名发明家肖克莱说："所谓创造，就是把以前独立的发明组合起来。"有人统计了1900年以来的480项重大创新成果后发现，在20世纪50年代前后发生了重大变化，在50年代以前，原理突破型的发明比重较大；而50年代后，组合型的发明则占了很大比重。这说明了组合已成为当前主要的创造发明方式。

（二）综合原理

综合是在分析各个构成要素基本性质的基础上，综合其可取的部分，使综合后所形成的整体具有优化的特点和创新的特征。例如，中医、西医的结合就是一种综合。综合是在科学分析的基础上进行的。大量的事实足以说明，综合就是创造。综合已有的不同的科学原理，可以创造出新原理，如综合万有引力理论与狭义相对论，就形成了广义相对论。综合已有的事实材料，可以发现新规律，如元素周期律的发现。综合已有的不同科学方法，可以创造出新方法，如由几何学与代数学方法到产生解析几何的新方法。综合已有的不同学科能创造出新学科。综合不同产品的优点能创造出新产品，如日本松下公司综合了世界各国多种电视机的技术特长，创造出了新产品。在所有综合中，与创造工程最有关联的是技术综合。所谓技术综合，是先把对象分解为各个要素、各个层次，然后再分析其本质特征，找出各种层次的要素，并将可取之处综合在一起。很显然，综合可以使人的认识实现从个别到一般的转化，可以使人超越原来的认识水平，从而站得更高、看得更远、体会得更深，获得更具有普通意义的新成果。在20世纪全世界的重大发明创造中，日本一项也没有，但它善于在别国先进技术的基础上搞综合，却创造出了不少世界上第一流的新技术和新产品。

（三）分离原理

分离原理是把某一创新对象进行科学的分解和离散，使主要问题从复杂现象中暴露出来，从而厘清创造者的思路，便于抓住主要矛盾。分离原理在发明创新过程中，提倡将事物打破并分解，它鼓励人们在发明创造过程中，冲破事物原有面貌的限制，将研究对象予以分离，创造出全新的概念和全新的产品。例如，把眼镜片从眼镜架中分离出来而发明了隐形眼镜；把扬声器从收录机中分离出来而发展成音响；把衣服中的袖子分离后发明了马甲等。用创造性思维对事物进行科学分离，就会将事物“化整为零”，减少了空间或面积，改善了分离后各部分的性能或提高其效率。从这种意义上说，分离也是一种创造。

（四）还原原理

任何发明和革新都有其创造的起点和原点。创造的原点是唯一的，而创造的起点则可以很多。创造的原点可以作为创造的起点，但任何创造的起点都不能作为创造的原点。研究已有事物的创造起点，并深入追索它的创造原点，再从创造的原点出发寻找各种门路，用新的思想、新的技术重新创造该事物，从原点去解决问题，或者回到根本抓住问题关键。这就是创造的还原原理。例如，要想发明洗衣机，最初人们一定会想到手搓、洗衣板洗、棒槌砸等；发明打火机，也会受火柴盒形状、大小、结构等“先入为主”（或称为固定框框）的影响。按照还原原理，首先就要从中抽象出问题的关键所在（所谓追索到创造的“原点”上，或者称回到根本上去抓关键），所以有人也将其称为抽象原理。仍以火柴为例，火柴盒有大有小，也可有各种不同的形状，火柴棒可长可短，但是，无论火柴盒与火柴棒如何变化，火柴的主要功能就是通过摩擦而发火，这就是火柴的本质。于是，把“发火”抽象出来作为原点，就可以从摩擦发火进一步引申（发散）为各种可燃性气体发火、电火花打火及不同的液体燃烧发火等，这样就比较容易突破现有火柴的桎梏，开阔发明者的思路，从而发明出各种类型的打火机。又如，要设计一种新型运输车辆，人们就要跳出车辆一定要有轮子的框框，先找到发明的原点：即具有把物体从甲地运至乙地的功能，轮子并不是它的本质。于是从原点出发，气垫车、磁浮车、弹道车等新型工具就层出不穷了。

（五）移植原理

移植原理是指在创新活动中，把一个已知对象的概念、原理、内容、方法或部件等运用或迁移到有待研究的对象之中，从而使研究对象产生新的突破或创新。“他山之石，可以攻玉”是移植原理能动性的真实写照。移植大多要以类比为前提，类比的特征越接近于事物的本质，移植成功的可能性就越大。

移植原理又可分为直接移植与间接移植。直接移植是将一个对象的概念、原理或方法直接运用于另一个对象之中。所谓“搬一搬”的创造技法，就是这一原理的体现。例如，1864 年，巴斯德发表论文，证明有机物的腐败是由于微生物的活动引起的。英国医生李斯特把这一成果直接移植到外科手术上，创造了手术前消毒的新工作方法，手术获得了极大的成功。间接移植则是经过适当的加工、改造后，再搬入另一个领域中。在 20 世纪 60 年代后期兴起的“仿生学”中，其许多做法就是根据间接移植原理形成的。

（六）逆反原理

逆反原理首先要求人们敢于并善于打破头脑中常规思维模式的束缚，对已有的理论方法、科学技术、产品实物持怀疑态度，从相反的思维方向去分析、思索、探求新的发明创造。实际上，任何事物都有正反两个方面，这两个方面相互依存于一个共同体中。人们在认识事物的过程中，习惯于从显而易见的正面去考虑问题，因而阻塞了自己的思路。如果能有意识、有目的的与传统思维方法“背道而驰”，往往能得到极好的创新成果。它的特点是变通性，思维能触类旁通、随机应变，不受消极思维定式的影响，能够提出类别较多的新概念。它是从思维的一个方向变通到另一个方向。变通过程就是克服人们头脑中某种自己设置的僵化的思维框架，按照某一新的方向来思索问题的过程。例如，司马光砸缸，普通人遇见这种事情一般而言都是想办法把人从水中“分离”出来，而这里司马光却反其道而行，让水远离人，颇具创新。战国时期，靠近北部边城，住着一位老人，名叫塞翁。塞翁养了许多马，一天，他的马群中忽然有一匹走失了。邻居们听说这件事，跑来安慰，劝他不必太着急，年龄大了，多注意身体。塞翁见有人劝慰，笑了笑说：“丢了一匹马损失不大，没准会带来什么福气呢。”邻居听了塞翁的话，心里觉得很好笑。马丢了，明明是件坏事，他却认为也许是好事，显然是自我安慰。过了几天，丢失的马不仅自己返回家中，还带回一匹匈奴的骏马。邻居听说了，对塞翁的预见非常佩服，向塞翁道贺说：“还是您有远见，马不仅没有丢，还带回一匹好马，真是福气呀。”塞翁听了邻人的祝贺，反而一点高兴的样子都没有，忧虑地说：“白白得了一匹好马，不一定是什么福气，也许惹出什么麻烦来。”邻居们以为他故作姿态纯属老年人的狡猾。心里明明高兴，有意不说出来。塞翁有个独生子，非常喜欢骑马。他发现带回来的那匹马身长蹄大，嘶鸣嘹亮，剽悍神骏，一看就知道是匹好马。他每天都骑马出游，心中洋洋得意。一天，他高兴得有些过火，打马飞奔，一个趔趄，从马背上跌下来，摔断了腿。邻居听说，纷纷前来慰问。塞翁说：“没什么，腿摔断了却保住性命，或许是福气呢。”邻居们觉得他又在胡言乱语。他们想不出，摔断腿会带来什么福气。不久，匈奴兵大举入侵，青年人被应征入伍，塞翁的儿子因为摔断了腿，不能去当兵。入伍的青年都战死了，唯有塞翁的儿子保全了性命。

（七）迂回原理

创新在很多情况下，会遇到许多暂时无法解决的问题。迂回原理鼓励人们开动脑筋、另辟蹊径。不妨暂停在某个难点上，转而进入下步行动或进入另外的行动，带着创新活动中的这个未知数，继续探索创新问题，不要钻牛角尖、走死胡同。因为有时通过解决侧面问题或外围问题及后继问题，可能会使原来的未知问题迎刃而解。海王星的发现即一例。过去人们根据种种迹象判断，在天王星之外一定还有一颗行星，但经过天文学家们的长期观察、探寻，却一直没有发现。后来科学家们暂时避开直接搜索，转入到进行计算该未知行星的轨道，求得了它的轨道参数。根据这些参数，人们很快便发现了这颗新星。在数学上设 X 未知数解方程，通过一系列“迂回”运算，最终解出 X 的值，也是这一原理的应用。

（八）强化原理

强化就是对创新对象进行精练、压缩或聚焦，以获得创新的成果。强化原理是指在创新活动中，通过各种强化手段，使创新对象提高质量、改善性能、延长寿命、增加用途，或缩小产品体积、减轻重量、强化功能。例如，对维生素 A、B、D 进行强化，提炼并制成强化麦乳精；矿井中的强力通风；不易破碎的钢化玻璃等。

（九）换元原理

换元原理是指创造者在创新过程中采用替换或代换的思想或手法，使创新活动内容不断展开、研究不断深入的原理。通常指在发明创新过程中，设计者可以有目的、有意义地去寻找替代物，如果能找到性能更好、价格更低的替代品，这本身就是一种创新。例如，在火柴盒上以纸代木，以塑料代替钢材，以及人造皮革、人造大理石等均属此类。这一原理的另一个含义，是指人们在发明创造过程中往往要用一件事物代替另一件事物，通过对代替事物的研究来解决被代事物的问题，从而使要解决的矛盾集中化、明朗化，便于人们思路的拓展。例如，许多科学领域（地质、建筑工程等）中常用的模拟实验，实际上就是一种换元研究。换元原理的关键，在于发现并决定可以相互替代的事物及其等值关系和实施替代的具体办法。美国核物理学家格拉泽就曾用几粒破碎的鸡骨代替高能粒子、用啤酒代替高能粒子穿越的介质来进行换元研究，最终发现了当带电粒子穿过液态氢时所经路线与鸡骨在啤酒里下落时所经路线一样，都可出现一串串的气泡，呈现出粒子飞行的轨迹。格拉泽因此荣获了 1960 年的诺贝尔物理学奖。

（十）群体原理

科学的发展，使创新越来越需要发挥群体智慧，才能有所建树。早期的创新多是依靠个人的智慧和知识来完成的，但随着科学技术的进步，要想“单枪匹马、独闯天下”，去完成像人造卫星、宇宙飞船、空间试验室和海底实验室等大型高科技项目的开发设计工作，是不可能的。这就需要创造者们能够摆脱狭窄的专业知识范围的束缚，依靠群体智慧的力量、依靠科学技术的交叉渗透，使创新活动从个体劳动的圈子中解放出来，焕发出更大的活力。现代的各种伟大创造，都离不开发挥群体的力量（特别是具有不同知识及能力结构人员之间的群体力量）。例如，20 世纪 70 年代在奥地利建立的国际应用系统分析研究所，就有来自 28 个国家的研究骨干 140 余人。其中，系统分析专家 10 人，工程技术专家 15 人，物理学家 14 人，数学家 16 人，计算机专家 15 人，运筹学专家 11 人，经济学专家 31 人，社会学专家 12 人，生态环境专家 14 人，生物学家 15 人。这样一个群体，在探索国际上棘手的环保、人口、能源、生态、城市等问题方面，做出了贡献。创造学中第一个创造技法——智力激励法就是依据这个原理产生的。随着科学技术的不断进步，个人在发明创造中如果离开了群体，将会遇到很大困难，甚至一事无成。此外，人与人在一起形成研究群体时，彼此之间往往会相互影响、相互促进，所以经常在一起商讨、研究问题，对于发明创造是很有益的。如果与创造性人才经常在一起，那么自己也会更富有创造性。利用人才“共生效应”增加自己的创造力，正是群体原理的具体应用。但是，群体原理并不意味着一个研究课题组越大越好。恰恰相反，经研究表明，课题组应控制在尽量小的规模上，这样才有利于发挥每个人的才能，人数过多往往会使一些人处于从属被动地位，降低了创造的效率。有学者研究，在一定条件下，科研人员增加到原来的 n 倍，其效果仅增加 $\sqrt{n}$ 倍。所以，这其中也有一个最佳群体数量及结构问题。

在创新活动中，创新原理是运用创造性思维，分析问题和解决问题的出发点，也是人们使用何种创造方法、采用何种创造手段的凭据。因此，掌握创新原理，是人们能否取得创新成果的先决条件。但创新原理不是包治百病的“万应灵丹”，不能指望在浅涉创新原理之后，就能对创新方法了如指掌并使用自如，就能解决创新的任何问题，只有在深入学习并深刻理解创新原理的基础上，人们才可能有效地掌握创新方法，也才有可能成功地开展创新活动。

二、创造原则

通过各种创造技法的实施，人们的头脑中最终就会形成一个新颖的构思（成果），这时就应该有意识地进行酝酿、判断和改进，为通向最终的发明成果做出努力。为此，下面一些原则在创造发明中必须加以考虑。

（一）遵守科学原理原则

创新必须遵循科学技术原理，不得违背科学发展规律。因为任何违背科学技术原理的创新都是不能获得成功的。例如，许多才思卓越的人耗费心思，力图发明一种既不消耗任何能量，又可源源不断对外做功的永动机。但无论他们的构思如何巧妙，结果都逃不出失败的命运。其原因在于他们的创新违背了能量守恒的科学原理。为了使创新活动取得成功，在进行创新构思时，必须做到以下几点：

（1）对发明创造设想进行科学原理相容性检查。创新的设想在转化为成果之前，应该先进行科学原理相容性检查。如果关于某一创新问题的初步设想，与人们已经发现并获实践检查证明的科学原理不相容，则不会获得最后的创新成果。因此与科学原理是否相容，是检查创新设想有无生命力的根本条件。

（2）对发明创新设想进行技术方法可行性检查。任何事物都不能离开现有条件的制约。在设想变为成果时，还必须进行技术方法可行性检查。如果设想所需要的条件超过现有技术方法可行性范围，则在目前该设想还只能是一种空想。

（3）对创新设想进行功能方案合理性检查。任何创新的新设想，在功能上都有所创新或有所增强。但一项设想的功能体系是否合理，关系到该设想是否具有推广应用的价值。因此，必须对其合理性进行检查。

（二）市场评价原则

为什么有的新产品登上商店柜台，却渐渐销声匿迹了呢？创新设想要获得最后的成果，必须经受市场的严峻考验。爱迪生曾说："我不打算发明任何卖不出去的东西，因为不能卖出去的东西都没有达到成功的顶点。能销售出去就证明了它的实用性，而实用性就是成功。"创新设想经受市场考验，实现商品化和市场化要按市场评价的原则来分析。其评价通常是从市场寿命观、市场定位观、市场特色观、市场容量观、市场价格观和市场风险观六个方面入手，考察创新对象的商品化和市场化的发展前景，而最基本的要点则是考察该创新的使用价值是否大于它的销售价格，也就是要看它的性能、价格是否优良。但在现实中，要估计一种新产品的生产成本和销售价格不难，而要估计一种新发明的使用价值和潜在意义则很难。这需要在市场评价时把握住评价事物使用性能最基本的几个方面，然后在此基础上得出结论。①解决问题的迫切程度；②功能结构的优化程度；③使用操作的可靠程度；④维修保养的方便程度；⑤美化生活的美学程度。

（三）相对较优原则

创新不可盲目追求最优、最佳、最美、最先进。创新产物不可能十全十美。在创新过程中，利用创造原理和方法，获得许多创新设想，它们各有千秋，这时就需要人们按相对较优的原则，对设想进行判断选择。

（1）从创新技术先进性上进行比较。可从创新设想或成果的技术先进性上进行各自之间的分析比较，尤其是应将创新设想同解决同样问题的已有技术手段进行比较，看谁领先和超前。

（2）从创新经济合理性上进行比较选择。经济的合理性也是评价判断一项创新成果的重要因素。所以对各种设想的可能经济情况要进行比较，看谁更加合理和节省。

（3）从创新整体效果性上进行比较选择。技术和经济应该相互支持、相互促进，它们的协调统一构成事物的整体效果性。任何创新的设想和成果，其使用价值和创新水平主要是通过它的整体效果体现出来的。因此，要对它们的整体效果进行比较，看谁更加全面和优秀。

（四）机理简单原则

创新只要效果好，机理越简单越好。在现有科学水平和技术条件下，如不限制实现创新方式和手段的复杂性，所付出的代价可能远远超出合理程度，使得创新的设想或结果毫无使用价值。在科技竞争日趋激烈的今天，结构复杂、功能冗余、使用烦琐已成为技术不成熟的标志。因此，在新创的过程中，要始终贯彻机理简单原则。为使创新的设想或结果更符合机理简单的原则，可进行如下检查：①新事物所依据的原理是否重叠，超出应有范围；②新事物所拥有的结构是否复杂，超出应有程度；③新事物所具备的功能是否冗余，超出应有数量。

（五）构思独特原则

我国古代军事家孙子在其名著《孙子兵法·兵势篇》中指出："凡战者，以正合，以奇胜。故善出奇者，无穷如天地，不竭如江河。"所谓"出奇"，就是"思维超常"和"构思独特"。创新贵在独特，创新也需要独特。在创新活动中，关于创新对象的构思是否独特，可以从以下几个方面来考察：①创新构思的新颖性；②创新构思的开创性；③创新构思的特色性。

（六）不轻易否定，不简单比较原则

不轻易否定，不简单比较原则是指在分析评判各种产品创新方案时应注意避免轻易否定的倾向。在飞机发明之前，科学界曾从"理论"上进行了否定的论证：过去也曾有权威人士断言，无线电波不可能沿着地球曲面传播，无法成为通信手段。显然，这些结论都是错误的，这些不恰当的否定之所以出现是由于人们运用了错误的"理论"，而更多的不应该出现的错误否定，则是由于人们的主观武断，给某项发明规定了若干用常规思维分析证明无法达到的技术细节的结果。在避免轻易否定倾向的同时，还要注意不要随意在两个事物之间进行简单比较。不同的创新，包括非常相近的创新，原则上不能以简单的方式比较其优势。不同创新不能简单比较的原则，带来了相关技术在市场上的优势互补，形成了共存共荣的局面。创新的广泛性和普遍性都源于创新具有的相融性。如市场上常见的钢笔、铅笔就互不排斥，即使都是铅笔，也有普通木质的铅笔和金属或塑料杆的自动铅笔之分，它们之间也不存在排斥的问题。总之，我们应在尽量避免盲目地、过高地估计自己的设想的同时，也要注意珍惜别人的创意和构想。简单的否定与批评是容易的，难得的却是闪烁着希望的创新构想。

第二节　创造技法

众多创造创新学者，经数十年的搜集、整理、归纳，通过对数以千计乃至百万计的专利文献研究、分析结果发现，科学技术的发明创造有一定的规律可循，它们大多是以原则、诀窍、思路形式来指导人们克服心理定式和思维定式，改善思维的灵活性和流畅性，促进联想、想象和直觉等非逻辑思维的产生。所谓创造创新技法就是建筑在创造心理、创造性思维方法和认识规律基础上的技巧和手段。创造创新技法的思维过程以逻辑思维为主，非逻辑思维为辅。

人们通常把适用于科学发现和技术发明的一些技法称为创造技法，而把那些在创新的过程中得到成功应用的技法称为创新技法，或称为创造创新技法。多数技法既适用于创造过程，也适用于创新过程，因此把它们统称为创造创新技法，简称创造技法。

21 世纪以来，随着发明创造学研究和创造力开发活动的开展，人们已提出了数百种繁简不一、各具特色的创造技法。其中许多就是发明创造者本人总结自己的发明创造经验，提炼成的一些创造性地分析和解决问题的思维程序和技巧。

实践表明，由于各种不同的技法具有不同的特点，有的创造者对其中的某些技法特别感兴趣，而有的则对运用另一些技法感到得心应手，更多的人是以熟练运用某一种或某几种技法为主，吸收其他技法的某些有效的思维机制和技巧做补充。也许最好的办法是像获得几十项发明专利的杰出工程师、发明创造学家威廉·M. 密登德夫说的那样，“从各种方法中我得出了一个结论：对于任何一个发明家来说，激励发明最有效的方法是建立他自己的方法。但是无论哪种方法，重要的一点是对发明要有一个真诚的愿望”。实际上许多有成就的发明创造者，大都有一套在实践中积累形成的创造性思考问题和解决问题的程序和技巧，只不过大都没有自觉地总结提炼出来，而且有时也很难表达出来。许多具有发明创造志向的青年没有机会成为有经验的发明创造者的学生，也就很难得到那种在导师的“身教”中“意会”导师方法的机会。所以对大多数人来说，最好的办法是自觉地学习已有的各种发明创造技法，如果能结合自己的特点，把学习和实践结合起来，形成一套适合自己的创造性地思考问题和解决问题的程序和技巧，就会大大地提高创造力，缩短低效率的探索积累时间。

一、智力激励法

［案例］

如何扫除电线积雪

有一年，美国北方格外寒冷，大雪纷飞，电线上积满冰雪，大跨度电线常被积雪压断，严重影响通信。过去，许多人试图解决这一问题，但都未能如愿以偿。后来，电信公司经理应用奥斯本发明的智力激励法（头脑风暴法），尝试解决这一难题。他召开了一种能让头脑卷起风暴的座谈会，参加会议的是不同专业的技术人员，要求他们必须遵守以下原则：第一，自由思考；第二，延时评判；第三，以量求质。

按照这种会议原则，大家七嘴八舌地议论开来，有人提出设计一种专用的电线清雪机；有人想到用电热来化解冰雪；也有人建议用振荡技术来清除积雪；还有人提出能否带上几把大扫帚，乘直升机扫电线上的积雪。对于这种“坐飞机扫雪”的想法，尽管大家心里觉得滑稽可笑，但在会上也无人提出批评。相反，有一位工程师在百思不得其解时，听到用飞机扫雪的想法后，大脑突然受到冲击，一种简单可行且高效率的清雪方法冒了出来。他想，每当大雪过后，出动直升机沿积雪严重的电线飞行，依靠调整螺旋桨的旋转速度即可将电线上的积雪迅速扇落。他马上提出“用干扰机扫雪”的新设想，顿时引起其他与会者的联想，有关用直升机除雪的主意一下子又多了七八条。不到一小时，与会的技术人员共提出 90 多条新设想。

会后，公司组织专家对设想进行分类论证。专家们认为设计专用清雪机，采用电热或电磁振荡等方法清除电线上的积雪，在技术上虽然可行，但研制费用大、周期长，一时难以见效。因“坐飞机扫雪”激发出来的几种设想，倒是一种大胆的新方案，如果可行，将是一种既简单又高效的好办法。经过现场试验，发现用直升机扫雪真的能奏效，一个久悬未决的难题，终于在头脑风暴会中得到了巧妙的解决。随着发明创造活动的复杂化和课题涉及技术的多元化，单枪匹马式的冥思苦想将变得软弱无力，而“群起而攻之”的发明创造战术则显示出攻无不克的威力。

［案例］

压力表的检修

一位做仪器修理工作的员工提出了这样一个问题：在检修压力表时，用 U 形管压力计做压力基准，用气囊充气设定压力数值，如图 4-1 所示。当压力较大时，这个方法很方便。但是对于微小压力就很不方便，不是高了就是低了，控制不住。他希望大家帮忙想想办法。这个问题很单纯，很适合用智力激励法。讨论过程简述如下：一开始，有的人提出改变充气方式，改用嘴吹，用压板压，用夹子夹，这些都是正向思维。其间，有的人提出，改用比水轻的液体如加酒精；或者把 U 形管改成 V 形管，以增加液柱长度，这是把注意力转移到液柱，是侧向思维。接着，有的人开始有意识地运用逆向思维，建议改充气控制为放气控制，或把气囊一头的管口封起来，改充气加压为滴入液体加压。又有的人从放气控制受到启发，建议用血压计的一套现成的东西，实现充气与放气双重控制。这里面包含合向思维。统计下来，大家在 40 多分钟的时间里，从正向、侧向、逆向、合向提出了 21 个设想。问题提出人感到很满意，剩下的评价工作由他自己完成。

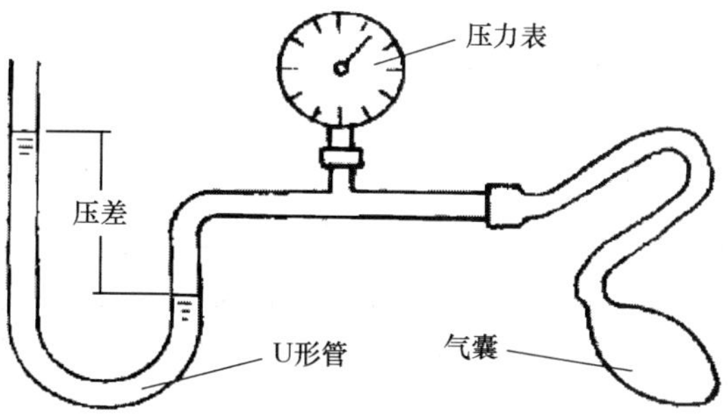

图 4-1　压力表检修示意图

［案例］

南极越冬队怎样运柴油

日本的一支南极越冬队依靠柴油发电和取暖。南极大陆终年冰天雪地，气候十分干燥。为了防止火灾，他们将装有柴油的油桶分散存放，每天滚一桶来。由于天气越来越冷，油桶给冻住了，滚油桶就成了每天早晨动员全体队员一起动手的大事。在滚油桶的过程中，大家不免做些议论。一个队员突然冒了一句："每天滚油桶，我们需要的不是油桶，而是桶里的柴油。能不能想办法只把柴油运来？"队长接着召集会议，讨论："怎样运柴油？"会议起初并不热烈，后来有人顺口说了句笑话，说是能像自来水一样用管子输油就好了。这句话一下子启发了大家，都认为用管子输油是个好办法。可是怎么办到呢？用通常的办法，身边没有材料，在冰天雪地的南极也行不通。这时，又有人提出，利用布带沾湿冰冻后，仿照玻璃钢水管连接起来。虽然这个建议实行起来仍有困难，但是引起了大家的兴趣。在队长引导下进一步分析讨论，想出了用整条布带冰冻固接、制成输油管线的办法。

前两个案例是直接用智力激励法广集设想与确定方案。后一个例子的后半段也是如此。前半段的自由议论过程，则是一次非正式的智力激励会，起到了明确真正的问题的作用。

可见，智力激励法不仅能用于广集设想与确定方案，也能够用于提出问题与明确问题，总之能用于创造性思维的全过程。到底会起什么作用，取决于议题的性质。

思考题：

（1）通过上述案例，你能理解智力激励法的创造原理吗？

（2）通过上述案例，你能理解智力激励法为什么规定"延时评判"原则。除此之外，你认为还应规定哪些原则？

（3）你认为智力激励法在我国实施时，还有哪些可以改进的地方吗？

（一）智力激励法原理

智力激励法是一组人员通过特殊的专题会议形式，就某一特定问题进行互相交流、互相启迪，达到智力互激和思维共振，从而产生大量的新设想的方法。这是世界上第一种创造技法，是由美国创造学家奥斯本1941年正式发表的一种激发性思维的方法，也称为"头脑风暴法"或"智暴法"。这种方法的英文原文是Brain storming，直译为精神病人的胡言乱语。奥斯本借用这个词来形容会议的特点是让与会者敞开思想，使各种设想在相互碰撞中激起脑海中的创造性"风暴"。发明创造的实践表明，真正有天资的发明家，他们的创造性思维能力远较平常人要优越得多。但对天资平常的人，如果能相互激励，相互补充，引起思维"共振"，也会产生出不同凡响的新创意或新方案。俗话说，"三个臭皮匠，顶个诸葛亮"，也就是奥斯本智力激励法的中式译义，即集思广益。集思广益，这并没有什么高深的道理，问题在于如何做到这点。开会是一种集思广益的办法，但并不是所有形式的会都能达到让人敞开思想、畅所欲言的效果。奥斯本的贡献，就在于找到了一种能有效地实现信息刺激和信息增值的操作规程。难怪奥斯本在20世纪30年代发明这种集思广益的创造技法后，马上在美国得到推广，日本也相继效法，使企业的发明创造与合理化建议活动硕果累累。

智力激励法的主要特点在于“激励”二字，即它是通过给与会者以激励，促进联想和想象，激发灵感，产生大量创造性解题设想。所谓激励，一是指此法能够给与会者的大脑较多的信息刺激，相互填补知识空隙，相互碰撞和诱发，促进大脑中已有知识和所得的信息围绕要解决的问题重新安排，形成大量新设想。国外有人对这种激励效应进行研究，发现在 38 次智力激励会议上提出的 4356 条设想中，有 1400 条是在别人提出设想之后，经过这种激发产生出来的，而且这些设想大都是更加深刻更有创意的设想。二是指此法能够造成一种鼓励气氛，这种方法通过规定坚持几条规则，保证了讨论会上形成一种鼓励创造、敢于自由思考的气氛。这种气氛不仅可以使人克服心理惰性、胆怯、从众性、过分自我批评等创造障碍，激发人们寻求异常设想的强烈兴趣，刺激新思路的开拓，而且使人们易于接受和发展违反常规的新设想，从而产生出更多的新设想。

智力激励法的运用可以使创新小组在短时间内产生大量有实用价值的创造性解决问题的设想。实践表明，在同样时间里，智力激励会议提出的设想可以比传统的讨论会多 70%。例如，我国华北地区铁道委员合联合秘书组于 1983 年 8 月 20 日在石家庄召开“新转型转向架技术改造讨论会”。经过两天的集中发言和讨论，虽然争论很激烈，但从汇报和讨论记录可汇总出来的技术改造方案并不多。在第三天上午，会议组织者试用智力激励法，收到了满意的效果。他们将 43 名代表分成 4 个组，在组内用畅谈式智力激励法，在组间用默写式智力激励法。只用 1 个小时，就获得 31 条改进意见。

智力激励法的运用还可以提高运用者的创造力，这种会议的气氛和思维活动，使与会者习惯于通过高度集中思考和运用创造性思维方法来解决问题，从而使他们收到了训练和开发创造力的效果，提高工作效率，取得可喜成绩。目前智力激励法不仅被用于产品革新，还被用于军事指挥、企业管理、文艺创作等方面。另外还常被用来作为开发创造力的训练方法。智力激励法的目的不是用它直接解决问题，而是用它启发人们的思路，就像人们生活中的垫脚石一样，它是一种解决问题的粗略想法。

（二）智力激励法运用程序

智力激励法运用程序如图 4-2 所示。

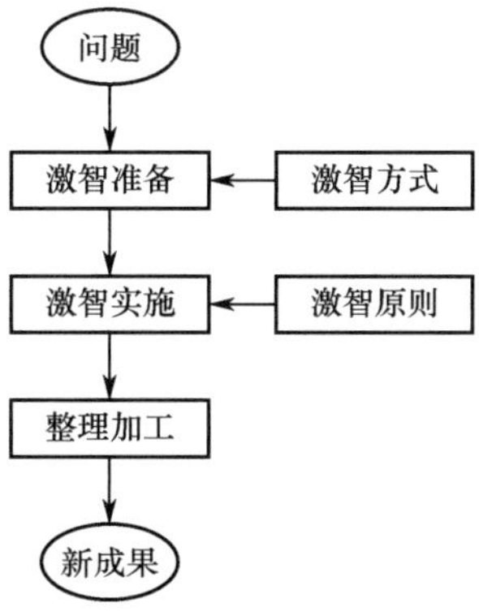

图 4-2　智力激励法运用程序

（三）智力激励法技法运用要点

1. 奥斯本智力激励法

1）准备阶段

在智力激励会议之前要做好如下准备工作：

（1）确定会议主持人。会议在多大程度上取得成功，取决于主持人的选择。理想的主持人要对此法的运用和要解决的问题熟悉，能在必要时恰当地启发和引导大家，及时地制止和清除违背四条原则的现象。主持人与参会人员应具有心理相容性，在会议期间应避免指名强求某人发言。

（2）由主持人与问题提出者一起详细分析所要解决的问题。目的在于确定该问题属于何种类型，是否宜用此法来解决。这里要注意的是，此方法适于解决的问题比较单一，目标明确。对涉及面很广或包含因素过多的复杂问题，不宜直接采用此法。可将其分解成若干单一的小问题，再对单个次级问题开会解决，或另用其他技法。

（3）选择参加会议人选。①人数以 5～15 人为宜，在企业发明革新活动中，最好组成相对稳定的小组，针对问题的不同每次适当调换部分成员；②人员专业构成合理，多数是熟悉专业和有经验的内行，少数是来自其他专业的“外行”；③成员之间的知识水平和职务不应相差太大；④成员之间的年龄不宜有太大差异，平时相互关系没有紧张情况；⑤对问题感兴趣，有适当的表达能力；⑥指定一人负责会议记录。

（4）会议场所布置。选择比较僻静的房间，避免电话、中途找人等干扰。最好有一块黑板用来记录设想，以便使大家对所提出的设想始终一目了然。

（5）提前几天将时间通知与会者，使大家对问题有较充分的酝酿。

2）热身阶段

这个阶段的目的是创造一种自由、密切配合、祥和的氛围，使大家得以放松，进入一种无拘无束的状态。主持人宣布开会后，先说明会议的规则，然后随便谈点有趣的话题或问题，让大家的思维处于轻松和活跃的境界。

3）明确问题

主持人简明扼要地介绍有待解决的问题。介绍时需简洁、明确，不可过分周全；否则，过多的信息会限制人的思维，干扰思维创新的想象力。介绍问题时应注意掌握简明扼要原则和启发性原则。

简明扼要原则是要求主持人只向与会者提供有关问题的最低数量信息，切忌将背景材料介绍得过多，尤其不要将自己的初步设想和盘托出。因为这样不仅无助于激励大家的思维，反而容易形成框框，束缚与会者的思路。对于外行来说，所需要的只是对问题实质深入浅出的解释。

启发性原则是指介绍问题时要选择有利于开拓大家思路的方式。例如，针对革新一种加压工具的问题，如果选择“请大家考虑一种机械加压工具的问题”这种表述方式，就把大家局限“在机械加压”的技术领域。如果改为“请大家考虑一种提供压力的改进方案”，则给与会者更广阔的思路。因为除了机械加压之外，大家还会想到液压、电磁等技术的应用。为了有利于明确问题和集中精力进行思考，主持者也可以将问题化整为零，并用提问方式表述智力激励会的主题。

4）畅谈阶段

这是运用智力激励法的核心步骤，要求与会者突破种种思维束缚，克服种种心理障碍，灵活运用各种创造性思维方法，借助成员之间的知识互补、信息刺激和情绪鼓励，让思维自由驰骋，提出尽可能多的创造性设想来。对于智力激励会的这一实质阶段，与会者必须遵守会议规定的四项基本原则。

（1）鼓励新奇设想。这一原则的核心是求新、求奇、求异，即要求与会者尽可能解放思想，无拘无束地思考问题并畅所欲言，不必顾虑自己的想法是否“离经叛道”或“荒唐可笑”，这些想法很可能会成为进一步诱发有意义设想的垫脚石。但也不能简单地为了新奇而新奇。要善于把新奇与实用性、科学性相联系。

（2）禁止评判。即要求与会者在会上不要对他人的设想评头论足，不要发表“这主意好极了！”“这种想法太离谱了！”之类的“捧杀句”或“扼杀句”，至于对设想的评判，留在会后组织专人考虑。过早判断是创造力的克星，亚当斯曾形象地说：“应该知道，无论什么事情，如果您不马上做出判断，就不安心的话，那这也许等于在结果实之前，先把芽掐掉。”日本创造学家丰泽丰雄做过一个假设：假如一个发明能力强的人（简称“发”）与一个判断能力强的人（简称“判”）在21世纪前相遇，聊起关于“人类翱翔于天空”的议题，就会有如下的对话：

发：如果人也像鸟一样在天上飞，多好呀！

判：别异想天开了，人没有翅膀怎么能飞？

发：不可以造个翅膀吗，像鸟翼一样的。

判：人那么重，翅膀要造多大才行呢？翅膀太大，手和脚都扑不动它，怎么飞得起来？你不懂动物学吧，鸟类有强韧的胸肌扑动翅膀，人哪有那么大的胸肌呀！

发：你说的有道理，这真是遗憾的事！不过难道不可以用发动机代替胸肌吗？

判：发动机哪怕只有两个马力，也重达400kg，你学点物理学和机械学就会知道，越重越飞不上去。

发：不会造一台重量轻功率大的发动机吗？

判：只要是金属就轻不了，再说用汽油来发动，万一着火，救也救不了。

发：铝不是很轻吗，汽油可以装在油箱里嘛。

判：你真是一个幻想家、诡辩家，你的想法太幼稚了，稍有常识的人都不会说出这种蠢话来！

从这一对话可以想象，如果按“判断力强的人”的想法行事，那么德国的奥特、美国的莱特兄弟、中国的冯如、日本的二宫忠八等发明家就不可能发明飞机，更不可能有现在人们对宇宙空间的征服了。尽管这一对话是假想的，但了解一些飞机发明史的人都知道，当时确实有过类似的争论。如果在创新活动中多有这种批判家，如果发明者个人在自己的头脑中也经常这样自我对话，那么许多创新设想就会被扼杀于襁褓之中。正如奥斯本所说的结论：在探讨问题的过程中，我们常常本能地过早做出判断，这对创新是不利的。换句话说，我们应该等到适当的时候再做出判断。

（3）以量求质。即鼓励与会者尽可能多而广地提出设想，以大量的设想来保证质量较高的设想的存在。

（4）结合改善。即鼓励与会者积极进行智力互补，在增加自己提出设想的同时，注意思考如何把两个或更多的设想结合成另一个更完善的设想。

这一阶段除了必须遵守前述的四条原则之外，还要遵守如下要求：①不允许私下交谈开小会；②不允许少数人影响或控制整个会议；③设想表述要简单，且每次只谈一个设想；④发言最好有幽默感；⑤整个会议时间以持续20～60分钟为宜，太长易致疲劳，太短难以畅所欲言，这些都会影响创造性设想的产生；⑥会议持续时间只需主持人掌握，切不要在会议开始前宣布。一般也不要在临近下班的时间召开这种会议。主持人掌握好这些规则，随后引导大家自由发言、自由想象、自由发挥，使彼此相互启发、相互补充，真正做到知无不言、言无不尽、畅所欲言，然后将会议发言记录进行整理。

5）加工处理

会上提出的设想大多数都未经仔细考虑和评价，有待完善加工后才能有实用价值。①设想增加。会议之后，与会者往往会继续产生许多解决问题的好设想，有时是非常有价值的设想，因此最好在畅谈会的第二天由主持人或秘书用电话或拜访的形式加以收集。②评价筛选。首先提出评价标准，如简单性、可识别性、创新性、可实施性等标准。然后，从全部设想中挑选出几个较好的方案。③发展形成最佳方案。

2. 默写式智力激励法

奥斯本智力激励法传入世界各国后，各国创造学家在推广应用中发现经典的智力激励法虽然能造成自由探讨、互相激智的气氛，但也有一些局限性。例如，有的创造性强的人喜欢沉思，但会议无此条件；会上表现力和控制力强的人会影响他人提出设想；会议严禁批评，虽然保证了自由思考，但又难以及时对众多的设想进行评价和集中。为了克服这些局限，许多人针对与会者的不同情况，先后对奥斯本的智力激励法进行了改进，形成了基本激励原理不变但操作形式和规则有异的改进型方法。

默写式智力激励法（635法）是其中最典型的一种。此法规定：每次会议请6人参加，每人在卡片上默写3个设想，每轮历时5分钟。因此，人们又称此法为“635法”。

运用要点：

1）“635法”会议的准备

选择对“635法”基本原理和做法熟悉的会议主持者，确定会议的议题，并邀请6名与会者参加。

2）进行轮番默写激智

在会议主持人宣布议题（创造目标）并对与会者提出的疑问解释后，便可开始默写激智。组织者给每人发几张卡片，每张卡片上标上1、2、3号，在每两个设想之间留出一定空隙，好让其他人再填写新设想。

在第一个5分钟内，要求每个人针对议题在卡片上填写3个设想，然后将设想卡传递给右邻的与会者。

在第二个5分钟内，要求每个人参考他人的设想后，再在卡片上填写3个新的设想，这些设想可以是对自己原设想的修正和补充，也可以是对他人设想的完善，还允许将几种设想进行取长补短式的综合，填写好后再向右传给他人。

这样，半小时内可传递交流6次，可产生108条设想。

3）筛选有价值的新设想

从收集上来的设想卡片中，将各种设想，尤其是最后一轮填写的设想进行分类整理，然后根据一定的评判准则筛选出有价值的设想。

3. 卡片式智力激励法

卡片式智力激励法也称卡片法，这种技法又可分为 CBS 法和 NBS 法两种。CBS 法由日本创造开发研究所所长高桥诚根据智力激励法改良而成，其特点是可以对每个人提出的设想进行质询和评价。NBS 法是日本广播电台开发的一种智力激励法。

1）CBS 法

CBS 法运用要点如下：

（1）与会者对会前所提示的主题进行设想，并把设想写在卡片上，然后带入会场（每张卡片写一个设想，每人提出 5 个以上设想）。

（2）在开会时，各人把卡片放在桌子上，轮流进行解说（5～8 人为一小组）。

（3）倾听他人设想时，如果自己有新构想，应立即写在备用的卡片上，并把它放在桌子上。

（4）与会者发言完毕以后，将内容相似的卡片集中起来，并加上标题。

（5）将分好类的卡片标题列在最前面，横排成一列。

（6）主持人决定分类题的重要程度。

CBS 法注意事项如下：

（1）与会者宜为 5～8 名。

（2）时间花费 2～3 小时。

2）NBS 法

NBS 法实施步骤如下：

（1）各人单独进行脑力激荡活动：与会者各自在卡片上填写萌发的创意。每张卡片写一个设想，以不超过 20 字为宜，文字应简明易懂。（时间占全部时间的 1/6。）

（2）与会者按座次轮流发表卡片上的意见，各成员自右向左，依次宣读自己的一张卡片，然后将卡片排列在桌子中央，排成七列。若卡片内容与他人重复，应以舍弃，待下一轮，但不得两次轮空。（听众可以提出质询，或实时将新的构想写在备用卡片上），时间占全时的 3/6。

（3）全体与会者自由发表：自由宣读自己手中新的设想卡片。（时间占全部时间的 2/6。）

NBS 法运用要点如下：

（1）与会者宜为 3～8 人。

（2）桌子需大致能铺下 200 张卡片。

（3）主持人需注意时间的掌握。

4. 课后训练

（1）房子漆过油漆数年之后，漆层自然龟裂剥落，使墙面残破不堪。在新刷油漆之前最好将残留油漆刮掉，但要做到这一点，费时费工，有什么好办法清除残留油漆呢？于是，一家化学公司召开智力激励会研究此问题。会上，一名年轻人提议说："在油漆中加入火药如何？"听到的人莫不大吃一惊。在油漆中混入火药，用爆炸的办法清除残留油漆，可谁敢在火药四伏的场地作业呢？这真是个荒唐的主意。然而，一位工程师却从中得到启发，悟出了开发油漆新品种的创意。

试思考这位工程师悟出了什么新创意？

（2）试运用智力激励法提出以下设想。

①提出关于开发“家庭健身器”的新设想；②提出关于开发新型家用机械的新设想；③提出关于新型分体式空调器广告用语，要求富有新颖性。

二、列举法

［案例］

一种新型的台灯

当对某一产品进行创新设计时，倘若只是从整体考虑，由于涉及面较广，很难找出主要矛盾，也难以发掘创新点、得出创新设想。如果先按照产品的属性将该产品化整为零，按组成要素分解并分别进行研究，就比较容易找出问题，得到创新。

（1）名词属性。

整体：台式台灯、挂式台灯、夹式台灯、吊式台灯。

部件：灯罩、灯泡、立柱、底座、开关、电源线。

材料：金属、塑料、玻璃、铝合金、钢、棉布、纸、木质。

制造方法：手工制作、机器加工、锻造、铸造。

性能：高低、能见度、可调节。

针对名词属性进行思考，改进设想：增加一组？即换用双层灯罩、双头罩，组成“双层台灯”；开关的改进，可以改成“遥控式开关”或“感应式开关”。

（2）形容词属性。

外形：圆形、椭圆形、梯形、方形、三角形、多边形、不规则形。

颜色：彩色、黑色、白色、蓝色。

针对形容词属性进行思考，改进设想：能否做成“装饰性”台灯？日常台灯闲置不用，可以改变其造型的设计，外形设计新颖，灯罩配以各种造型，可作为很好的室内装饰品；台灯的灯罩涂色能否多样化？将单色变为彩色，让其有个性化特点，或者采用变色材料，开发一种“迷幻式台灯”，给人以新的感受。

（3）动词属性。

功能：照明、发热、辐射、防近视、清新空气、风扇式。

针对动词属性进行思考，改进思考：防近视灯，能够有效发出可保护眼睛的光，对正在使用照明的人眼进行保护；清新空气灯，具有清新空气的功能，通过发热一段时间挥发作用，来达到清新空气的功能；风扇式台灯，在台灯原有的灯功能下多加一个风扇功能，两者并用。

思考题：

（1）上述案例，主要用到什么创造技法？

（2）通过上述案例，列举法可分为哪几类？

属性列举法经过70多年的完善与发展，已形成一种常用的、成熟的创新技法——列举法。列举法作为一种发明创新技法，是以列举的方式把问题展开，用强制性的分析寻找发明创新的目标和途径。列举法的主要作用是帮助人们克服感知不足的障碍，迫使人们将一个事物的特性细节统统列举出来，迫使人们挖掘熟悉事物的各种缺陷，迫使人们思考希望达到的具体目的和指标。这样做，有利于帮助人们抓住问题的主要方面，强制性地进行有的放矢的创新思维。

在列举法的运用中，根据所依据的基本原理不同，可以划分为属性列举法、缺点列举法、希望点列举法三类。下面侧重从技法的基本原理和操作程序两个方面来分类进行讨论。

（一）属性列举法

［案例］

应用属性列举法设计一种新型的家用电冰箱

首先，了解电冰箱的工作原理、基本结构等知识，应用分类、分解和分析的方法列出它的名词、形容词、动词、量词属性。

1．名词属性

整体：电路部分、结构部分。

电路部分：压缩机、温控器、继电路、过载保护器、灯开关专用电源线、灯。

结构部分：箱体、箱门、冷藏室、冷冻室、箱顶、隔架、果菜室、除霜铲、调脚架、隔热层。

材料：塑料、金属（压缩机）、电子元件（电路部分）、含氟制冷剂或不含氟制冷剂。

2．形容词属性

颜色：白色、灰色。

重量：重。

形状：立方式、立式。

耗电量：大（压缩体、箱体两侧）。

噪声：制冷时较大。

3．动词属性

功能：制冷。

重要动作：搬运、开关箱门、接通/切断电源、调节温度、除霜、除臭。

4．量词属性

门的数量：单门、双门、三门。

接下来，对列出的属性进行分析对比，提出改进意见：

（1）随意空间调节：内部各隔挡（冷藏室、冷冻室、果菜室）可以随意调节大小，隔挡为可旋转式。

（2）温度自由控制：可以随意调节各隔挡的温度使之成为冷藏室或冷冻室；根据用户设定可以自动进行温度控制。

（3）替代材料：玻璃。

（4）多种颜色：多图案、多色彩的随心换彩壳。

（5）多种形状：圆柱体、多边体、壁挂式、卧式、手提包式。

（6）新增功能：制热、保温。

（7）使用能源替代：太阳能、燃气、蓄电池。

（8）自动化：自动解冻、自动除霜、除臭、消毒。

（9）拆分：将一体机拆分为组合机，可以任意组合摆放。

（10）易于搬运：在箱体底部安装可拆卸的滑轮；在箱体两侧加把手，便于搬运。

（11）箱门设计：多个箱门；采用上下推拉门、折叠门的结构，节省空间；带锁的箱门，防止小孩乱拿。

（12）关箱门设计：未关紧箱门出现报警信号；自动关闭箱门的功能。

（13）易于水平调节：箱体自带水平仪，便于水平调节。

（14）增加数字化控制屏：箱体装有控制屏，显示每小时、每日、每月及总计耗电量，各隔挡的温度、箱体内平均温度，结霜等级，总计运行时间等数据，便于用户及时控制。

（15）增加智能化控制功能：具有语音控制、远程数据传输控制等功能。

最后，分析上述意见，提出新型冰箱的设计思路：

（1）适合现代家庭的太阳能数字化控制屏智能冰箱。

（2）适合放置在客厅的壁挂式玻璃门半圆柱形冷藏冰箱。

（3）适合年轻人的随心换彩壳组合式箱体。

（4）适合进行商品展示的多边形多个玻璃门超大冷藏冰箱。

（5）适合冬天使用的保温冰箱。

（6）适合外出携带的蓄电池、手提包式冰箱。

（7）没有噪声、重量轻的燃气式充气冰箱。

思考题：

（1）该案例列举出研究对象的哪些属性？

（2）如何分析鉴别属性，提出革新方案？

1. 属性列举法的基本原理

属性列举法也称特性列举法，它是由美国内布拉斯加大学罗伯特·克劳福德教授创造的一种著名的创意思维策略，既适用于个人，也适用于群体。属性列举法首先分门别类地将事物与课题的现有属性全面地罗列出来，然后在所列举的各项目下面，试用可能取而代之的各种属性加以置换，从中引出具有独特性的方案，再进行讨论和评价，最后找出具有可行性的创新设想或创新措施。属性列举法适用于革新或发明具体事物，特别适用于轻工业产品的改革，同时也可适用于行政措施、机构体制与工作方法的改进。

一般来说，有些产品的创新可以整体进行。例如，水笔、口杯、闹钟等一些小产品；但有些产品就无法进行整体性的创新构思，它必须是在一个个部件或一个个性能特征得到创新构思后，才能最终形成一个总的构思方案。例如，汽车就无法从整体进行创新构思，必须就其每一个部件或每一个属性功能进行一步一步的分析、列举，然后对每一个部件或功能属性进行创新，才最终形成新的汽车整体构思。可以这样说，有些产品是“问题越缩小越能产生创造性构思”。实际上许多整体创新方案正是由多个局部方案创新的组合形成的。

缩小列举对象是通过对事物的分解实现的。分解就是对客体进行剖析，把它分解为若干互不交错的部分。例如，汽车可以分解为发动机、传动装置、轮胎、刹车、转向、变速箱、外壳、安全系统等。除产品外，还有管理目标、工作程序的分解等。

属性列举法依据的基本原理是：将事物按名词属性、形容词属性、动词属性化整为零，有利于集中精力思考创意。

例如，要改革烧水用的水壶，可以把水壶按名词、形容词、动词属性化整为零。

（1）名词属性。

整体：水壶。

部分：壶嘴、壶柄、壶盖、壶身、壶底、气孔。

材料：铝、铁、钢、铜、搪瓷等。

制造方法：冲压、焊接。

（2）形容词属性。

颜色：黄色、白色、灰色。

重量：轻、重。

形状：方、圆、椭圆、大小、高低等。

（3）动词属性。装水、烧水、倒水、保温等。

将这些属性分别予以研究，只要革新其中一个或几个部分，就可以使水壶整体性能发生改变。

2. 属性列举法的操作程序

创新技法成熟的重要标志之一是具有可供操作的程序或步骤。运用属性列举法开展创新活动，一般可按三步进行。

1）确定研究对象

研究对象应选择一个比较明确的革新课题，课题宜小不宜大，如果课题较大应将其分解成若干小课题。例如，革新自行车。课题的涉及面就太大，难以把握。如果将自行车分为若干部分（车胎、钢圈、钢丝、轴承、链条、齿轮、车身、车把、刹车、车座、车铃、车灯等）予以分别研究，只要革新其中一个或几个部分，就可以使自行车整体性能的得到创新。

2）列举研究对象的属性

列举研究对象的属性，一般包括以下三个方面：

（1）名词属性：性质、材料、整体、部分、制造方法等。

（2）形容词属性：颜色、形状、大小等。

（3）动词属性：机能、作用、功能等。

3）分析鉴别属性，提出革新方案

从各个属性出发，分析鉴别本质与非本质属性，通过提问，诱发出革新或完善本质属性的方案。例如，前面提到的要革新烧水用的水壶，根据名词属性可以提出：壶嘴是否太长？壶柄能否改用塑料？壶盖能否用冲膜压制？怎样使焊接处更牢固？是否能用更优良更廉价的材料？气孔能否移到别处？根据形容词属性可以提出：怎样使造型更美观？怎样能使重量更轻？如果在动词属性上想办法可以提出：怎样倒水更方便？怎样烧水更节能？怎样改进更保温？鸣笛水壶就是“气孔能否移到别处？”这一思路的革新成果。这种壶的气孔设在壶口，水烧开后产生蒸汽水壶就会自动鸣笛，而壶盖上无孔，提壶时不会烫手。

［案例］

基于属性列举法的羽毛球拍设计应用研究

首先，列举所研究对象的属性一般包括三个方面。名词属性主要反映事物的性质、整体、部分、材料及制造方法等；形容词属性主要反映事物的颜色、形状、大小、长短、轻重等；动词属性主要反映事物的机能、作用、功能等。将日常所用的羽毛球拍逐一进行属性分析，广泛而全面地对羽毛球拍的每一个细节进行分析整理，使多角度的词语进行碰撞，然后对列举的属性进行提问（表 4-1）。

表 4-1　羽毛球拍的属性列举

名词特性	整体：羽毛球拍 部件：拍头、中杆、手握、接头、粒钉、网线 材料：木材、碳纤维、航空纳米材料、铝合金、钛合金 制造工艺：热压成型、丝印、穿线、烫柄皮、研磨 附件：羽毛球包、羽毛球 使用者：儿童、成年人、老人	（1）手握部分是否可以使用增加摩擦力的吸汗材质？ （2）材料是否又坚硬又轻便？ （3）接头部分可不可以与拍头和中杆采用一体式？ （4）附件可不可以与羽毛球拍相融合，增加整体性防丢失？ （5）拍头是否可以更换？ （6）是否可以避免羽毛球在携带时容易挤压？
形容词特性	颜色：红色、蓝色、黄色、白色、绿色 形状：拍头分为方和圆，整体呈Y形 长短：长、略短 重量：轻、略重 粗细：细、略粗	（1）球拍和羽毛球是否可以发光，使得灯光昏暗也可以打球？ （2）中杆是否可以伸缩，适应不同的使用者要求？ （3）手握部分的粗细是否可以变化，适应不同的手型？ （4）是否可以用户自己变换色彩，彰显个性？ （5）外形是否可以做成动物形状，适用于儿童的审美？
动词特性	动作：携带、发球、挥拍、击球、捡球、收纳 功能：健身、娱乐、纪念、送礼品	（1）是否可以更方便携带？ （2）是否可以为初学者设计一些辅助学习的工具？ （3）是否可以增加一些科技元素，如增加音乐播放功能？ （4）是否可以自动捡球，如利用磁铁的原理等？ （5）是否可以增加附加功能，使之在未使用时也具有一定的功能意义？ （6）长时间运动，怎样能减少不必要的疲劳？

接下来，分析鉴别问题，排列整理。

对所列举出的问题进行具体分析，判断每一个属性是否具有改进和创新的必要性和可能性，淘汰那些没有价值和不现实的问题，并按可实施的程度进行排列。其中名词属性归纳为：第一，附件可不可以与羽毛球拍相融合，增加整体性以防丢失？第二，是否可以避免羽毛球在携带时被挤压？第三，手握部分是否可以使用增加摩擦力的吸汗材质？形容词属性归纳为：用户是否可以自己变换色彩，彰显个性？动词属性归纳为：第一，是否可以自动捡球，如利用磁铁的原理等？第二，长时间运动，怎样能减少不必要的疲劳？第三，是否可以更方便携带？再针对以上问题继续深入，最终确定了两个关键问题：羽毛球包是否可以与羽毛球结合？利用某种相吸元素，是否可以实现不弯腰捡球？可以看出，即使一个较为成熟的产品依然有可开发空间，随着时代的不断发展，人们会对产品提出新的需求。通过对产品属性细节过程的分析，找到了设计的切入点，进而产生创新方案。

最后，分析上述意见，提出革新方案。

根据以上对三种属性所提出的问题的分析，确定最终方案（图 4-3）。将创意点归纳为：第一，利用两种相吸的元素，使得捡球更方便，避免不必要的体力损失；第二，收纳时将羽毛球设置在固定的空间，防止丢失及挤压变形；第三，将羽毛球拍与羽毛球包相结合，增加产品的完整性，避免增加过多的操作步骤。最终确定的方案为在磁铁、魔术贴、自粘标、吸盘等一系列相吸元素中，最终选择了将魔术贴置于球拍顶部。原因是成本低、质量轻。将接头处改为 U 形，收纳时羽毛球可以放置在此处，避免了找不到羽毛球及携带中随便放在球拍包中的挤压变形。将背带设置在手柄内部，省去了使用球拍包的多余动作，简化了球拍的收纳方式。

图 4-3　羽毛球拍的最终设计

课后训练

（1）运用属性列举法设计一种新型手机。

（2）运用属性列举法设计一种新型自行车。

（二）缺点列举法

［案例］

跳高成绩检测仪

在检测跳高成绩时，常常为搬工具、调节高度等浪费许多时间，测出的成绩也不太准确。在老师的辅导下，一位同学设计出的跳高成绩检测仪能克服诸多弊端。

（1）结构简单。圆形（或方形）底座一对，并在底座的四周打四个孔，套上螺杆并与下面的圆轮套在一起。再在底座的中点处焊接一根长约 70cm 的空心钢管（钢管与底座互相垂直），上端套上皮圈。然后，将一对长约 80cm（少儿组）的胶管上端与距顶端 10cm 处打孔，剩余部分标上刻度；螺杆上安装能摆动的半圆形铁片并套在胶管上端；下端打孔处拴上螺杆；用弹簧将半圆形铁块与下端的螺杆连接。最后，用一根长约 4m、直径为 2cm 的橡胶棒做跳杆，并在跳杆的中心处安装水平仪。

（2）安装省时。将一对底座放在地面上，跳杆放在底座上，如果不水平，可用底座下的圆轮调节；将带有刻度的胶管插入空心钢管内。调好高度后，将跳杆放在半圆形铁片上。

（3）操作方便。每一个高度只需调节一次，只要轻微触及跳杆，跳杆就会自动滑下，半圆形铁片受弹力的作用，立即复位，将插入钢管内的胶管向上提到需要的高度。检测完时将胶管插入钢管内，整套的重量轻（1kg 左右），搬工具时既安全，又省力。

发现了跳高器存在的缺点，并能想法去改进，这一点正是缺点列举法的精髓。同学们肯定都盼望这种安装轻便、省时、安全的教具，这样留给自己锻炼身体的时间会多一些。跳高成绩检测仪正好能解决这个问题，它既安全，又省力，体育课老师一定非常喜欢。

［案例］

减震球拍

日本美津浓有限公司原是一家规模较小的生产体育用品的工厂，为了拓展产品销售市场，公司研发人员进行市场调查。在调查过程中，他们了解到，最令初学网球者头疼的就是打不到球，即便打到也是一个“触框球”。研发人员就网球拍的这一“缺陷”向公司提议研发，经过商讨决定制作一些比标准网球拍框大 30%的供初学者使用的网球拍。这种球拍一上市，销售情况极好。

后来，公司研发人员又了解到初学者打网球时，手腕容易患一种称为“网球腕”的皮炎症，这是腕力弱的人打球时因承受强烈的腕震而造成的。于是，公司用发泡聚氨酯作为球拍材料，经过无数次试验，制成了著名的“减震球拍”，产品畅销国内外。

［案例］

电炉的发明

20 世纪初期，逐渐走进人们家庭生活的电炉，是由一个名叫休斯的美国记者发明的。休斯毕业于美国明尼苏达大学新闻系，后在一家报馆做记者，因与编辑部主任不和辞职。继而从事电器事业，准备在家庭电器上有所创造。一次偶然的机会促使他萌生了发明电炉的想法。一天，休斯应邀去新婚的朋友家吃饭。当他吃菜时，感到菜里有一股很浓的煤油味，想吐，又碍于情面，只好把口中的菜咽下去。主人也发现了菜中的怪味。原来，新娘在弄煤油炉的时候，不小心把煤油溅到了菜里。新郎很尴尬，又不便说新娘，只好冲煤油炉出气，连连抱怨：“这鬼炉子真讨厌!三天两头出毛病。你急用时它熄灭，要修又沾上一手油。”新娘抱歉，要去重做两道菜，休斯笑着劝阻了他们。休斯边吃边想：如能发明出一种用电的炉子，岂不是既省事，又能避免煤油炉的缺点吗？休斯回家后，立即从事电炉的研究工作。经过坚持不懈的努力，终于在 1904 年获得了成功。一种新型的家用电器——电炉，创造出来了，后来，休斯又研究出了电锅、电壶等家用电器，成了一名“家用电器大王”。

［案例］

伤痕苹果

詹姆士·杨厚是新墨西哥州高原上经营果园的果农。每年他都把成箱的苹果以邮递的方式零售给顾客。一年冬天，新墨西哥高原下了一场罕见的大冰雹，一个个色泽鲜艳的大苹果被打得伤痕累累，詹姆士心疼极了。“是冒着被退货的风险寄呢，还是干脆退还订金？”他越想越懊恼，并且歇斯底里地抓起受伤的苹果拼命地咬。忽然，他发觉今年的苹果比往年的苹果更甜更脆，汁多味美，但外表的确非常难看。“唉，多矛盾!好吃却不好看!”他辗转反侧，夜不能寐，忽然产生了一个创意。第二天，他根据构想的方法，把苹果装好箱，并在每个箱里附了一张纸条，上面写着“这次寄奉的苹果，表皮上虽然有点受伤，但请不要介意，那是冰雹的伤痕，这是真正在高原上生产的证据呢!在高原，气温往往较低，因此苹果的肉质较平时结实，而且产生了一种风味独特的果糖。”在好奇心的驱使下，顾客们都迫不及待地想拿起苹果，尝尝味道。“嗯，好极了！高原苹果的味道原来是这样的!”顾客们交口称赞。

陷入绝望的詹姆士想出来的创意，不但化解了他的重大危机，而且还收到了大量专门订购这种受伤苹果的订单。

思考题：

（1）通过上述案例，你能说出缺点列举法的客观依据在哪里吗？

（2）通过上述案例，你能体会到缺点列举法的创造点在哪里吗？

（3）案例“伤痕苹果”是缺点逆用的实例，你能否列举出类似的例子？

1．缺点列举法的基本原理

缺点列举法是指积极地寻找并抓住、有时甚至去挖掘事物的缺点（不方便、不得劲、不美观、不适用、不省料、不轻巧、不便宜、不安全、不省力等），以确定发明创新目标的一种创新技法。

缺点列举法的基本原理是：事物客观存在的缺点与人们追求事物完美之间的矛盾，是创新的动力。列举缺点就是提出创新课题。缺点列举法可以直接从社会需要的功能、审美、经济、实用等角度研究对象的缺点，提出切实有效的改进方案，因而简便易行且见效快。在群众中及工商企业中最容易普及、最容易出成果的发明创新技法就是缺点列举法。在社会生活中各种不方便、不称心的事物到处可见，尽善尽美的东西是不多见的。即便是长处，在它的背后也会有弱点和不足。只要发现使用的物品存在不合理、不习惯、不顺手、不科学的地方，经过认真分析研究，就能从中选出有益的发明课题。由于这时的选题和改进都有比较明确的目的性，所以就有较高的成功率。例如，麻婆豆腐是川菜中的一道菜。日本人学习中国人制作豆腐的技术，然后从制作到烹调逐一环节进行改进。他们认为麻婆豆腐花椒放得太多，口味太麻，一般人接受不了。于是，把麻味减轻，采用保鲜包装，命名为日本豆腐，出口到世界各地，以致美国人认为豆腐是日本人发明的。缺点列举法的运用基础是发现事物的缺点，挑出事物的毛病。尽管世上万事万物都不是十全十美的，都存在缺点，然而并非每一个人都能想到、看到或发现这些缺点。其中主要原因是人都有一种心理惰性，“备周则意怠，常见则不疑”，对于习以为常看惯的东西，常常会认为历来如此。而历来如此的东西总是完美的，没有缺点的，所以就不肯也不愿意再去寻找或挖掘它们的缺点，这样也就失去了对每个人来说可能取得发明成果的机会，实际上也就失去了每个人都应该具有的创造力。缺点列举的实质是一种否定思维，唯有对事物持否定态度，才能充分挖掘事物的缺陷，然后加以改进。因此，运用缺点列举法，必须克服和排除由习惯性思维所带来的创造障碍，培养善于对周围事物寻找缺点、追求完美的创新意识。

2. 缺点列举法的运用程序

缺点列举法的运用程序如图 4-4 所示。

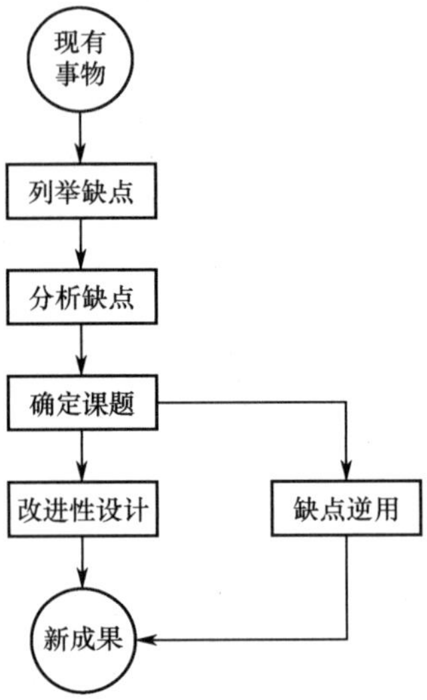

图 4-4　缺点列举法的运用程序

3. 缺点列举法的运用要点

1）列举缺点的方法

（1）用户意见法。如果列举产品的缺点，最好将产品投放市场，让用户这个“上帝”提意见，这样获得的缺点对于改进企业产品或提出新产品概念最有参考价值。

例如，将普通单缸洗衣机投放市场并搜集用户意见后，便可列举这种洗衣机的缺点：

功能单一，缺乏甩干功能；

使用不便，需要人工进水排水；

洗净度不高，尤其是衣领、袖口等处不易洗净；

混洗不同颜色的衣物容易造成互染；

排水速度太慢，肥皂泡沫更难速排；

衣物易绞缠，不易快速漂洗；

……

如果采用用户意见法，事先应设计好用户调查表，以便引导用户列举缺点，同时便于分类统计。

（2）对比分析法。有比较才有鉴别。在对比分析中，我们很容易看到事物的差距，从而列举出事物的缺点。应用对比分析，首先要确定具有可比性的参照物。例如，列举电冰箱的缺点，则应将同类型的多种电冰箱拿来比较。在比较时，还应确定比较的项目。对一般产品来说，主要是进行功能、性能、质量、价格等技术经济方面的比较。

如果产品尚处于设计阶段，应注意与国内外先进产品相比较，以发现设计中的缺点，及早改进设计，确保产品的技术先进性。显然，收集和掌握有关技术情报资料（如技术标准，新产品样本）是进行这种比较的前提。列举缺点时，应正确运用检核思维，把重点放在以下四个方面：

一是列出核心缺点。即现有物品的功能或职能是否能满足消费者的基本愿望，挑出功能性缺点。

二是列出形式缺点。即现有物品的质量水平、设计风格、包装和品牌等方面的不足，挑出形式性缺点。

三是列出延伸缺点。即现有物品进入市场变成商品后，在销售服务等方面存在的问题，挑出影响消费者利益的延伸性缺点。

四是列出隐性缺点。即现有物品不易被人觉察的非显性缺点。在某些情况下，发现隐性缺点比发现显性缺点更有创新价值，因为针对隐性缺点改进设计，所产生的市场价值更大。

2）缺点的分析与鉴别

运用缺点列举法的目的不在列举，而在改进，因此，要善于从列举的缺点中分析和鉴别出有价值的主要缺点以作为创造的目标。

分析与鉴别主要缺点，一般可从影响程度和表现方式两方面入手。

不同的缺点对事物特性或功能的影响程度不同，如电动工具的绝缘性能差，较之其重量偏重、外观欠佳来说要重要得多，因为前者涉及人身安全问题。分析鉴别缺点，首先要从产品功能、性能、质量等影响较大的方面出发，使提出的新设想、新建议或新方案更有实用价值。

在缺点表现方面，既要列举那些显而易见的缺点，更要善于发现那些潜伏着的、不易被人觉察到的缺点。例如，有人发现洗衣机存在病毒传染的缺点，提出了开发具有消毒功能的洗衣粉的新建议；针对普通洗衣机不能分类洗涤衣物的缺点，开发设计出具有分洗特点的三缸洗衣机。

3）改进设计与缺点逆用

一是针对某种缺点进行改进设计；二是应用逆向思维思考某种缺点能否成为另一种优点（缺点逆用法）。例如，日本有一个叫荒井的人，针对长筒雨靴“夏天穿闷脚、易患脚气”这一缺点，提出了改进制造方法的方案，设计制成了前后有透气孔的雨靴；还有一个叫野口文雄的人，针对雨靴“后跟容易磨损”这一缺点，设计出了一种浇模时在后跟部位埋进一种鞋钉的新式雨靴，大大提高了雨靴的耐磨损性能。又如，天津某毛纺厂生产了一种呢料，由于着色不均匀出现白点，影响了销路，该厂利用缺点逆用法变消灭白点为扩大白点，从而开发了新产品——雪花呢。通过分析鉴别缺点，无论是采用克服缺点或将缺点转化为优点，都要落实到改进设计方案上。又如，在材料工业中，人们发现铜、铁、钢等金属材料，常常具有氢脆性、晶界腐蚀和低温脆性等缺点，这对材料的韧性具有破坏性作用。但如果利用这种氢脆性或人为造成材料氢脆，会容易制成铁粉，这要比机械粉碎制粉法简单多了。此外，利用晶界腐蚀可制出不锈钢粉；利用低温脆性可研制成一种新型的低温脆性切削法。在1985年国际发明大赛中，我国发明家刘忠笃以其发明的“三敏元件”获得金牌，也是缺点逆用的结果。他在修理仪器中发现，某一种元件常有问题，经过总结发现该类元件对粉尘、温度、湿度反应敏感，这种元件在电器中起着消极作用，但把它利用到其他场合，就会成为极有用的控制元件。即将模糊的创意转化为明确的、可以进行评价的新技术方案。运用缺点列举法，列举出缺点只不过是为形成创新课题开了个头，而最关键、最实质性的内容是改进设计方案，实现技术创新。

［案例］

基于缺点列举法的调味瓶设计

（1）列举市场上现有调味瓶的缺点（表4-2）。

（2）分析调味瓶的缺点并进行构思。从表4-2中对现有调味瓶缺点的整理可以看出，调味瓶的问题比较多，特别是不卫生、易受潮、使用不方便、浪费材料、占用空间大、不能量化等。那么，能不能设计一款避免上述缺点，易操作的多功能调味瓶呢？

表4-2 调味瓶的缺点列举

（1）塑料结合处密封不好，调料容易受潮	（2）使用调料时没有量化标准，不方便
（3）盖子在炒菜时不宜打开	（4）小勺直接接触外界与内部，不卫生
（5）塑料材质容易与调料发生反应	（6）小勺的配置使用起来不方便
（7）整体容器较大，不方便直接操作	（8）使用时需要两只手，颇为不便
（9）设计感不强，外形不美观	（10）使用时容器呈倾斜状，调料易洒出
（11）小勺容易粘上调料	（12）每个调料瓶都需小勺，浪费材料

（3）制订方案。瓶身可做成透明塑料材质，可即时观察调味料的用量与剩余，更加直观。瓶身分为四个格挡，每个格挡可装一种调味品，有效节省厨房使用空间。瓶口材料为不锈钢，防潮且不易生锈。该产品上端为可旋转式拧盖，可根据所需调味品来回转动，其材质为半透明塑料，旋转时方便对下方出料孔进行调整。使用调味瓶时可单手操作，先将拇指贴于扳手处，用拇指的力量拧动盖子，使其转至所需调味料一方，稍稍倾斜瓶身，将调味料依量洒出。不用时依照上述方法将旋转盖上的小孔移至瓶盖没有小孔的一边。添加调味料时，将瓶盖拧开添加调味料即可。最终设计的调味瓶的实际效果如图4-5所示。

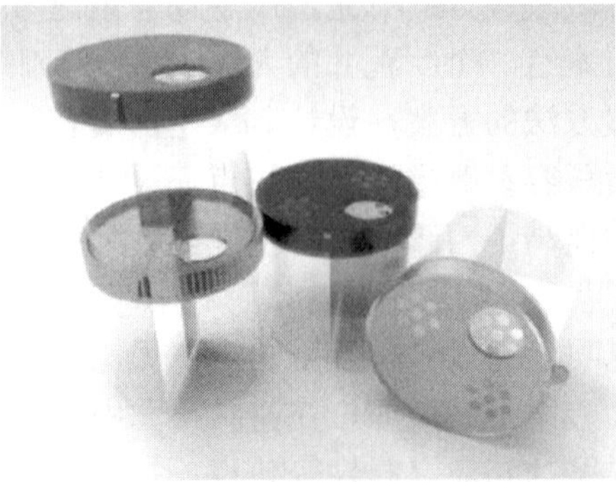

图4-5 调味瓶的实际效果图

课后训练

（1）运用缺点列举法提出改进普通自行车的若干新设想。

（2）通过创造性观察与思考，试列举电冰箱在使用过程中的潜伏式缺点，并针对缺点提出若干新设想。

（3）某造纸厂因在生产过程中忘了掺进浆糊，致使生产出的纸张不合标准，一写字就浸成一片。面对着这种废纸，居然有人灵感大发，结果获得一种新型纸的发明专利。请你想想，这中间究竟有何发明创造？

（三）希望点列举法

［案例］

罐头的发明

1812 年年底，拿破仑对俄罗斯发动了一场大规模的侵略战争。他亲自率领 60 多万大军，一路捷报频传，不久便占领了莫斯科。此时，莫斯科已是一座空城，法军所带的食物大部分已腐烂变质，许多士兵吃了变质食物患了疟疾，夏季的蚊虫又加剧了疾病的传播。面对饥饿和疾病的威胁，拿破仑只好下令撤军回国，不料途中又遭到俄军的伏击，法军遭受重创。拿破仑回国后马上向全国发布了一道奖赏令："谁能使食品长期储存而不变质，可得到巨额奖金。"11 年后，居住在马赛的食品制造商尼可拉·阿培尔得到了这份奖赏。他先是创造了"加热杀菌"的方法，后来又解决了杀菌后密封的问题，即把食品放入铁罐或瓶子里后，密封住瓶口，使它不漏气。世界上第一只罐头就是在战争、疾病、失败、奖赏的外部条件下促成的。

［案例］

可降解的塑料

塑料曾以结实耐用、易成型、成本低、耐腐蚀等优点，成为人们喜爱的材料。然而，它一旦废弃，便成为不易腐烂的环境污染物。据统计，垃圾中的塑料占 8%左右，在自然条件下，塑料分解起码需要 100 年时间。有效地控制和消除塑料这个"白色污染"源，是人类共同的希望。科学家们经过多年的研究，终于发明出可降解的塑料。构成塑料的分子链长度是决定塑料强度的关键，分子链一旦断裂，塑料也就变得易碎和易化解了。当塑料中掺入 3%左右的添加剂（以淀粉为主）后，分子链的长度就会变短，废弃后由细菌进行生物化解，最后变成对环境无害的水和二氧化碳。塑料的分解速度取决于添加剂的数量。目前，可降解塑料的寿命可控制在 2 个月至 6 年的时间范围内。

［案例］

投掷式手电筒

警察在黑暗中用手电筒搜索歹徒时，会轻易地暴露自己的位置，往往成了对手的枪靶子。因此，警察部门迫切希望能有一种只照亮别人又不暴露自己的手电筒。意大利发明家阿尔贝托·卡博尼发明了一种六面发光的手电筒。它用橡胶构成主体，外形为正方体，六面各有一个灯泡和反射镜。使用时，将其投掷到可疑处，手电筒受到碰撞后自动接通电源，六面明亮的灯光便会照耀可疑点的四周。这种方式不仅能让暗藏的人暴露出来，还能有效隐蔽自己。目前，这种手电筒已成了军警人员的好帮手。

［案例］

色盲可辨的信号灯

1992 年，在北京国际发明展览会上，有位小学生的参展项目格外引人注目。他为色盲者辨别交通信号灯提供了一个可行方案。由于色盲者只对颜色辨别不清，而对形状的辨别与常人无异。因此，只要将红灯的玻璃罩改为三角形，将黄灯的玻璃罩改为正方形，绿灯的玻璃罩保持原来的圆形。色盲者可从交通信号灯所显示的形状中，间接地获得红、黄、绿的信息。倘若这个方案被交警部门采纳，则可提高色盲者的交通安全。

思考题：

（1）通过上述案例，你能否理解什么是希望点列举法？各案例的希望点都是什么？

（2）通过上述案例，思考现实需求和潜在需求有什么异同？创新为什么要强调对潜在需求的分析？

（3）思考什么是引申需求？

1．希望点列举法的基本原理

希望点列举法始于社会需要，希望和需要是不可分割的。希望点列举法的基本原理是：需要和希望是创新之母，列举有需求价值的希望点可以形成创新课题。根据这一原理，希望点列举法是指从社会需要出发提出各种希望设想，列举希望新的事物具有的属性，以寻找发明目标的创新方法。

市场上许多新产品都是针对人们的希望研制出来的：人们希望洗的衣服容易干，于是发明了甩干机；人们希望伞可以放进提包，于是发明了折叠伞；人们希望旅游物品轻便实用，于是发明了录像手机等。特性列举法和缺点列举法大多是围绕原来事物的不足加以改进，通常不触及原来事物的本质和总体，它们都属于被动型创新技法，一般只适用于对老产品或不成熟的新设想的改造，从而使其趋于完善。而希望点列举法很少或完全不受已有事物的束缚，为人们使用这一方法提供了广阔的创新思维空间。

2．希望点列举法的运用程序

希望点列举法的运用程序如图 4-6 所示。

3．希望点列举法的运用要点

1）需要的基本知识

社会需要是一种社会心理状态，是人们各种心理欲望的集合，是人们为了自身的生存和维持社会的发展而对政治、经济、教育、文化、科技等方面产生的追求。

社会需要涉及人类社会的每个角落，因此种类繁多，人们常常按照不同的标准对其进行分类。

按照需要的对象不同，可以分为物质需要和精神需要。物质需要，如对食物、衣服、住房、劳动工具、军事设备等的需要；精神需要，如对知识娱乐、享受、道德修养等的需要。

按需要的用途差别，可以分为消费需要和生产需要。消费需要主要体现在人们对各种消费品及相关服务方面的追求；生产需要则指人们为了进行生产对各种工业品及相关服务的需要。

按需要产生的时差不同，还可以分为现实需要和潜在需要。现实需要是指当前显著存在的需要，而潜在需要是相对现实需要而言的一种未来的需要。潜在需要可能是一种客观存在的但人们尚未意识到的需要，也可能是一种人们业已意识，但因种种原因暂不能得到的需要。在一定的条件和时机下，潜在需要会凸显为现实需要。

如果按照需要的层次划分，则有高低不同的五个层次的需要：生理需要、安全需要、社交需要、尊重需要和成就感需要，如图 4-7 所示。

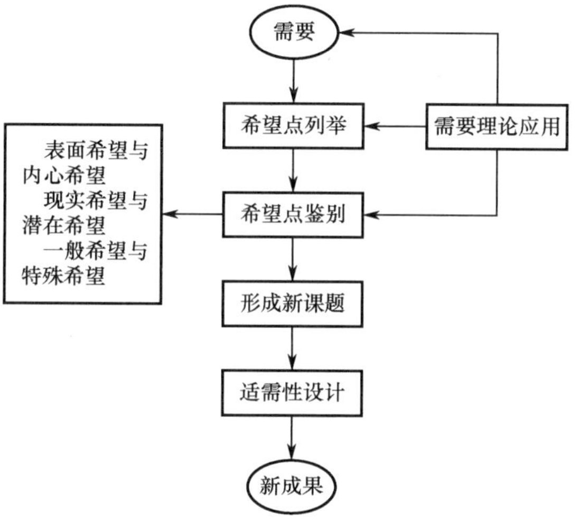

图 4-6　希望点列举法的运用程序

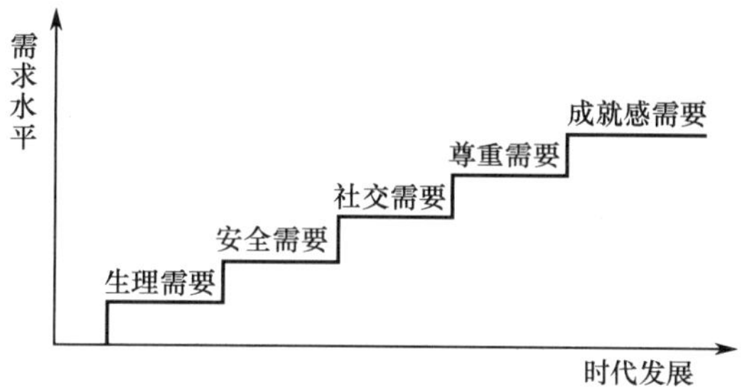

图 4-7　需要的层次

生理需要是层次最低的需要，也是人类需要的基础。人是生物有机体，为了维持其自身的生存和种族延续，必然对衣、食、住、行、性等方面提出要求，从而构成生理需要。安全需要是第二层次的需要，是人们对人身安全、职业保障等方面的欲望。社交需要处于第三层次，如从属感（或归属感）、友谊、情感、爱恋等。第四层次为尊重需要，包含自尊、权威、地位、名声等方面的期望与追求。第五层次的成就感需要，反映人们自我实现的精神欲望，如胜任某种工作，获得某种成就等。成就感需要是五个层次中最高级的需要。在上述的五个层次的需要中，低层次的需要注重物质的追求，高层次的需要则钟情于精神方面的欲望。在不同历史时期或不同条件下，人们总是按照需要与可能来决定自己所应定位的层次。

社会需要尽管十分复杂，但从总体上看仍表现出某些比较固定的基本特性，认识这些特性是分析需要与创造关系的客观依据。一般来说，社会需要表现出以下基本特性：

（1）目的性。社会需要都有自己的目的，即总是指向某种事物或某个目标。这种目的性是孕育创造课题的客观基础，因为只有目的明确，人们才有可能去从事某种具体的创造活动。

（2）动态性。需要是社会进步与发展的产物，必然随着社会的发展而发展。在人类社会早期，人们对需要比较简单，主要是生理需要和安全需要。随着社会生产力的发展，需要变得越来越复杂，除物质需要不断增长外，还产生了多种多样的精神需要。需要是无止境的，未来人们的需要将越来越多。也正是需要的这种动态性，创造活动才随着历史的发展而不断地改变自己的创造对象和创造内容，以满足人类物质文明和精神文明建设的需要。

（3）关联性。任何一种需要都不是孤立的，它与别的需要存在一定的关联关系。在社会需要的成千上万种产品中。对生活消费品的需要是最基本的，而且其产量、品种的增加，必然推动生产资料产品的改进和增加。例如，人们首先需要衣、食、住、行，就发展了纺织品、食品、住房及交通工具等，然后才考虑生产制造上述产品的纺织机械、食品机械、建筑机械、通用机械等工业设备。即对消费品的需要必然牵连对工业品的需要，而工业品的发展，反过来又会促进消费品的生产与开发。这两种需要之间存在一定的内在联系，即构成“消费需要推动生产需要，生产需要刺激消费需要”的相互作用模式。

无论是对生活消费品，还是工业品的需要，都存在一种引申裂变的现象，即一种需要的产生，必然会引申出另外几种需要。例如，人们对住宅和公共建筑的大量需求，受到城镇用地紧张的制约，于是高层建筑越来越多。高层建筑的出现，必然引申出许多相关的产品或服务，如图 4-8 所示。

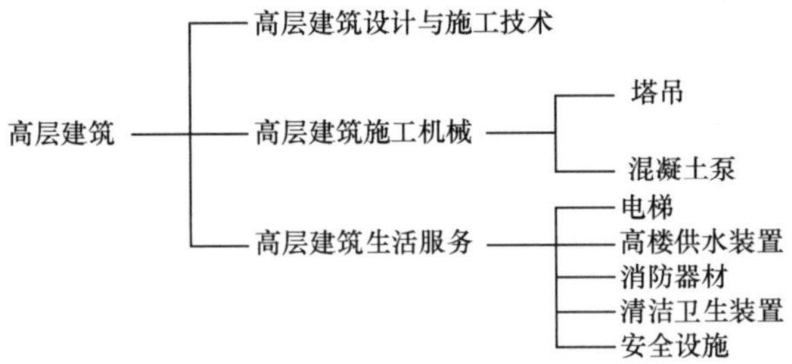

图 4-8　高层建筑引申需要

无数的事例表明，只要存在社会需要，就会驱使人们进行创造，并用创造成果去满足这种需要。“产生需要→创造→满足需要”是社会需要与创造之间最基本的联系，也是社会需要导致创造的动力学基本模式。

如果进一步分析，我们还可以发现，社会需要对创造的动力机制，主要是通过压力传递和课题形成方式来实现的。有社会需要但不形成要去满足需要的压力，也不可能形成创造的动力。战争、人口膨胀和交通紧张的压力，都会迫使有关部门提出创造课题，并将满足某种需要的压力传递给承接课题的创造者，从而使压力变成创造的动力。

从某种角度上说，社会需要往往是通过压力让人有所体验的。尽管人类在不断地认识自然和改造自然，但自然奥妙无穷，时刻都在给人类施加各种各样的压力。如各种自然灾害的发生，能源的短缺及自然生态的失衡等，给人类的生存与发展投下一层层令人担忧的阴影。为了抗御自然压力，人类只有依靠自己的创造才能与自然力相抗衡，通过创造活动去认识自然、控制自然和征服自然。除自然压力外，人们还面临各种各样的社会压力，如经济文化落后的压力、环境污染的压力、企业竞争的压力等。为了缓解这些压力，单纯靠常规的办法是难以如愿以偿的。只有依赖创造活动所释放出来的巨大能量，才能富有成效地解决各种问题，克服各种困难，满足社会发展所需要的物质基础与精神文明。

2）列举创新目标的希望点

希望点列举法的出发点是人们的需要和希望，应以满足社会的某种需要为依据来确定创新目标。例如，钢笔创新、雨伞创新、洗衣机创新、手机创新、空调创新、电脑创新等。为了获得创新目标的希望点，可以召开希望点列举会，每次邀请 5～10 人参加。会前由主持人确定探讨的创新目标，会上围绕既定目标尽可能地思索各种希望。会后分类整理出希望点。对希望点的分类，可以按其特征分为理想型、超前型和幻想型三类。

理想型希望是指希望现有事物尽可能完善，能达到人们心目中的理想化模式，如电灯泡长寿、节能、价格低廉。超前型希望是超越现实的潜在欲望，如工薪阶层对家用轿车、别墅的期待。幻想型希望则钟情于某种大胆的向往与寄托，如开发返老还童的药品、不耗能的机械等。

运用希望点列举法创造时，信息是重要的基础。

列举希望点法时，虽然只从某个信息基点出发，但是这个信息基点的确定不应该孤立地思考，因为创造对象总要受到创造环境的制约和影响，这就是说，在运用该技法确定创造目标时，还应审时度势，洞察社会需求的发展趋势。

例如，创造者选择消费品的开发作为自己的方向，首先应了解消费需求的宏观趋势与特点，从消费趋势走向列举出消费热点、市场焦点或创造切入点。

此外，根据各种行业或专业信息资料，创造者更容易具体地把握住某一细分市场的消费需求希望，这比自己从市场调研开始收集信息要节省时间和经费，尤其是在信息化社会，创造者依靠网络信息，完全可以“足不出户”就能掌握社会需求动态。

3）分析鉴别希望，形成研制课题

分析鉴别希望点的作用，主要是形成发明创新的课题。许多希望并不是一种明确的研制任务，只有将它转化成研制课题后，运用希望点列举法实施创新的实质性工作才算开始。例如，希望有长寿灯泡，这种希望并不是实际课题，将这种希望转化为开发电子灯泡，使其达到长寿的性能要求，希望才成为明确的创新课题。将希望转化为研制课题，是运用希望点列举法的实质。

理想型希望、超前型希望、幻想型希望都有产生灵感和创意的可能，但获得的结果各有不同。列举理想型希望点，一般形成现实性课题，即对已有事物的改进、完善和优化，实施起来目标明确，借用的信息、资料较多而易达到预期的目的。列举超前型希望点，实际上是瞄准潜在需要，它可能是一种客观存在的但人们尚未提到议事日程的潜欲望，也可能是人们已经意识到但可望而不可即的企盼。在一定条件和时机下，潜在需要会凸显为现实需要。针对潜在需要进行发明创新，要有远见卓识，风险也较大。希望抢占市场制高点和成为领头羊的人往往对这种方法情有独钟。对于选择幻想型希望冥思苦想，得到的创意也是十分诱人的，但是否发展成现实成果则是个疑问。幻想能帮助人们解放思想，但也常常让人种下只开花不结果的智慧之树。

运用希望点列举法的创新性，集中表现在两方面：一是将希望转换为具有开发价值的新课题；二是设计出切实可行的新技术方案。一般的创意只有前一种创新性，而获得过发明创新成果的人，通常是两种创新性兼而有之。

课后训练

（1）填写下表。

需要层次	家庭消费新设想
成就感需要	
尊重需要	
社交需要	
安全需要	
生理需要	

（2）以家用电脑为需要起点，按照引申需要原理画出家用电脑的“引申需要树”（提出新产品或新服务名称）。

（3）生态产品是有利于保护生态环境的产品，如“生态冰箱”，不再使用破坏大气臭氧层的氟利昂。试提出一项待开发的生态产品。

（4）为了满足家庭或单位防盗报警需要，某公司拟开发设计高科技、高智能、多功能计算机家用防盗报警器。试列举此产品应具有的基本功能（5～10 项）。

（5）案例点评：小溪流水也赚钱。

美国人费涅克喜欢外出旅游，尤其喜欢到人烟稀少的山林之中，看小溪流水，听林间鸟啼。他觉得，在大自然的怀抱中，自己显得格外轻松舒适。

他不仅好玩，而且喜欢动脑子。这不，他又想起如何赚钱这件事了。怎样才能赚到钱呢？费涅克没有资本，只有智慧。他想来想去想出了一个别人没有想到的创意。

他带上立体声录音机，到山林之中录下了许多小溪、小瀑布、鸟啼的声音，然后回到城里复制出录音带，冠以“林间小曲”出售。想不到这一朴实无华的“小曲”，受到了许多人的青睐，其中，“小溪流水曲”最受欢迎。

费涅克的磁带为什么如此走俏呢？因为许多城市居民饱受各种工业社会噪声干扰之苦，却无法摆脱。费涅克的录音带，虽然没有乐曲旋律，但能把人带进大自然的美妙境界，让人有回归大自然的感觉。有些失眠者反映，在水流声的陪伴下能渐入梦乡，比吃安眠药更有效果。有如此功能，费涅克的磁带怎能不受欢迎呢？

试分析点评发明人的创意特点及给你的启迪。

三、组合法

［案例］

导电塑料的开发

1977 年，日本筑波大学教授白川英树等人发现，在名为聚乙炔的塑料中添加碘这一杂质后，便会像金属那样具有导电性。

研究认为，聚乙炔具有导电性关键是塑料的结构和碘这一杂质在起作用。聚乙炔是由碳原子组成的，碳原子具有可与其他原子结合的四个电子。聚乙炔中的碳原子利用两个电子与旁边的碳原子结合（双重结合），另一个电子与相反方向的碳原子结合（单一结合），剩下的一个电子与氢原子结合。聚乙炔就是由无数个这种结构组成的。与普通塑料相比，碳原子由双重结合和单一结合交替组成的塑料，具有电子容易流动的性质。如果在这种塑料中加入碘等杂质，电子就会被杂质吸引，电子原来所在的位置就会出现空洞。于是，其他电子先后流动起来，以弥补这个空洞，从而产生了电流。

与白川教授一起进行研究的赤木和夫教授指出："杂质虽然不会改变塑料的结构，但会使电子处于兴奋状态。在体育比赛中，运动员服用药物来提高成绩的行为称为服用兴奋剂；我们把在塑料中添加杂质使其具有导电性的行为称为让电子服用兴奋剂。

导电塑料的发现使白川英树获得了2000年诺贝尔化学奖。这项技术的研究正进入实用化阶段，以此为契机，人们将推进支撑信息技术社会的电子零件的开发，高性能的笔记本电脑也许有一天可以装入手表中，人们的许多梦想都会因它而成为现实。

［案例］

个人计算组合成超级计算机

随着现代科技的不断发展，运算速度达到每秒数十亿次乃至成百上千亿次的超级计算机越来越显示其巨大的威力，在气象预报、股市行情预测等领域有广泛的应用。但是，超级计算机的价格十分昂贵。

日本科学家北野红明领导的一个科研小组利用同物自组法把 33 台个人计算机连接起来，使用 Linux 操作系统或美国阿尔贡国家实验室开发的并行计算用的操作系统，构成运算能力可与超级计算机相匹敌的廉价超级并行计算机，其运算速度可达 68 亿次/秒。

任何事物似乎都可以自组，设计难度不大，技术含量较低，但自组后的效果相差甚远，其关键是选择哪些事物进行自组能产生新的价值。在进行同物组合时，我们要多多观察那些单独存在的事物，设想单独的事物成双成对之后，其功能是否能够得到更好的发挥，或者带来新的功能。另外，还可以考虑同物组合之后，能否带来新的意义和价值。

［案例］

电子黑板的产生

电子黑板是由日本电气工业株式会社运用组合思考的方法发明的。他们的思路是：在演讲会或其他会议上，听讲者总要逐字逐句地对着黑板抄笔记，很麻烦。如果能把黑板和复印机组合在一起就好了。于是，他们就将两者组合起来，发明了"电子黑板"。在这种黑板上写上内容后，只要按一下右方的电钮，便全部会复印成一页页的笔记，方便极了。电子黑板很快风靡日本，成为畅销产品。

［案例］

磁化杯

杯子是日常生活用品，其基本用途就是用来盛水。那么，能把杯子进行革新吗？一位工程师就用主体附加组合发明了磁化杯。他在杯底及杯盖上各加一块磁铁，当旋转杯盖时，两块磁铁产生相时运动，使磁场发生变化。经磁化处理过的水，其溶解氧及其他物质的性能均有所提高。这种微小的物理变化，造成水的浸润性和渗透性加强。人饮用磁化水，有利于体内各系统代谢废物的溶解和排出，促进人体新陈代谢，从而达到保健的作用。磁化杯的发明人在申请专利后，利用 1 万元贷款，在 $10m^2$ 的厂房内办起了磁化器厂，工厂迅速发展，终于成为全国闻名的企业。

［案例］

阿波罗登月计划

1969 年 7 月 16 日，美国的阿波罗 11 号宇宙飞船点火升空，经 77 小时的飞行到达月球附近，开始绕月球飞行。7 月 21 日格林尼治时间 2 时 56 分，飞船指挥长尼尔·阿姆斯特朗第一个离开登月舱登上月球。他说："这一步，对于一个人来说，是很小一步，但对整个人类来说，是一个巨大的飞跃。"这句话已成为宇航史的名言。飞船的全部构件有 300 多万个，为了实现阿波罗登月计划，调动了 2 万家企业、120 所大学实验室的 42 万多研究人员，经历了若干年，才把 3 名宇航员送到月球并返回大地。其成功的关键是什么呢？美国阿波罗登月计划总指挥韦伯曾经说过："阿波罗计划中没有一项新发明的技术，都是现有的技术，关键在于综合。"

思考题：

（1）阅读上述案例，你能归纳出组合的常见方式吗？

（2）通过上述案例，你对"综合就是创造"这句话是怎么样理解的？

（3）组合创新建立在什么思维基础上？

（一）组合技法原理

1．组合的含义

组合是一个多义的概念："组合"在辞海中被解释为"组织成整体"；在数学中"组合"是从 m 个不同的元素中任取 n 个成一组，即成为一个组合；逻辑学中也有组合逻辑、组合运算。我们这里的组合就是把多项貌似不相关的事物、思想或观念的部分或全部，通过想象加以连接，进行有机的组合、变革、重组，使之变成彼此不可分割的、新颖的、有价值的整体。组合的最基本要求是：整体的各组成事物之间必须建立某种紧密关系，成为一个新生事物。一堆砖头放在一起只是一堆砖，只能算作杂乱堆放的混合物。一堆砖头若是按照一定的关系砌起来，就组合成一座建筑物。这就是说，不能产生有价值的新生事物的胡乱拼凑、混合不能称为组合。例如，自行车+自行车=双人自行车、数据+文字+图像+声音=多媒体、牙膏+中草药=中草药牙膏、飞机+飞机库+军舰=航空母舰、中医+西医=中西医结合、马克思主义哲学+马克思主义政治经济学+科学社会主义=马克思主义等。这些绝不是随意的凑合，而是属于有机联系的创新组合。世界上的事物千姿百态，可能进行的组合也无穷无尽，在下述案例中，集成了蓝牙、U 盘等功能的瑞士军刀，同样非常受人欢迎。

2．无处不在的组合

组合现象无论在哪里都普遍存在，几乎覆盖了人类生活的各个领域。我们赖以生存的物质世界，说到底不过是由 100 多种元素、200 多种基本粒子，经过不同组合形成的。组合具有广泛、形式多样的特点，在我们周围随处可见。

在文学艺术领域中，文学家、艺术家可以通过各种想象手法把现实中分立的因素（如品质、性格、形状、大小等）有机地组合在一起，形成新的形象，如阿 Q、祥林嫂、人面狮身的斯芬克斯、半人半鱼的美人鱼等形象。在语言表达中，人们可以把通常并不搭配的词组合起来，从而获得异乎寻常的表达效果，使语言更形象、更生动。如“山在欢笑，水在歌唱”“网虫”“寂寞的梧桐树”等；又如，人们赞美张海迪：“失去双腿的功能却走出了一条光灿灿的大道。”词语的巧妙组合，道出了深刻的哲理，耐人寻味，给人以启迪，让人深思。

3. 巧妙的组合就是创新

“巧妙的组合就是创新”似有夸大其辞之嫌，但却道出了组合的真谛。组合绝不是各种事物的简单凑合，其本质是想象和创新。某些组合看起来不合理，其实，在这不合理中却融入想象，在标新立异中开辟出一片新天地。在一定的目标下，把若干事物、元素等按照一定的原则进行组合，生成创新成果。其中，各个组成事物、元素相互协调，有机组合，相互作用。当然，组合创新的事物必须具有创新的特征，组合创新事物的功能之和应大于内部各组成事物、元素的单独功能之和。所以进行组合创新，找到组合对象并不难，困难在于找到组合对象后，如何有机地把它们组合在一起。要做到这点，除了要有知识和经验之外，还需要有丰富的想象力。

组合能力是创新者的基本技能。爱因斯坦在 1929 年为苏联《发明家》杂志创刊号所做的题目为《集体代替个人》的文章中说：“我认为，一个为了更经济地满足人类的需要而找出已知装备的新组合的人就是发明家。”如今是一个以互联网为主要载体、以各种传媒融合为主要特征的时代，知识纵横成网，信息瞬息万变，组合在创新中的地位更为重要。美国科学家基文森在《发明的科学和艺术》一书中，把组合创新放在他概括出的七类创新方式的首位，并把组合法作为最重要、最有效的创新方法加以介绍。有人在统计了 900 年来的 480 项重大创新成果后发现：20 世纪 40 年代的创新成果是以突破型为主，组合型成果为次的；20 世纪五六十年代，两者大体相当；至 20 世纪 80 年代，突破型成果渐趋居次要地位，而组合型成果则占主导地位。据统计，在现代技术开发中，技术组合型的创新成果已占了全部发明的 60%～70%。这一情况说明组合创新已经成为当前创新的主要方式。

部分学者甚至认为，所谓创新就是把人们认为不能组合在一起的东西组合到一起，日本创造学家菊池诚博士说过：“我认为搞发明有两条路，第一条是全新的发现，第二条是把已知其原理的事实进行组合。”近年来也有人曾经预言，组合代表着技术发展的趋势。亨利·福特说：“我没发明任何新东西，只是把他人几百年来的发明组装成了汽车。”晶体管发明者之一肖克莱也曾说：“所谓创新，就是把以前独立的发明组合起来。”肖克莱和另外两位专家巴丁、布拉克一起获得了 1956 年诺贝尔物理学奖。日本创造学家高桥浩指出：“创造的原理，就是最终信息的截断和再结合。把集中起来的信息分散开，再用新的观点将其组合起来，就会产生新的事物或方法。这恰似孩子们玩的积木，把没有什么意义的七零八落的圆的、四角的、三角的积木垒起来，便建成了房子；把房子推倒改换一下堆积办法，这次又堆积成船了。”

［案例］

组合趣例

据说有一次，化学家阿伏伽德罗和数学家高斯开了个玩笑：他在高斯面前把 2L 氢气放在 1L 氧气中燃烧，结果得到 2L 水蒸气。阿伏伽德罗对高斯说：“只要化学愿意的话，它能使 2+1=2，而你们数学能做到这一点吗？”

尽管这只是一个名人趣事，但给了我们很大的启发：几个物质的组合会产生出人意料的结果，会导致新物质或新产品的诞生。例如，玻璃纤维和塑料组合，可以制成耐高温、高强度的玻璃钢。很多复合材料，都是这样组合而成的。这正应了《思维的革命》一书作者戈登·德莱顿的一句话：“一个想法是旧成分的新组合，没有新的成分，只有新的组合。”在各个领域中，组合得好就是创新。组合类创新方法是进行创新的有效手段和常用方法。

现在国外有许多企业，已把组合方法应用到扩大企业经营方面。例如，我们去大型超市买东西时会发现，那里不但购物非常方便，而且餐饮服务也能满足不同人的需求。日本的石油公司，一般都会在加油站兼办观光服务、生命保险、照片冲洗等业务，同时还销售汽车内的音响器材、蓄电池、轮胎等。这样把保险、音乐、照相、娱乐、维修等与石油有关联的业务组合起来经营，往往会收到更好的经济效益，组合经商，并非一成不变，而是要随着环境、时机，随机应变地进行创新。只要你善于组合，就能创造出无数奇妙的经营新招。

关于“巧妙地组合就是创新”，要注意的问题是：第一，组合要有选择性。世界上的事物千千万万，把它一样一样不加选择地加以组合是不可能的，应该选择适当的物品进行组合，不能勉强凑合。第二，组合要有实用性。通过组合提高效益、增加功能，使事物相互补充，取长补短，和谐一致。例如，将普通卷笔刀、集屑盒、橡皮、毛刷、小镜子组合起来的多功能卷笔刀，不仅能削铅笔，还可以收集废屑、擦掉铅笔写错的字、照镜子，大大增加了卷笔刀的功能，很有实用性。第三，组合应具创新性。通过组合要使产品内部协调，互相补充，相互适应，更加先进。组合必须具有突出的实质性特点和显著的进步，才具备创新性。

（二）组合技法运用程序

组合技法的运用程序如图 4-9 所示。

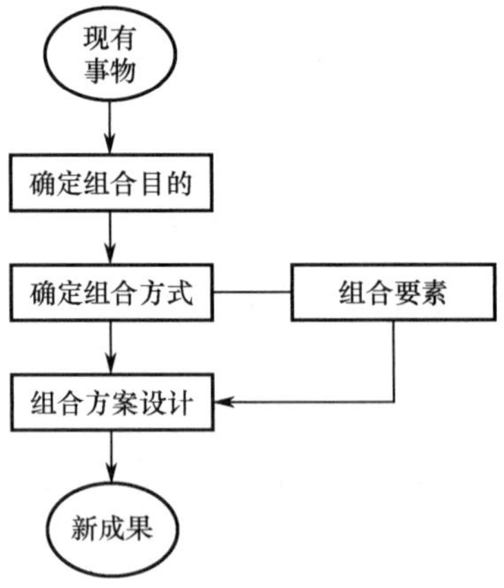

图 4-9　组合技法的运用程序

（三）组合技法运用要点

1. 同类组合

同类组合也称同物组合，就是将若干相同的事物进行自组。例如，大家都知道的双层公共汽车、情侣伞、情侣衫、双向拉链、双色笔或多色笔、子母灯、霓虹灯、双层文具盒、多级火箭等。同类组合参与组合的对象与组合前相比，只是通过数量的变化来增加新事物的功能，其性质、结构没有发生根本变化。同类组合的模式是：$a+a=N$。简单的事物可以自组，复杂的事物也可以自组。

［案例］

可分可合的双体汽车

2010年，吉利一款双体概念车完整曝光，其标新立异的外形和与众不同的内部结构，带来了一系列的概念突破。所谓的双体车包括两个左右并列的单体车，即主单体车和从单体车。主单体车和从单体车能够完全分离，且独立运行。两个单体车都由车体、前轮、后轮、主从电控系统组成。主单体车与从单体车之间通过一个机械连接机构固定在一起。固定后，主电控系统与从电控系统能通过一个电子连接机构，采用有线或无线通信方式相联系，由主电控系统控制从电控系统，实现整车运行。这种汽车有两套操作系统，若两位司机各自有事，去向不一，则可以脱离开来，“分道扬镳”，灵活穿行于众多汽车之中或窄街小巷。办完事或进入高速公路时又可合二为一。双体车在分体状态下，两辆单体车可以分别驾驶，使常规四轮车辆遇到的通道狭窄、交通堵塞、停车不便等一系列问题迎刃而解。当然，吉利的双体车结构原理并不像表面显示的那么简单，它的研发需要攻克一系列技术难关。虽然吉利双体车短期内不可能量产，取得经济效益，但吉利或许会利用相关的研发成果，开发三体车、四体车等，甚至进一步演化出更先进的串联式单体列车组，从而在主从控制和自动驾驶等前沿领域，独辟蹊径，有所成就。

在同类组合中，参与组合的对象一般是两个或两个以上的同一事物；组合后与组合前相比，参与组合的事物，其基本原理和基本结构一般没有发生根本性的变化。同类组合是在保持事物原有的功能或原有意义的前提下，通过数量的增加来弥补功能的不足或求取新的功能和意义，而这种新功能和新意义是事物单独存在时不具有的。

同类组合的方法很简单，却很实用，将其应用于工业和生活产品的创新，常常可以产生意想不到的效果。

2. 异类组合

异类组合是指将两种或两种以上的不同领域的事物、思想或观念进行组合，产生有价值的新整体。异类组合的模式是：$a+b=N$。例如，维生素、糖果两者都是客观存在的事物，但是雅客 v9 将二者融合，摇身一变成了“维生素糖果”；超声波灭菌法与激光灭菌法组合，利用“声-光效应”几乎能杀灭水中的全部细菌；等等。

［案例］

超声波牙刷

在购物网站上，一种新的超声波电动牙刷很受人们追捧。它结合了电动牙刷和超声波的功能，清洁效果优于一般的电动牙刷和普通牙刷。超声波牙刷在刷牙时，利用强力的摆动速度，通过流体动力来清洁牙齿，摆动频率可达 31000 转/分钟，利用共振原理，产生动态流体强力清洁作用。由于超声波牙刷是利用超声波能量的空化效应达到清除牙周的病菌和不洁物的目标，它可以全方位深入手动刷牙根本无法到达的牙缝甚至牙根内。超声波能量通过刷头的刷毛传递到牙齿和牙龈表面，使菌斑、牙垢和细小的牙石松动，破坏在龈袋及牙面各处隐藏的细菌的繁殖；同时，超声波能量通过触及牙刷的刷毛传递到牙龈表面，并渗透到牙龈内部，作用于细胞膜后，可以加速血液循环，促进新陈代谢，从而抑制牙周炎症和牙龈出血，防止牙龈萎缩。

超声波与牙刷来自不同的领域，它们组合在一起就属于是异类组合。异类组合绝不是简单的凑合。例如，狮身人面像是古埃及文明的遗迹，是“狮身”与“人面”的组合；收录机是收音机与录音机的组合；电吹风与熨斗组合成电吹风熨斗；等等。

［案例］

履带车+装甲+火炮=坦克

第一次世界大战时，有一名叫斯文顿的英国记者随军去前线采访。他亲眼看见英法联军向德军的阵地发动攻击时，牢牢守着阵地的德国士兵用密集的排枪将进攻的英法士兵成片地扫倒，斯文顿非常痛心。他清醒地看到，肉体是挡不住子弹的。冥思苦想之后，他向指挥官们建议，用铁皮将福斯特公司生产的履带式拖拉机“包装”起来，留出适当的枪眼让士兵射击，然后让士兵们乘坐它冲向敌军。他的建议很快被采纳。履带式拖拉机穿上盔甲之后径直冲向敌人，英法联军的伤亡大大减少。坦克就这样诞生了，它为英法联军战胜德军立下了汗马功劳，成为第一次世界大战中最有影响的发明。显然，坦克就是履带拖拉机与枪炮的组合。

异类组合的特点是：第一，被组合的事物来自不同的方面、领域，它们之间一般无明显的主次关系。第二，组合过程中，参与组合的事物从意义、原理、构造、成分、功能等方面可以互补和相互渗透，产生 1+1＞2 的价值，整体变化显著。第三，异类组合实质上是一种异类求同，因此创新性较强。

3. 主体附加组合

主体附加组合又称添加法、主体内插式法，是指以某一特定的事物为主体，通过补充、置换或插入新的事物，而得到新的有价值的整体。例如，最初的洗衣机只有搓洗功能，以后增加了喷淋、甩干装置，使洗衣机有了漂洗和甩干功能；电风扇开始也只有简单的吹风功能，后来逐渐增加了控制摇头、定时、变换风量等装置，才成为今天的样子；手机一开始叫大哥大，只有通话的功能，现在附加了短信、上网、照相等多种功能。

在主体附加组合中，主体事物的性能基本上保持不变，附加物只是对主体起补充、完善或充分利用主体功能的作用。附加物可以是已有的事物，也可以是为主体设计的附加事物。例如，在文化衫上印上旅游景点的标志和名字，就变成了具有纪念意义的旅游商品；同样，一本著作有了作者的亲笔签名，其意义也会不同。

主体附加组合有时非常简单，人们只要稍加动脑和动手就能实现。只要附加物选择得当，同样可以产生巨大的效益。智能手机不仅是现在人们追求的时尚产品，也是未来手机发展的新方向，其实智能手机就是安装了开放式操作系统的手机。

［案例］

智能手机

手机产品是大家极为关注的。随着科技的发展与进步，以及人们在通信领域对手机要求的不断提高，手机已经成为大家生活中必不可少的一部分。最初，使用手机只为了打打电话，发发短信，现在，“智能手机”这个词汇频频出现在各大媒体里，不断冲击着消费者的神经。那么，到底什么是智能手机呢？智能手机就是一种安装了开放式操作系统的手机。智能手机实际上是结合了传统手机和PDA（个人数字助理）的一种新兴的科技产品。它不仅具备普通手机的全部功能，而且像一部小型计算机，比传统的手机具有更多的综合性处理功能。成为一部智能手机必备的几个条件是：第一，具备普通手机的全部功能，能够进行正常通话、发短信等；第二，具备无线接入互联网的能力，即需要支持GSM网络下的GPRS，或者CDMA网络下的CDMA1X，或者3G网络；第三，具备PDA的功能，包括PIM（个人信息管理）、日程记事、任务安排、多媒体应用、浏览网页；第四，具备一个开放性的操作系统，在这个操作系统平台上，可以安装更多的应用程序，从而使智能手机的功能可以得到无限扩展。其中，以最后一条最为关键，因为一个好的操作系统直接决定了可以在手机上应用的各种软件的数量和质量。事实上，智能手机的操作系统是为智能手机分类的主要标准。

在运用主体附加组合时，首先要确定主体附加的目的，可以先全面分析主体的缺点，然后围绕这些缺点提出解决方案，再通过增加附属物来达到改善主体功能的目的。其次，根据附加目的确定附加物。主体附加组合的创新性在很大程度上取决于对附加物的选择是否别开生面，能否使主体产生新的功能和价值，以增强其实用性，从而增强其竞争力。

在运用主体附加组合时需注意：第一，主体不变或变化不大，即原有的事物、技术、思想等基本保持不变；第二，附加的事物只是起到补充完整主体的作用，不会使主体产生大的变化；第三，附加的事物包括已有的事物和根据主体的情况专门设计的新事物两种；第四，附加的事物都是为主体服务的，用于弥补主体的不足。因此，在运用主体附加组合时应该全面考虑，权衡利弊，否则会事与愿违，费力不讨好。例如，有的文具盒由于附加物过多，从而导致价格昂贵，且容易分散学生注意力，以致不少老师禁止学生携带布满按键机关的文具盒到学校。

4．重组组合

重组组合简称重组，是指在同一个事物的不同层次上分解原来的事物或组合，然后再以新的方式重新组合起来。重组组合只改变事物内部各组成部分之间的相互位置，从而优化事物的性能，它是在同一事物上施行的，一般不增加新的内容。

任何事物都可以看作由若干要素构成的整体。各组成要素之间的有序结合，是确保事物整体功能和性能实现的必要条件。如果有目的地改变事物内部结构要素的次序，并按照新的方式进行重新组合，以促使事物的功能和性能发生变革，这就是重组组合。重组组合能引起事物属性的变化。

［案例］

重组组合的魅力

在电影剪辑技术中，如果改变镜头的次序，很可能产生完全不同的效果。请看以下三个镜头：①一个人在笑；②枪口对准了他；③他一脸恐惧。按上述顺序放映，观众看到的将是一个懦夫的形象。如果将三个镜头重组，按照②、③、①的顺序放映，观众得到却是有人在开一场玩笑的印象。如果按照③、②、①的顺序重组，观众看到的将是一个逐渐坚强起来的勇士。

如果把现有事物重新组合，很可能得到新的事物。善于把各种事物进行重新组合，从而催生新物，产生新意，这种组合被人们广泛运用。如传统玩具中的七巧板、积木，现在流行的拼板、变形金刚等，就是让孩子们通过一些固定板块、构件的重新组合，创造出千姿百态、形状各异的奇妙世界。组合玩具之所以很受儿童欢迎，是因为不同的组合方式可以得到不同的模型。由北京市某家具公司开发设计的新型构件家具，由20多种基本板件组成。通过不同的组合，能拼装出数百种款式家具，人们不仅可以随意改变家具的式样，还可以随意改变房间内的布局，充分体现主人的审美观念。重组组合作为一种创新手段，可以有效地挖掘和发挥现有事物的潜力，例如，企业的资产重组，说明重组可以引发质变。在下面案例中，飞机的螺旋桨装在尾部就是喷气式飞机，装在顶部就成为直升机。

［案例］

用重组组合法设计出头尾倒换的飞机

自从螺旋桨飞机发明以来，螺旋桨都是设计在机首，两翼从机身伸出，尾部安装稳定翼。美国著名飞机设计专家卡里格·卡图按照空气的浮力和气流推动原理，将螺旋桨放在了机尾，即像轮船一样推动飞机前进，把稳定翼放在机头处，设计出世界上第一架头尾倒换的飞机。重组后的飞机，有尖端悬浮系统，更趋合理化的流线型机体外形，这不仅提高了飞行速度，而且排除了失速和旋冲的可能性，提高了安全性。

由此可见，重组组合也能创新出杰出的成果。重组组合有三个特点：第一，重组组合是在一件事物上施行的；第二，在重组组合过程中，一般不增加新的东西；第三，重组组合主要是改变事物各组成部分之间的相互关系。在进行重组组合时，首先要分析研究对象的现有结构特点；其次，要列举现有结构的缺点，考虑能否通过重组克服这些缺点；最后，确定选择什么样的重组方式，包括变位重组、变形重组、模块重组等。

5. 综合

综合是对先进事物、思想、观念等实行融合并用，而形成新的有价值整体。综合是各类组合的集大成者，是一种更高层次的组合，具有系统性、完整性、全面性和严密性的特点。牛顿说过：我是站在巨人的肩膀上。这绝不是谦虚，牛顿定律不是其匠心独运，而是综合了天文学家开普勒的天体力学和物理学家伽利略的力学知识而提出来的。在管理领域，企业采用多种方法对资金、物流、人力资源等进行有效管理。项目管理、ERP和CRM、ISO

国际质量标准等管理方法综合并存，从而创造出有自己特色的管理方法和模式，如 ABC 管理模式和海尔管理模式。综合不是杂乱无章的“大拼盘”，而是完美的有机结合。在艺术上的综合也不例外。例如，陈钢、何占豪将传统越剧优美的旋律与交响乐浑厚的表现方式完美结合，奏出了轰动世界的《梁祝》；徐悲鸿、蒋兆和将中西画功底与表现技巧巧妙结合，创造出丹青泼墨；等等。在文学艺术创作中，综合一些人的特点，然后集中到一个人的身上，便能创造出典型人物，使之形象鲜明，血肉丰满，这是作家塑造人物形象的重要手段。现代科学技术突飞猛进，边缘学科不断兴起，各种科学技术你中有我，我中有你，呈现出综合化的趋势。这种综合化的趋势，使人们认识到：那些伟大的科学家，都是因为搞综合，才有了重大突破性的成功。在科学技术史上，阿波罗登月计划是非常著名的典型案例。

日本人特别重视综合，为此提出了“综合就是创造”的口号。例如，日本从欧美引进的机械，通过综合便能把生产率提高到惊人的程度，在国际市场上，模仿欧美的日本产品，比欧美产品享有更高的声誉。松下幸之助说：“我的电视机拆开之后，没有一件是我自己发明的，但生产出来的‘松下电视’却是世界没有的。”战后日本在短短的时间里，之所以能在经济上崛起，在技术上取得优势，综合创新是一条重要的成功经验。

［案例］

综合就是创新

在一次盛大的宴会上，中国人、德国人、俄国人、意大利人和法国人等争相夸耀自己民族的文化传统，只有美国人笑而不语。为了使自己的表述更加具有说服力，他们纷纷拿出能够体现本民族悠久历史的实物——酒，来彼此相敬。中国人拿出了香气袭人的茅台酒，德国人拿出了威士忌，俄国人拿出了伏特加，意大利人拿出葡萄酒，法国人拿出香槟。轮到美国人时，只见他将各种酒兑在一起说道：“这叫鸡尾酒，它体现了美国人的民族精神——综合就是创新。”鸡尾酒的综合彰显的是美国的民族精神，这种民族精神的实质其实就是创新。中华民族作为龙的传人，无论是过去还是现在，也同样富于综合创新的传统。西周末年，思想家史伯就提出了“和实生物，同则不继”的观点。他在阐明这个道理时，引用了“先王以土与金、木、水、火杂，以成百物”的例子来加以论证、说明，“和实生物”就是指把几种不同的事物综合起来创成新事物。综合创新，是一个新系统被创造的过程，新系统又赋予综合来的要素以新的生命力。

［案例］

会通中西综合创新

张岱年（1909—2004 年），中国著名哲学家、哲学史家。20 世纪 30 年代以来，张岱年提倡“综合创新”的文化观，其思路是“兼综东西两方之长，发扬中国固有的卓越的文化遗产，同时采纳西方的有价值的精良的贡献，融合为一，而创成一种新的文化，但不要平庸的调和，而要做一种创造的综合”，即“一方面总结我国的传统文化，探索近代中国落后的原因，经过深入的反思，对其优点和缺点有一个明确的认识。另一方面要深入研究西方文化，对西方文化作具体分析，对其优点和缺点也要有一个明确的认识。根据我国国情，将上述两个方面的优点综合起来，创造出一种更高的文化。”张岱年界定说：“创造的综合即对旧事物加以‘拔夺’（扬弃）而生成新事物。一面否定了旧事物，一面又保持旧事物中好的东西，且不惟保持之，而且提高之，举扬之；同时更有所新创，以新的姿态出现。凡创造的综合，都不只综合，而是否定了旧事物后而出现的新整体。”综合创新的旗帜在中国的大地上树立起来了。

综合创新，从综合来说，是创新的综合；从创新来说，是综合的创新。这里的综合具有为创新提供基础和条件的意义。张岱年提出文化的综合创新，一个重要的意旨是对多重文化因素进行复杂的融合、会通和综合工作而走向创新。通过文化综合而实现的文化创新，既能达到文化的多样性和丰富性，又能实现文化上的主体性和精神价值上的凝聚性，实现中国文化体系的全面复兴。中国是世界文明古国之一，中华文化曾经是世界历史上具有代表性的文化体系之一。但是，现在我们还没有建立起对世界产生广泛影响的新文化体系。没有思想、理论和文化创新的民族和国家，很难成为伟大的国家。因此，中国不仅要成为经济大国，而且还要成为世界文化大国，成为思想和文化创新大国，为人类文化的新发展做出自己独特的贡献。

课后训练

（1）学会运用主体附加组合进行创新。

活动步骤：

① 主持人给出梳子、水杯、桌子、手机、黑板等事物。

② 主持人要求同学在保留这些事物主体功能不变的情况下，加上其他附加物，以扩大其功能，把结果制成表格，填写自己的创新设想。

③ 主持人组织学生汇报组合成果。

④ 主持人再选取五种事物，写在黑板上，再次进行练习，组织学生汇报结果。

活动提示：

主持人可以和学生一起有目的、有选择地确定主体。可以引导学生全面分析主体的缺点，引导学生思考：能否在不变或略变主体的前提下，通过增加附属物克服或弥补主体的缺陷？也可以引导学生对主体提出种种希望，引导学生思考：能否通过增加附属物，来实现对主体寄托的希望？还可以引导学生分析：能否利用或借助主体的某种功能，附加一种别的东西使其发挥更大的作用？

（2）试将下列组合型产品分别填入下表中：双管日光灯、香味纺织品、人字齿轮、收音机钢笔、自行车水泵、三人自行车、双面绣、裙裤、齿轮-连杆机构。

组合方式	产品示例
主体添加	
同物自组	
异类组合	

（3）选择一种组合方式，提出一项具有新颖性、创造性和实用性的新产品设想。要求说明新产品名称、新产品用途及技术简介。

（4）观察市场或查阅最新资料后，填写下表：

组合方式	新产品（或新技术、新方法）示例
主体添加	
同物自组	
异类组合	

（5）活动目标：学会运用各种类型的组合创新。

活动步骤如下：

步骤一，分组活动第一次。

按课堂座位，就近 6～8 人为一组，推出 1 位同学做组长，1 位同学做秘书，1 位发言人。组长主持讨论，秘书记录。讨论内容如下：

① 畅谈几年来运用组合进行创新的事物（请不要对同学的发言做任何评价和判断，时间为 5 分钟）。

② 对畅谈中的例子进行甄别，删除不属于组合创新的例子。

步骤二，全班活动第一次。

① 由秘书代表本组，向全班同学汇报，共同分享各组的讨论成果。

② 把记录每项成果的关键词写在黑板上。

步骤三，分组活动第二次。

用刚才大会发言中各组所提及的事物（不超出刚才提及事物的范围），重新进行组合创新讨论，看哪个组创新金点子多。然后回到原组，组长继续组织讨论，秘书记录。讨论内容如下：

① 用刚才各组汇报中所说的关键词，进行新的组合创新。可以异想天开，不考虑是否能做出来（不要对同学的发言做任何评价和判断，时间为 10 分钟）。

② 对畅谈中的创新进行讨论，推出最能代表本组创新的 3～5 个例子。

步骤四，全班活动第二次。

① 发言人代表本组向全班汇报本组最佳组合创新。

② 班长组织全班同学的“最佳创意汇报会”。

③ 全班每位同学选取一项自己最感兴趣的最佳创意，填写创新方案登记表。

四、设问法

［案例］

“臭变香”

肥皂加入各种香料，气味变得多种多样了，有檀香气味、薄荷气味、椰子气味等。“臭变香”故事中的主人翁刘辉祖是解放军某部负责行政管理的参谋，每次检查卫生，当听到同志们批评厕所、垃圾箱太臭时，他心里总暗自思量：尽管打扫得很干净了，总免不了还有臭气，怎么办？通过调查，刘辉祖还了解到有的宾馆打扫一次卫生，竟要用掉几大瓶香水，但厕所里的臭气还是压不住，看来仅靠打扫是不能彻底解决问题的。能不能改变方式方法，用一种药水洒在厕所里来驱除臭气呢？他突然想起自己从前打扫厕所时，有一次因为停水，只能用隔壁工厂的生产废液冲洗便池，臭气好像减弱了些。这里会不会有什么名堂呢？刘辉祖着手试验起来，他把粪便放在阳台上暴晒，针对异味按不同比例配制药品，反复比较，辨别反应后的气味。

功夫不负有心人，试验取得了可喜的进展，药物反应后的粪便臭味逐步变成了苹果味、香蕉味，除臭剂终于造成了。经过 200 多个单位的试用，效果很好。人民大会堂不仅用除臭剂消除了下水道、马桶、粪便池的臭味，而且消除了厨房加工鸡、鸭、肉等产生的腥味及垃圾箱的臭味。水中加了除臭剂，还可以去除汗脚臭和脏衣物发出的臭味，也可去除婴儿尿布的骚味，甚至能消除狐臭。尤其在广西法卡山前沿阵地清除越军尸体腐臭中，取得了明显的效果，深受指战员的欢迎。刘辉祖的思维程序从减除污秽除臭变成加上药剂除臭，解决了用传统思维方式无法解决的难题，因而立了大功。

［案例］

拉链的发明

1893 年芝加哥博览会上首次展出了吉特逊发明的拉链，用在鞋上。后来欧加制成了自动拉链生产机，拉链可以大量生产，但无销路，欧加破产。后来一个服装店店主看到这个新奇的小玩意儿价廉物美，便想它有没有其他用途呢？比如在钱包上用它一定很安全又方便。由于在功能上的这个新创意，拉链一时成了市场上的热门货。后来，他又把拉链缝在海军制服上，结果该店主发了大财。1921 年美国富善公司首先在夹克上用拉链，称为“Zipper”夹克，一时流行全美。富善公司由一个小企业一跃成为著名的大公司。1930 年法国一时装设计师在妇女睡衣上采用拉链，也获得了巨额利润。

［案例］

半导体材料的诞生

20 世纪 50 年代，世界各国在半导体材料的研制中面临的关键问题是要将锗提炼得很纯。日本新力公司的江崎博士和助手黑田百合子就此问题进行了多次探索和实验。尽管他们实验操作得十分谨慎，但是操作中总不免会混进一些杂质，导致实验一次次地无功而返。一天，黑田忍不住了说：“既然杂质不易清除，还不如增加一些杂质试试看，不知道能搞出什么样的锗晶体来？”江崎一听茅塞顿开，立即照此设想进行了一连串的实验，结果当锗的纯度降到原来的一半时，一种性能优异的半导体诞生了。此项发明一举轰动了世界，江崎也因“独创出添加杂质为过去数万倍的‘隧道二极管’半导体”而获得诺贝尔物理学奖。

思考题：

（1）通过上述案例，你能理解发现问题与提出问题的重要性吗？

（2）通过上述案例，你能体会可以从哪些角度和方面提出问题吗？

（3）上述案例提出问题的过程中运用了什么思维方法？

（一）设问法原理

经验证明，能发现问题与提出问题就等于取得了一半的成功。巧妙的设问可以启发想象、开阔思路、引导创新。设问检查法实际上就是提供了一张提问的单子，针对所需解决的问题，逐项对照检查，以期从各个角度较为系统、周密地进行思考，探求较好的创新方案。目前，创造学家已经总结出了许多各具特色的设问检查法。在此主要介绍奥斯本检核表法与5W2H法，重点掌握其设问的思路与技巧。

1. 设问检查法的特点

设问检查法是对拟改进创新的事物进行分析、展开、综合，以明确问题的性质、程度、范围、目的、理由、场所、责任等，从而使问题具体化以缩小需要探索和创新的范围。

（1）以提问的方式寻找发明的途径。设问检查法的首要特点是抓住事物普遍意义的方面进行提问，所以它的应用范围很广，不仅可用于技术上的产品开发，还可用于改善管理等范畴。如5W1H法，是从客体的本质（What）、主体的本质（Who）、物质运动的最基本形式时间和空间（When、Where）、事情发生的原因（Why）和程度（How）这几个角度来提问的，这些问题属于任何事物存在的根本条件。这样抓住一个事物的制约条件来分析问题，就会发现问题的症结与原因在哪里。又如，奥斯本的检核表法是抓住声音、颜色、气味、形状、材料、大小、轻重、粗细、上下、左右、前后等事物的基本属性大做文章，因而有普遍的适用性。

（2）从不同的角度、多个方面来进行设问检查，思维变换灵活，利于突破框框。特别是奥斯本检核表法，此法属于发散性思维，或称为横向思维，与之对应的是纵向思维。纵向思维是一种保护思路沿着中心线索自始至终地推进，直到解决为止的思维方式。而横向思维则是在探讨解决方案之前，先多角度地考虑对问题的种种看法。奥斯本检核表法不把注意力集中在问题的某一个方面，而是突破了旧框框大胆想象，借助于各种思维技巧，诸如联想、类比、组合、分割、移花接木、异质同构、颠倒顺序、大小转化、改型换代等，以得到各种不同类型的答案。5W1H法也是试着从五六个不同角度去考察问题。

2. 设问检查法的适用范围

自奥斯本的检核表法诞生以来，在实际应用中深受欢迎，并相继创造了多种不同的设问检查创造技法。这些方法几乎适用于各种类型与场合的创造活动，它能够帮助人们突破思维与心理上的障碍，从多方面多角度引导创新思路，从而产生大量的创造性设想。运用本技法在实践中取得成功的例子不胜枚举，因此，设问检查法被誉为“创造技法之母”。

设问检查法对于群众性的合理化建议活动，技术上的小发明、小革新是非常适合的，也可以与智力激励法等其他技法联合运用。如果要解决的问题较大，借助本技法也可使问题明确化，从而缩小目标，找到问题的关键所在，有针对性地解决之。

具体应用时，如用于管理方面，则要注意明确问题的性质、程度、范围、目的、理由、场所、责任等；用于技术问题方面，则要注意明确产品的材料、结构、功能、工艺过程等。亦即要根据不同的工作性质将此法做适当调整。初次使用设问检查法时，可能不如自发的创造那么方便，但只要坚持实践，就能养成善于提问思考的习惯，使原来封闭式、直线式的思维方式得到改善，有利于创造力的开发。

当然，设问检查法也有一定的局限，它比较强调创造发明主体的心理素质的改变，借助克服心理障碍，产生更多的思路，而较为忽略对技术对象的客观规律性的认识。所以在使用本技法解决较复杂的技术发明的问题时，仅能提供一个大概的思路，还需进一步与技术方法结合，才能完成有实际价值的发明。

（二）设问法的运用程序

设问法的运用程序如图 4-10 所示。

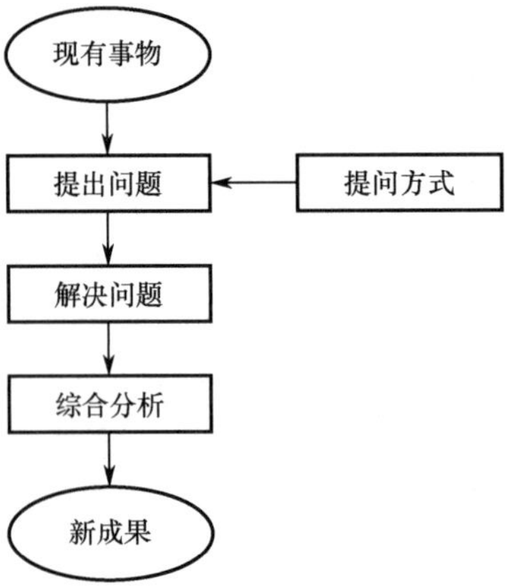

图 4-10　设问法的运用程序

（三）设问法运用要点

1．奥斯本检核表法

检核表法，英语为 Checklist Technique，又称为稽核表法、对照表法、分项检查法等。奥斯本创造的检核表原有 75 个问题，可归纳为 6 类问题的 9 组提问。

（1）由现状到目的：转用。

（2）由目的到现状：代替发明本身无变。

（3）质量的变化：改变。

（4）组合排列：调整、颠倒、组合。

（5）量的变化：扩增、缩减。

（6）借助其他模型：启发。

现就奥斯本的 9 组提问逐一举例说明。

（1）能否他用——现有的事物，包括材料、方法、原理等，还有没有其他的用途，或者稍加改造就可以扩大它们的用途。

人们从事创造活动时，大体有两条途径：一种是先认定目标，再据此寻找达到这一目标的方法；另一种则与此相反，是从某一现有的事实出发，通过发散思维，想象它还有些什么作用，由此将思维引向新目标。事实上，后一种方法更为常用，而且也是任一发明获得广泛应用与巨大效益的创新之路。尽管，世界上各种事物都有其特定的功能，如扫帚用来扫地、杯子用以盛水、书报供人阅读、砖头是建筑材料，但实际上这只是人们所习惯的常用的方面，其潜在功能远不止于此。在特定情况下，扫帚可做支撑物、扁担、武器；杯子可充当乐器、量具；书报可做包装纸、铺垫物、练毛笔字；砖头可当压载物、体育训练物等。显然，对潜在功能的开发，定会带来新的效益。

具体创造时，可以从多个角度加以扩散思维。

① 思路扩展。方便面是一种用开水一冲就能食用的快餐食品，它因无须烹调并且味道鲜美可口而深受消费者欢迎。正是这一创新，使发明方便面的日本小企业一跃成为食品行业的明星。许多企业触类旁通，沿着这一思路，开发出以“方便”为特点的方便米饭、方便米粉、方便蔬菜、方便啤酒、方便饮料等新食品。我国发明家张炳林，就是以“炳林牌”快餐米粉及其加工机械的研制获得了 10 项科研成果，其中 4 项获得国家专利和首届中国食品博览会银奖。天津的“狗不理”包子也因其在“方便”上动了脑筋而走向世界。那么，我们对各种各样的食品乃至用品进行“方便”化，就会有无数可以创新的课题。

② 原理扩展。面粉经发酵产生小气泡使馒头松软可口。于是，发泡塑料、发泡橡胶、发泡水泥相继发明，它们不仅轻巧省料，而且有更好的隔热、隔声性能。若在肥皂中加些气泡，肥皂就不会沉到水下，成为可浮在水面的浴皂。

③ 产品应用扩展。最早提出拉链设想的是美国发明家吉特逊，其初衷是代替鞋带用。相声中讽刺马大哈医生在肚子上装个拉链的笑话已成为产品扩展的一个创举。1989 年 1 月 11 日，安徽省立医院外科主任医师李乃刚和徐斌，成功地为胰腺手术病人装上拉链。治疗急性坏死性胰腺炎时，病人在手术后半月到一月内还得将手术切口敞开，以便随时清洗不断产生的坏死组织和腹腔渗出液，观察病情发展，这样不仅病人很痛苦，且容易感染，手术成功率低。而装上拉链后的效果很好，手术成功率大大提高。

④ 技术扩展。激光技术发明之后，其应用扩展迅速，几乎遍及各个领域。例如，测量、基准、通信、特种加工、全息印刷、激光音响、激光武器、激光手术、激光麻醉等都有不寻常的应用。

⑤ 功能扩展。原来是军用之物，可以将其功能为民用服务，反之亦然。

枪作为武器已有很多品种，如步枪、手枪、冲锋枪、机枪、信号枪、无声枪等。用之于以民，又开发了许多新的功能。例如，救生枪是一种潜水员用的抢险、救难工具，可以修补船体，或给失事潜艇供气；注射枪用来给猛兽打针；种植枪是加拿大人研制的，在种树枪的塑料子弹里装有土壤和种子，这样每天可植树 2000 棵，且成活率高。美国创造了“机枪播种法”，把播种机枪装在飞机上，向大片土地扫射，大功告成；建筑装修用的射钉枪可以方便快捷地在木头、水泥上钉螺钉。

⑥ 材料扩展。橡胶有什么用？有家公司提出了上万种设想。例如，制成床垫、浴盆、人行道边饰、鸟笼、门扶手、墓碑、玩具、减振器、绝缘层、雨衣、皮筏等。大豆在我国人民的不断开发下已制成了多种食品，如豆腐、豆浆、豆腐脑、豆腐干、豆腐乳、豆奶、酱油、豆豉、豆酱、豆芽、豆油、人造肉、人造黄油、豆类小食品等。

⑦ 系列配套。这是指将产品按不同使用对象、使用场合来开发。例如，铅笔已经有四百年的漫长历史了，还可以在不同的使用要求下不断开发出新的品种。如在笔杆上带有两个凹孔外套，便于幼儿正确握笔的学写铅笔；专为伤残人设计的独指书写铅笔；笔尖处带有小光源，适宜黑夜书写的照明铅笔；附加有画线导轮，便于徒手画线的直线铅笔；把刀片藏匿于笔套之中的带刀刃笔套的铅笔；笔杆上缠有纸带，便于随手记事的带纸铅笔；便于放在眼镜架上的铅笔；不用削的自动铅笔等。

（2）能否借用——现有的事物能否借鉴移植别的思路与技术，能否模仿别的事物，怎么模仿；现有的发明创新能否引入其他方面的创新成果。

发明创新是新型未知的事物，仅凭自身苦思冥想总是有诸多局限与困难。那么，现实世界的许多事物就是最好的老师，通过类比联想找到可供借鉴启迪的思路与技术，移花接木，借月生辉，无师自能，难题也就迎刃而解了。

同时，这一提问也有助于使某一发明创新向广度与深度发展，以形成系列的发明创新成果。如在阿波罗登月计划中，偌大的宇宙飞船要灵活可靠地在月球上安全着陆，这在控制上要求很高，尽管技术上可以做到但花费巨大，有位专家在海边散步时看到巨型海轮靠码头困难是用驳船来过渡的，于是马上产生灵感——登月船的创意由此萌生。

泌尿科医生引入微爆破技术而使体内结石得到粉碎清除，免去患者的手术之苦；山西一位建筑工人借用能够烧穿钢板的电弧来给水泥板打洞，效果既快又好，也没有振耳的噪声；当今飞速发展的计算机技术被引入管理之中，更使科学化、智能化的经营管理得到跨越式发展。

（3）能否改变——现有的事物能否做适当的变化，如改变颜色、味道、声响、形状、型号等。

① 形状变化。1898 年，亨利 · 丁根将滚柱轴承的滚柱改成了圆球，发明了滚珠轴承。河南的小朋友王岩看到一般漏斗下端都是圆形的，用来向同样是圆形的瓶口里灌装液体时，因瓶内空气的阻碍，液体不易流下。于是他把漏斗下端改成方形，插入瓶口时便留出间隙，让瓶内的空气在灌液时能顺利溢出使灌液流畅。

② 结构变化。美国的沃特曼，对钢笔尖结构做了改革，在笔尖上开个小孔和小沟，使书写流畅，因此而成了第一流的钢笔大王。

③ 气味变化。日本化妆品公司——资生堂公司经过 10 年研究，提出一门大有前途的全新科学——芳香学，认为香味对人体生理有积极影响。研究证明，薰衣草和玫瑰花有镇静作用，柠檬能振奋精神，茉莉花能消除疲劳，薄荷能减少睡意。对计算机操作人员的实验表明，茉莉花香可使他们的键盘操作差错减少 30%，柠檬味可减少差错 50%。据此，香味电话、香味闹钟、香味领带或袜子，可任选香型的香味卡等产品应运而生。甚至还创造了香味管理法——在不同时间通过空调散布不同香味以提高工作效率。

④ 颜色变化。1955 年，第三产业某些行业受到颜色的挑战，甚至有因颜色守旧而濒临破产者。因而，不少人从改变颜色寻找生机，各种产品都讲究颜色、形状以增加美感，一门专门学科——技术美学也由此创立。如今，传统的白色家电也披上了彩色盛装；现代科技开发了彩色钢板、彩色棉花、彩色大米等“漂亮产品”。我国学者提出：在校园设计中，调整房屋的室内色彩，改善周围的环境色彩，对防治近视、提高教学质量均有好处。

⑤ 声音变化。比香味更早，科学已经证实了音乐的魅力。悦耳的音乐能够使人心旷神怡，激发创造力，轻松的音乐能提高人的学习效果，甚至能使乳牛多产奶，西红柿多结果。与之相反的噪声则会使人心烦意乱、血压升高，引起多种疾病，现在噪声已成为法律所要控制的污染了。

（4）能否扩大——现有的事物能否扩大，增加一些东西，延长时间、长度，增加寿命、价值、强度、速度、数量。

奥斯本指出，在自我发问的技巧中，研究“再多些”与“再少些”这类有关联的成分，能给想象提供大量的构思线索。巧妙地运用加法和乘法，便可大大拓宽探索的领域。

① 附加功能。在两块玻璃中间加入某些材料，可制成防碎、防振、防弹的新型玻璃；在牙膏中掺入一些药物，可制成防酸、脱敏、止血、预防龋齿等治疗保健牙膏；水泥中加入钢筋可使它既承压又抗拉，加入气泡可减轻重量，且隔声隔热，加入颜色使建筑物赏心悦目。美国一家公司用聚丙烯加固并经特殊处理后制成无缺陷水泥，其弹性提高30倍，抗冲击性提高1000倍，刚度高于铝，韧性与有机玻璃相当，且防水、耐酸、耐碱、耐寒、不开裂。日本三家化学公司联合制成一种乳胶液，将它加在钢筋混凝土中，可使钢筋混凝土的寿命从通常的60～100年增至500年，且有很强的耐腐蚀性，特别适于修建海洋建筑物。

② 强化技术。对食品强化处理，可使其营养价值不断完善丰富。如强化麦乳精，是对维生素A、B、D进行强化，使100克麦乳精的维生素A达到1500国际单位，B达到500国际单位，D达到1000国际单位。它含有足量的蛋白质、脂肪和酶，营养价值比更优。

另外，对矿井、地下工程、船舶等采用强力通风措施，强化通风条件，则可增加含氧量，改善劳动条件。

③ 放大增多。将暖水瓶的瓶口加大便成了冰棒瓶。在出版物中，集解、大成、大全、汇编、增补、补注、详解、拾遗等也都是这一思想的产物。日本的大财阀石桥正二郎把袜式胶鞋鞋帮上胶的高度加长些以防止泥水湿了鞋面，此专利使他七年销出2亿双胶鞋。

④ 感情投入。在管理中融入感情，就会沟通心灵，和谐融洽；在产品中赋以情感，必将以情动人，备受欢迎。

香港生产了一种“椰菜娃娃”，其别出心裁之处在于它们的面孔、发型和服饰都互不雷同，并由电脑赋予不同的名字，屁股上还打印上“出生年月日”，附有“出生证”，使之像真小孩一样。销售时竟然煞有介事地宣扬说不能“卖”，只能“认养”，声称至一周岁时厂方还会寄去生日卡等。经此拟人化后，这种小布娃娃深受宠爱，价格大涨，供不应求，甚至掀起了集体认养、排队“领”小宝宝的热潮，开创了玩具产品销售的新纪录。

（5）能否缩小——现有的事物能否缩小、取消某些东西，使之变小、变薄、减轻、压缩、分开、流线化等。这是与上一条相反的创造途径。

① 简单化。省略一些尽可能省去的部件、结构和使用手续，无疑值得一试。如不用内胎的自行车、一按即好的“傻瓜照相机”，省略换挡用油门调速的小汽车、一次成像照相机、即冲即饮的咖啡等都是很受欢迎的产品。

世界上有许多长篇巨著，几十万字甚至几百万字，一般人难以通读涉猎。然而节缩本、简写本、摘要等不断诞生，其发行量竟远远超过原著。同样，报刊文摘、海外文摘、资料卡片类杂志也因其包罗万象而拥有大量读者。

在企业管理中，可采用淘汰法，减去那些可有可无的环节，使生产过程简化。如日本的丰田汽车厂，严格实行“准时性”管理，使前一道工序的产品，正好是下道工序所需的量，因而减少了车间储存的管理环节，降低了成本。

② 短路化。从燃料到能量被利用，其间必定要经过若干中间环节，技术转化的环节越多，往往效率也越低，因而现代技术正向“短路化”进军。如煤在高温下与水蒸气、空气或氧气发生化学反应，便可产生可燃气体，经气化处理后煤的热值可提高1.5～1.9倍，但把煤开采出来，运往气化厂的过程是困难的。有人便研究发明让煤在地下直接气化的方法，显然其效益是非常惊人的。现代企业结构扁平化同样可使管理“短路”——更直接有效。

③ 微型化。在琳琅满目的商品中，谁不喜爱那些小巧玲珑的物品。如微处理机、手表

状的微型电视机、可以装在眼镜架上的袖珍收音机、记事本大小的迷你复印机，甚至可随身携带的“小”厕所。法国制成的小摩托车自重仅 2.5kg，速度可达 80km/h；日本出产的“小”汽车也小得可以一只手提着走。

④ 拆折化。缩小的另一种途径是通过折叠、弯曲、盘卷、排放气体（液体）、拆卸等方法，让产品在非使用状况下变小。如折叠床、缩骨伞、卷尺、拉竿式钓鱼竿、充气筏或充气房子等。有种残疾人用的便携式轮椅，重 3kg，能在几分钟内拆开，装进直径 60cm、厚度 12cm 的套袋里随身携带，甚至不影响上飞机；有种扣在手腕上的微型救生垫，在水中遇险时，拉动引线，充气垫便自行弹出，几秒钟内自动充气，可浮起 135kg 的人；英国产的折叠船折叠后成一手提箱状，仅 15.8kg，使用时只要一分钟便可张开。这种折叠船可坐两个大人、两个小孩。

⑤ 自动化。自动伞、自动洗衣机、自动红绿灯、自动报警器、自动炊具等都是自动化的产物，高度自动化是现代技术努力的目标。如果能对一些普通原理做巧妙运用，则可做出很多方便生活的小发明。翟梅小朋友利用纸条打湿后强度降低的特点，设计成一个自动关窗装置。当下雨家里无人时，窗户会自动关闭。

⑥ 省力化。机械的功能，大多是为省力而设计的。董建川小朋友，受小狗上楼动作的启发，设计发明了一种可以运重物上楼的小车，称为爬楼车。法国正在研制一种“会献殷勤”的公共汽车，该车每当靠站时，它会主动“屈膝”15cm，使乘客上下车方便省力。

（6）能否替代——现有的事物有无代用品，以别的原理、别的能源、别的材料、别的元件、别的工艺、别的动力、别的方法、别的符号、别的声音等来代替。语文修辞手法中就有“借代”修辞，这实际上就是替代的思考形式。大家熟知的曹冲称象的故事就是运用替代法来解决难题的。

① 材料代用。材料代用是以一般材料代替高级材料、以非金属材料代替金属材料、以人造材料代替天然材料等。

a. 纸。用纸代替金属制成各种不生锈、可装固体或液体的精美容器，甚至还可制成锅，用于油炸或煎炒都行，且重量轻、成本低、节省能源。以纸代布，制成纸衬衣、纸领带、纸帽、纸制结婚礼服等“一次性产品”，其色彩鲜艳、造型别致、价格低廉。以纸代木制造家具，同样物美价廉，适合现代人不断求新的要求。

b. 陶瓷。目前，陶瓷这一日用器皿的传统材料已经登上现代工业的舞台。新颖陶瓷有耐高温、耐磨损、耐腐蚀、耐冲击等特点。湖南某出口瓷器厂，开发生产了家用微波炉专用瓷具；宜兴大新非金属锅炉构件厂，已生产出陶制锅炉构件，其价格可降低一半。据国外报道，用陶瓷制造发动机，可大幅度提高热效率、降低燃料消耗、减轻自重；用之于蓄电池，可使其性能产生突变；在微电子部门，其应用前景广阔。

c. 塑料。塑料工业的发展改变了许多产品的面貌，各种塑料制品已进入各个领域与千家万户。瓶盖垫片原是橡胶制成的，改为塑料后，仅吉林省就节省 520t 胶。中国青年唐锦生，发明了世界上第一辆全塑汽车。它车体轻、故障少、耗油省、噪声低、高强度、耐腐蚀、结实耐用、操作简单、造价便宜，已在我国及美、俄、日等七国申请了专利。

② 能源代用。科学统计指出，地球上的石油、煤炭等能源有限，如不节约或开发新的能源，人类文明就难以持久。因此利用太阳能、风能、地热能，开发海洋乃至开发人体自身的能量便成为当务之急。海洋的石油储量为世界可采储量的 45%，有 45 亿吨油、200 亿

吨重水、海洋能（潮汐、海流、海浪、温差等）总蕴藏量为1528亿千瓦。研究表明，一个人一昼夜浪费的能量若转化成热能，则可把与其身体等重的水由0℃加热到50℃。人的一生中有1/3以上的能量被浪费，若将40亿人的这些能量利用起来，便相当于10座核电站的电力。国外已建成一些收集转化人体能的建筑物，如利用人散发的热量、推门的力、走路的力等来发电都已有成功的先例。

③ 食品代用。人口的增长与耕地的缩小呈反比地变化，“民以食为天”将寻找新的天地。科学家们发现，位于近海水域自然生长的海藻，年产量相当于目前世界小麦总量的15倍以上。试验证明，只要繁殖1公顷（1公顷=10000m^2）水面的海藻，加工后可获得20t蛋白质、多种维生素及人体所需的矿物质，相当于40公顷耕地年产的大豆。而海洋的“可耕”面积约为陆地的15倍，因此，海洋将成为21世纪人类的第二粮仓。

未来的另一类重要食物是昆虫，它们不仅美味可口，而且营养丰富。研究证明，昆虫体内的多种营养成分的含量结构比畜、禽肉更为合理，而且其脂肪与胆固醇含量较低。目前，用昆虫做菜，在西亚、非洲、中美洲等地区已很盛行，如油炸蝴蝶和蝗虫、土豆烩蜻蜓、面团炸黄蜂、蚂蚁番茄汤、蛾子饼、蚂蚁奶油蛋糕、蝉肉蜜饯都成了美味佳肴。

④ 功能代替。江西的黄建平从小失去双手，出自一个残疾人对生活的热爱，他顽强地以脚代手，不仅学会了吃饭、洗衣等生活的琐事，而且练就“一脚”漂亮工整的汉字，学会了一些精巧的铜匠、木工“脚艺”，还能在波浪中驰骋，勇夺全国和国际残疾人运动会游泳金牌，成为全国五一劳动奖章获得者。以脚代手，不仅是功能的替代，更是意志与毅力的创造。

（7）能否调整——现有的事物能否做适当调整，如改变布局、改变型号、调整计划、调整规格等。

重新安排，更换位置看似简单，只要运用得当，也会产生不同寻常的创新。大家熟知的“田忌赛马”就是例证。名噪一时的点子大王何阳有个精彩策划：北京一文化馆要扩建，涉及100户居民搬迁。上级拨款1400万元，但城区购一套房子需20万元，搬迁费缺口600万元，怎么办？何阳出招让100户都搬到城外郊区去住，那儿的房子才3万～4万元一套。可住户说：“太远了，不干。”何阳说：“给每家配一辆小面包汽车，还干不干？”住户们乐意接受。其实，北京的小面包汽车才4万元一辆，加上房子每户花费仅8万元，搬迁费还有结余。何阳再建议将面包车集中起来成立一个出租车队，既可接送住户上下班，又可做出租车业务，一箭双雕，皆大欢喜。

在产品创新中，此举同样有创意。例如，原来的汽车喇叭按钮装在方向盘的轴心上，每次按喇叭得把手移到轴心处，既不方便又不安全。后来有人将喇叭按钮改装在方向盘的下半个圆周上，只要在该区域任意处轻按就行，深受司机欢迎；试看看厂家不断推出的冰箱新产品，其实不少就只是将冷冻与冷藏位置调换，或调整其容积容量而已。

（8）能否颠倒——现有的事物能否从相反的角度重新考虑，能否正反颠倒、上下颠倒、主次颠倒、位置颠倒、作用颠倒等。

事物总有相反相成的两个方面，从反面考察研究是否有辩证的创新之路。以毒攻毒、欲擒故纵、吃小亏占大便宜、缺陷成才、危机管理，废物利用等均为反向创新的经验精华。

（9）能否组合——现有的事物能否加以适当组合，或者原理组合、方案组合、材料组合、部件组合、形状组合、功能组合、目的组合等。

当前科学、技术、生产、管理都有一种从分到合，从整体出发的综合观念。从本质上讲，世界上任何事物都是由较为初级简单的事物组合而成的，所以组合被认为是创造创新的动力之一。

［案例］

洗衣机的创新

这是“能否改变”引发的创新。

家电行业竞争之激烈，真可以用“惊心动魄”来形容。轰轰烈烈竞相上马的冰箱、彩电、洗衣机、空调等企业，经过20多年的拼杀搏斗，现在能立足的，恐怕只有热闹时期的1/4～1/3，而能创立品牌、扬名天下者更是屈指可数。在人们的日常用品中，数电子、电器类产品更新最快，不断更新创新是其生存发展的唯一命脉。现以洗衣机为例，看其“变”的玄机。

（1）洗涤方式变化。初期，洗衣机都是波轮式的，充其量是在波轮形状上做一些改进，以后才出现滚动式洗衣机。可是近年来不断推出的新品其洗涤方式有了全新的变化。如海尔全瀑布洗衣机，实现立体洗涤，能有效地溶解洗衣粉、清除污渍，提高洗净比30%以上；在合肥上市的“神龙”洗衣机采用的是仿生搓洗洗涤方式，在内筒中央有一搓洗棒，可做300°以内的往复摆动，形成上下翻转的水流，模拟手工搓洗方式搓洗衣物，领口、袖口处也可洗得干干净净；美国纽约一公司开发的电磁洗衣机是利用高频电磁微振洗衣物，去污力特别强，且比一般洗衣机节电75%、节水50%；韩国大宇公司开发的气泡洗衣机是利用空气泵产生气泡，气泡破裂时产生的能量可提高洗涤效果55%，且可减少衣物磨损；意大利开发的喷雾洗衣机是利用喷雾来清洗衣物；俄罗斯开发的冷沸腾洗衣机可在几秒钟内将洗涤桶上部的空气抽走形成负压，使水呈沸腾状态。衣服在泡沫旋涡中反复搅动两分钟就可洗净，不用任何洗涤剂，无振动、无噪声、无污染、不伤衣物。

（2）大、小、多、少的变化。面临洗衣机的更新换代，“大、小、多、少”将各显神通。

大——新型洗衣机容量为7～8kg，可洗涤床罩等大件用品。

小——新一代超薄型、玲珑型设计，使洗衣机体积减小而洗衣容量不减。

多——洗衣功能明显增多，新型超静洗衣机不仅可洗一般衣物，还可洗涤毛线、羊绒制品、牛绒制品。有的还可以对衣物进行磁化或臭氧消毒处理等。

少——节水、节电、低噪声。近年推出的海尔的“小小神童”、荣事达的“子母洗衣机”、小天鹅的“小小天鹅”等小型迷你型洗衣机，一举成为当今洗衣机市场的“新宠”，适合于快节奏生活、小家庭居室，少量衣物即时洗，占地面积少。

（3）结构变化。洗衣机结构从单桶到双桶、套桶；开门有前开、顶开。如今有了顶开式滚桶洗衣机、新一代双桶洗衣机。海尔全瀑布双桶洗衣机将迷你洗衣机与滚筒洗衣机结合为子母式洗衣机，“母桶”采用立体喷射水流，“子桶”采用垂直水流。人们可以将不同的衣物分开洗，大量衣物同时洗，小件衣物即时洗。另有一种全自动分洗型洗衣机，配有全自动桶与分洗桶，可同时洗涤8kg衣物。全自动桶容量达5.5kg，采用模糊计算机控制技术，自动选择水量、时间和洗涤程序。而分洗桶采用防菌波轮设计，容量2.5kg，可单独洗涤少量衣物。

（4）功能变化。随着人们“保健”心理的日益强化，很多产品开始走“健康”之路，洗衣机也不例外。健康型洗衣机的含义是：首先是把衣服洗得更干净，漂洗更净，避免洗衣粉残留物对人体的影响；再者洗衣机内桶波轮均采用抗菌塑料制成，能有效防止细菌滋生引起衣物交叉感染，长期不用也不发生霉变；还有就是洗衣机本身设有杀菌功能，通常采用臭氧发生技术使洗涤过程同时产生臭氧，能有效杀灭衣物上的大肠杆菌、金色葡萄球菌等数十种细菌病毒，杀灭率达99.5%。

［案例］

杯子的创新开发

（1）能否他用。用于保健，磁化杯、消毒杯、含微量元素的杯子。

（2）能否借用。借助电照技术的智能杯，会说话、会做简单提示。

（3）能否改变。颜色变化，形状变化。变色杯，随温度而改变颜色；仿形杯，按个人爱好定制。

（4）能否扩大。加厚、加大。双层杯，可放两种饮料；安全杯，底部加厚不易倒。

（5）能否缩小。微型化、方便化。迷你观赏杯；可折叠便携杯。

（6）能否替代。材料替代。以钢、铜、石、竹、木、玉、纸、布、骨等材料制作。

（7）能否调整。调整其尺寸、比例、工艺流程，新潮另类杯。

（8）能否颠倒。倒置不漏水。旅行杯，随身携带不易漏水。

（9）能否组合。将容器、量具、炊具、保鲜等功能组合为多功能杯。

2. 5W2H法

此法由美国陆军首创，通过连续提七个问题，构成设想方案的制约条件，设法满足这些条件，便可获得创新方案。目前，5W2H法已广泛应用于改进工作、改善管理、技术开发、价值分析等方面。

5W2H法视问题的性质不同，设问检查的内容也不同。

（1）为什么（Why）：为什么发光？为什么漆成红色？为什么要做成这个形状？为什么不用机械代替人力？为什么产品制造的环节这么多？为什么要这么做？

（2）做什么（What）：条件是什么？目的是什么？重点是什么？功能是什么？规范是什么？要素是什么？

（3）谁（Who）：谁来办合适？谁能做？谁不宜加入？谁是顾客？谁支持？谁来决策？忽略了谁？

（4）何时（When）：何时完成？何时安装？何时销售？何时产量最高？何时最切时宜？需要几天合适？

（5）何地（Where）：何地最适宜种植？何处做才最经济？从何处去买？卖到什么地方？安装在哪里最恰当？何地有资源？

（6）怎样（How）：怎样做最省力？怎样做最快？怎样效率最高？怎样改进？怎样避免失败？怎样求发展？怎样扩大销路？怎样改善外观？怎样方便使用？

（7）多少（How much）：功能如何？效果如何？利弊如何？安全性如何？销售额如何？成本多少？

［案例］

5W2H 法创新示例

（1）在管理方面的应用。某航空公司在机场候机室二楼设小卖部，生意相当清淡。公司经理用 5W2H 法检查问题何在，结果发现 Who、Where 及 When 三方面。

① 谁是顾客？机场小卖部应当把入境的旅客当主顾才对，而这些客人不需要上楼。在二楼逗留的大部分是送客或接客的人，他们完全可以在市内大商场里挑肥拣瘦，不必到机场来买东西。

② 小卖部设置在何处？原来旅客出入境的路线，都是经海关检查后，直接从一楼左、右侧走了，根本不需走二楼。小卖部的位置没有设在旅客的必经之路。

③ 何时购物？出境旅客只有当行李到海关检查交付航空公司后，才有闲情光顾小卖部。而原来机场安排旅客临上机前才能将行李交运，这样就从时间上限制了旅客。

由此可见，小卖部生意不佳的原因是：未把旅客当主顾；小卖部的位置偏离了旅客的必经路线；旅客没有购物的时间。

针对这三点，研究改进措施：以旅客为主顾，调整海关检查的路线与和行李交付时间。此后，小卖部的生意兴隆了。

（2）在生产中的应用。下面以人工养殖珍珠技术为例加以说明。

在人工养殖珍珠最开始，贝的成珠率低，甚至容易死掉。应用 5W2H 法可以将问题缩小到几个方面，分别研究解决之。

① What：放什么东西贝不容易死掉？放砂子不行，改用裹着贝肉的贝壳碎粒可行否？

② When：什么季节在贝里放东西最容易成功？贝长到多大时适宜殖珠？一天中的什么时候做最有利？

③ Where：殖贝的位置选在何处为好？

④ How：如何使贝张开口？放进异物后如何养护？

针对每一问题，拟订各种可行方案，分别试验鉴定后，找到最佳方法。

3．和田十二法

和田十二法，又称聪明十二法，是我国创造学者许立言、张福奎对奥斯本的检核表法进行了深入研究，结合我国创造发明，特别是上海和田小学创造教学的思路，与和田路小学一起提出来的。上海创造学会 1991 年正式命名“和田十二法”。他们在回顾这一技法提出的过程时指出：“为推动我国广大群众的发明创造活动，我们考虑到一方面要在成人中普及创造技法，另一方面还要在少年儿童中增加创造技法的启蒙教育。我们想能否提供一种老少皆宜、两全其美的普及型的创造技法呢？我们选择了‘检核表法’，结合我国的情况和少年儿童的特色，将检核表法改造提炼为十二个‘聪明的办法’，供人们在思考问题、进行发明创造设想时，按顺序核对思考，从中得到启示。”

和田十二法的具体内容：

（1）加一加——可在这件东西上添加些什么吗？需要加上更多时间或次数吗？把它加高一些，加厚些，行不行？把这样东西跟其他东西组合在一起，会有什么结果？

（2）减一减——可在这件东西上减去些什么吗？可以减少些时间或次数吗？把它降低一些，减轻一些，行不行？可省略、取消什么吗？

（3）扩一扩——使这件东西放大、扩展，会怎么样？

（4）缩一缩——使这件东西压缩、缩小，会怎么样？

（5）变一变——改变一下形状、颜色、音响、味道、气味，会怎么样？改变一下次序会怎么样？

（6）改一改——这件东西还存在什么缺点？还有什么不足之处需要加以改进？它在使用时是否给人带来不便和麻烦？有解决这些问题的办法吗？

（7）联一联——某个事物（某件东西或事情）的结果，跟它的起因有什么联系？能从中找到解决问题的办法吗？把某些东西或事情联系起来，能帮助我们达到什么目的吗？

（8）学一学——有什么事物可以让自己模仿、学习一下吗？模仿它的形状、结构，会有什么结果？学习它的原理、技术，又会有什么结果？

（9）代一代——有什么东西能代替另一样东西？如果用别的材料、零件、方法等，代替另一种材料、零件、方法等，行不行？

（10）搬一搬——把这件东西搬到别的地方，还能有别的用处吗？这个想法、道理、技术、搬到别的地方，也能用得上吗？

（11）反一反——如果把一件东西、一个事物的正反、上下、左右、前后、横竖、里外，颠倒一下，会有什么结果？

（12）定一定——为了解决某个问题或改进某件东西，为了提高学习、工作效率和防止可能发生的事故或疏漏，需要规定些什么吗？

以上“聪明的办法”，是利用“信息的多义性”和“消息的可塑性”，启发人们进行“广泛迁移”——概括性联想。这些联想，是在“表层信息”的外表看来不同，而实际上的在其“深层信息”中具有共同的成分或性质，因而在它们之间建立了某种联系。这些联系的建立，导致“简略”的演绎，从而提高了推理过程和解决问题的速度和质量。它“略去”了推理的“论证因素”（论证“为什么”人们要按某一方式去做）。它有助于激发人们在检索、提取、加工信息（包括实物信息）过程中，产生大量的创造性设想。

和田十二法的案例应用：

（1）加一加。华东工程学院附中的丛小郁同学利用“加一加”的办法发明了带水杯的调色盘。人们都知道，在上图画课时，既要带调色盘，又要带装水用的瓶子或杯子，用起来很不方便。可是，人们习以为常，谁也不想改进一下。丛小郁同学开动脑筋：要是把调色盘和水杯“加一加”，变成一个东西，不是更好吗。她从可伸缩的旅行水杯得到启发（类比），提出把水杯和调色盘组合在一起的设想，使杯子收缩。她又联想到用螺接的办法（联想），把调色板中心的圆边和杯底部制成螺纹形的，既可随意安装，又可随时拆卸。这样，她就发明了使用方便的带水杯的调色盘。

（2）减一减。少年于实明见爸爸装门扣时要拧六颗螺钉，觉得很麻烦。他想减少螺钉数目，提出了这样的设想：将锁扣的两边条弯成卷角朝下，只要在中间拧上一颗螺钉便可固定。这样的门扣只要两颗螺钉便可固定了。

（3）扩一扩。在烈日下，母亲抱着孩子还要打伞，实在不方便，能不能特制一种母亲专用的长舌太阳帽，这种长舌太阳帽的长舌扩大到足够为母子二人遮阳使用呢？现在已经有人发明了这种长舌太阳帽，很受母亲们的欢迎。

（4）缩一缩。石家庄第一中学的王学青同学发现地球仪携带不方便，便想到，如果地球仪不用时能把它压缩、变小，就方便携带了。他想若应用制作塑料球的办法制作地球仪就可以解决这个问题。用塑料薄膜制作的地球仪，用的时候把气吹足，放在支架上，可以转动；不用的时候把气放掉，一下子就缩得很小携带很方便了。

（5）变一变。洛阳第二中学的王岩同学看到圆口的漏斗灌水时常常憋住气泡，使得水流不畅。若将漏斗下端口由圆变方，那么往瓶里灌水时就能流得很畅快，也不用总提起漏斗了。

（6）改一改。一般的水壶在倒水时，由于壶身倾斜，壶盖易掉，而使蒸汽溢出烫伤手，成都市的中学生田波想了个办法克服了水壶的这个缺点。他将一块铝片铆在水壶柄后端，但又不太紧，使铝片另一端可前后摆动。灌水时，壶身前倾，壶柄后端的铝片也随着向前摆，而顶住了壶盖，使它不能掀开。水灌完后，水壶平放，铝片随着后摆，壶盖又能方便地打开了。

（7）联一联。澳大利亚曾发生过这样一件事，在收获季节里，有人发现一片甘蔗田里的甘蔗产量提高了 50%。这是由于甘蔗栽种前一个月，有一些水泥洒落在这块田地里。科学家们分析后认为，是水泥中的硅酸钙改良了土壤的酸性，而使甘蔗增产。这种将结果与原因联系起来的分析方法经常能使我们发现一些新的现象与原理，从而引出发明。由于硅酸钙可以改良土壤的酸性，于是人们研制出了改良酸性土壤的“水泥肥料”。

（8）学一学。江苏省的学生臧荣华做了一个十分有趣的实验，让猫狗怕小鸡。这里十分巧妙地运用了学一学的方法。事情经过是这样。村子里许多人都养了猫和狗，这些猫和狗总是想偷吃小鸡。臧荣华的妈妈也买来了小鸡，但放在哪里都不放心。臧荣华想要是能让猫狗自己自动不来就好了。一天，他上学时，看到一群飞舞的蜜蜂。他想，人比蜜蜂大多了，可是人怕蜜蜂，因为怕蜂蜇。那么我们能不能学一学蜜蜂的办法，让猫狗怕小鸡呢？他做了一个别出心裁的试验，他右手抓起一只小鸡，让鸡头从手的虎口处伸出来，拇指与食指捏着一枚缝衣针，针尖在鸡的嘴尖处稍露出一点。然后，他抓来猫、狗，用藏在鸡嘴下的针尖去扎猫或狗的鼻子、嘴，每天扎十几次。连扎三四天后，他发现猫狗见到小鸡就怕，他成功了。

（9）代一代。山西省阳泉市小学生张大东发明的按钮开关正是用代一代的方法发明的。张大东发现家中有许多用电池作为电源的电器没有开关。使用时很不方便。他想出一个“用按钮代替开关”的办法：他找来旧衣服和鞋上面无用的按钮，将两片分别焊上两根电线头。扣上按钮，电源就接通了；掰开按钮，电源又切断了。

（10）搬一搬。上海市大同中学的刘学凡同学在参加夏令营时，感到带饭盆不方便，他很想发明一种新式的便于携带的饭盆。他看到家中能伸缩的旅行茶杯，又想到了充气可变大，放气可缩小的塑料用品。他想按照这些物品制造的原理，设计一个旅行杯式饭盆，或是充气饭盆。可是，他又觉得这些设想还不够新颖，他陷入了冥思苦想之中。一天，他偶然看到一个铁皮匣子，是由十字状铁皮将四壁向上围成的。他想，我也可以将五块薄板封在双层塑料布中，用时将相邻两角用按扣按上，五块板就围成了一个斗状饭盆。这样，一个新颖的折叠式旅行饭盆创造出来了。

课后训练

（1）运用奥斯本检核表法对普通摄像机逐项检核来创新。

（2）运用和田十二法对自行车逐项检核来创新。

五、类比法

［案例］

蚂蚁寻食与新计算机计算法

美国科学家认为，根据蚂蚁寻找食物的方式可以开发出新的计算机计算方法，以解决“寻找最佳路线”之类的复杂问题。

据英国（自然）杂志报道，科学家发现蚁群寻找食物时会派出一些蚂蚁分头在四周游荡，如果一只蚂蚁找到食物，它就返回巢中通知同伴并沿途留下“信息素”作为蚁群前往食物所在地的标记。信息素会逐渐挥发，如果两只蚂蚁同时找到同一食物，又采取不同路线回到巢中，那么比较绕弯的一条路上信息素的气味会比较谈，蚁群将倾向于沿另一条更近的路线前往食物所在地。

美国新墨西哥州圣菲研究所的埃里克·博纳博士等科学家说，模仿蚁群的这种特性，可为计算机开发出新的计算方法，以解决“在许多城市之间寻找最佳路线”之类的问题。专家将在计算机程序中设计虚拟的“蚂蚁”，让它们摸索不同路线，并留下会随时间逐渐消失的虚拟“信息素”。根据“信息素较浓的路线更近”的原则，选择出最佳路线。

这种计算方法被称为“蚁群优化计算法”，它灵活性较高，对环境变化的适应力较强。据报道，瑞士正在用这种计算法安排运油车的行进路线。英国电信公司则在“蚁群优化计算法”的基础上继续研究计算机计算方法，为通信网络内的信号传输安排最佳路线，提高通信效率。

［案例］

虚拟心脏的研究

“虚拟心脏”是美国《自然》杂志最近提出的新概念，国际医学界目前尚没有人从分子水平进行“虚拟器官”的研究。不久前，一颗正在中国医学科学院阜外心血管病医院计算机里跳动的“虚拟心脏”，将从分子水平揭示心脏常见疾病的病理基础，并为研制治疗相关疾病的新药提供一个真实而且深层次的“试验基地”。

负责这一研究项目的惠汝太教授说，所谓“虚拟心脏”并非解剖学上的概念，说得形象一点，是计算机假装出来的心脏，但它具备真正心脏的所有生理特性。它是将心脏的变化规律转化为各种方程式，用计算机运行方程式来演示心脏疾病分子水平的病变过程。目前正在研制中的“虚拟心脏”已经“得了”先天性心脏病、心力衰竭、扩张性心肌病和心率失常这几种最常见的或危及生命的心脏病。

目前的药物研究一般是在动物或人体上进行宏观试验，因为不能得知试验过程中器官内分子的具体变化，只能通过试验结果推导出病变可能的内在基础。惠教授说，“虚拟心脏”的诞生，还将为新药研究提供一个分子水平上的“实验室”，研究者将告别以往的动物实验和人体实验，在离体的条件下完全仿生。

［案例］

烤制烙饼与组建团队

一个公司经理想在工作中开发和营造一个由年轻人组成的团队。想要实现一种新观念往往并没有那么容易，人们可以用类比来构想新的方案。这位经理想将其所面临的问题与制作烤饼的过程加以类比，这就要求她记下烤制烙饼的各个步骤及所需的各种要素。据此，她记录了烤制烙饼的各个步骤：

- 获得原料；
- 把厨具收集在一起；
- 称重各种原料；
- 预热烤箱，使其达到合适的温度；
- 在碗里将各种原料搅拌起来，将搅拌物放在用油脂抹过的浅盘上；
- 将盘子放进烤箱内，此时烤箱的温度已达到设定温度；
- 烤制一定时间；
- 每隔一定时间将烤饼“扎开”，看看它被烤到什么程度；
- 烤好以后，将其从烤箱内取出，晾好。

接下来对上面所列内容逐项加以考察，看看它们是否可以直接被转换为最初的问题情境，即开发办公室里的年轻人。在这种情况下，根据经理所取的特殊观念，可以得出不同的解释。其中的一种解释为：

- 精心选择年轻人；
- 收集所有用来培训和开发的辅助手段；
- 确定每位年轻人在培训和开发过程中需要什么；
- 使培训项目运作起来；
- 使年轻人做好接受培训与开发的准备；
- 为他们设置恰当的目标；
- 在时机成熟之后，让他们进入培训项目；
- 为每一位年轻人提供适度的培训；
- 不时地获取信息反馈，以确保培训项目进展顺利；
- 在培训和开发结束之后，让他们有时间在工作中展示身手。

思考题：

（1）通过上述案例，你能否理解类比创造的基本原理？

（2）通过上述案例，你能否琢磨出类比创造的基本方式？

（3）通过上述案例，你认为类比创造是建立在什么样的思维基础之上的？

（一）类比技法原理

用众人皆知的事例做比喻说明某些难懂的事物或概念，这是常用的一种方法。这种方法的特点在于以相似而易懂的事例做类比。类比指不同事物或现象在一定关系上的部分相同或相似。类比法是根据两个（或两类）对象之间某些方面的相同或相似而推出它们在其他方面也可能相同或相似的一种方法。它在科学研究、技术创新和各种创造活动中都是一种很有用的方法。

创造活动是对事物的未知规律的探索过程。就人类认识运动的秩序来说。总是由认识个别的和特殊的事物，逐步地扩大到认识一般的事物，深入到认识事物的内在规律，进而又以这种规律性的认识为基础，继续向未研究过的或尚未深入研究过的各种具体事物进行研究，找出其特殊的本质。

这里，有两个认识过程：由特殊到一般，由一般到特殊。从逻辑方法的角度说，前一过程是归纳法，后一过程是演绎法。两者都是创造活动中经常使用的基本思维方法。

早在古希腊时期，就有人对归纳法和演绎法做过较深入的研究。德漠克利特在《论逻辑》一书中总结了他对归纳法的研究成果，认为人的认识就是从经验观察上升到对自然现象的理论认识。亚里士多德则对演绎法做了研究，写了《工具论》一书，提出了从前推出结论的若干规则。以后英国哲学家弗兰西斯·培根在《新工具》一书中强调了归纳法，法国哲学家笛卡儿则在其著作《方法论》中特别推崇演绎法。随着近代实验科学的产生，那些主张经验论的科学家和哲学家，一般都强调归纳法，如牛顿、海克尔等。恩格斯针对海克尔等人的片面性，在《自然辩证法》中指出："这些人陷入了归纳和演绎的对立中，以致把一切逻辑推理形式都归纳为这两种形式。"他明确指出，除了归纳和演绎之外，还有其他的逻辑推理形式。

人类的认识史和科技史表明，除了从个别到一般的归纳和从一般到个别的演绎这两种思维形式之外。还有从个别到个别，即类比的思维形式。类比是在两个（或两类）特殊事物之间进行的，它既不同于从特殊到一般的归纳方法，也不同于从一般到特殊的演绎方法，而是从特殊到特殊的一种独特方法。黑格尔曾说过："在归纳法里我们是无法穷尽所有的个别事物的。当我们说'所有金属''所有植物'时，我们只是说，直到现在为止我们所知道的所有金属、所有植物而已，因此每一种归纳总是不完备的。我们尽管对于这个那个做了许多观察，但我们总无法观察到所有的事例、所有的个体。归纳推论的这种缺点便引导我们到类推。"

归纳必须在分析研究大量特殊事物的基础上才能进行。演绎依赖于归纳，也必须在从大量特殊事物中抽引出来的普遍原理的基础上才能进行。如果事例太少，就难以进行归纳和推理。而类比则是在两个特殊事物之间进行分析和比较，因此它可以在科学资料积累水平较低，还不具备进行归纳和演绎的条件下进行，是一种颇有用处的方法，特别是在探索科学前沿、交叉学科和新技术领域时，更具有重要作用。

为什么能够进行类比推理？这是因为类比这种方法是根植于世界的统一性这个基础之上的。因为供类比的对象之间存在同一性、相似性，对象的属性存在相关性。对象之间的同一性、相似性提供了从一类对象推到另一类对象的可能性，对象之间的相关性提供了从对象的某些属性推到另一些属性的可能性。正因为类比推理的客观依据是对象之间的同一性和对象之间的相关性，因此同一性和相关性程度是高还是低，必然会影响到推论的可靠性程度。如果对象之间的共同属性是主要的、本质的，对象属性之间的相关性是必然的，那么推论就是可靠的。反之，如果对象之间的共同属性是次要的、现象的，对象属性之间的相关性是偶然的，那么所得推论就不一定可靠。这说明，类比法和其他逻辑方法一样，也有它的局限性。例如，20 世纪人们根据火星与地球有许多相似之处，因而得出火星上有人存在的结论，这已被近年来空间探测结果所否定。又如，1846 年有人根据行星摄动理论发现了海王星，解决了天王星的轨道和理论计算不符的矛盾。但在当时，水星轨道也与理论计算不符、于是有人就用类比方法，假设水星与太阳之间还有一颗星——“火神星”，并用理论计算了这颗星的轨迹。这以后，许多人搜索了几十年，仍然不见这颗星的轨迹。直到爱因斯坦广义相对论的发表，才把谜底揭开，原来并无此星，水星轨道的摄动是由引力波所引起的，从而否定了这一错误结论。

类比是以比较为基础的。人们在探索未来的过程中，可以借助于类比的方法，把陌生的对象与熟悉的对象相对比，把未知的东西与已知的东西相对比，这样，由此物及于彼物，由此类及于彼类，可以起到启发思路、提供线索、举一反三、触类旁通的作用。正如康德所说：“每当理智缺乏可靠论证的思路时，类比这个方法往往能指引我们前进。”

类比推理，简称类比或类推，可用公式表示为：

A 对象具有 a，b，c，d 属性；B 对象具有 a′，b′，c′属性。

所以，对象 B 可能也具有 d′属性。这里，a′，b′，c′，d′分别与 a，b，c，d 相同或相似。前三项是共同属性，d′是推理属性。

类比法在科学研究中是一种得到广泛应用的科学方法。例如，1678 年荷兰物理学家惠更斯将光和声进行比较，发现光和声有一系列共同属性，如直线传播、反射、折射、干涉等，因为声是由于物质振动而产生的一种波，于是类推光也是一种波，从而提出了光的波动说。又如，德国物理学家欧姆把关于电的研究和法国数学家傅里叶关于热的研究加以类比，建立了欧姆定律。傅里叶假设热流量与温度的梯度成正比，用数学方法建立了热传导定律，欧姆则用电流量对应热流量，用电位对应于温度，并用实验证明两者有着相似的关系，终于发现了欧姆定律：I（电流）$=V/R$（电压/电阻），即电流与电压成正比。1911 年，著名物理学家卢瑟福提出原子结构的行星模型假说，也是应用类比方法的结果。他在α粒子的散射实验中证明了原子中有一个核，它仅占原子体积的十万分之一，却具有原子质量的 99.97%，核外电子只具有极少的质量。据此，他拿小小的原子与巨大的太阳系做类比。在太阳系中，太阳是它的核心，聚合太阳系总质量的绝大部分（99.87%），却只占太阳系空间的极小部分。原子核与电子之间的电吸引力，太阳与行星之间的万有引力，又都遵循与距离的平方成反比的规律。于是从太阳系是由处于核心的太阳和环绕它运行的许多行星构成的情形，提出了原子是由原子核和环绕着它运动的电子构成的行星模型假说。又如，1923 年德布罗意将光学现象和力学现象做了类比，提出了物质粒子的波粒二象性。总之这类例子是很多的。

同样，在技术领域，运用类比方法进行创造从而取得创造成果的情形也是屡见不鲜的。20 世纪 40 年代控制论的创始人维纳等人，通过类比，把人的行为、目的等引入机器，又把通信工程的信息和自动控制工程的反馈引进活的有机体，产生了控制论的理论和方法，从而使模拟方法推进到功能模拟方法的新阶段。仿生学的发展，更说明了类比方法的应用价值。狗鼻子一向以灵敏著称，它能感觉 200 万种物质和不同浓度的气味，嗅觉比人灵敏 100 万倍，在 1cm^3 空气中，约有 268 亿个气体分子，其中只要含有 900 个以上油酸分子，狗就能嗅出它的气味。现在，人们以不同物质的气味对紫外线的选择性吸收为信息，研制成了“电子警犬”，用它进行检测，其灵敏度甚至可以达到狗鼻子的 1000 倍。当今，人们还采取计算机和仿生学方法，模拟人脑的学习、记忆和逻辑思维过程，从事智能模拟方法的研究。仿生学还在向管理领域渗透，如人们根据髓鞘神经纤维的结构及神经冲动的传导特点，用类比方法研究现代管理科学指挥系统的结构和功能。类比方法在技术领域中起催生助产的作用。有人发现，恐龙躯体庞大，却只长着一个“樱桃小口”，凭这小口进食怎能填饱肚子？经仔细观察，终于发现恐龙的小口内有双层锉刀式的牙齿，它具有高度的咀嚼草料的功能。由此得到启发，人们通过模拟实验，制成了类似“龙牙”的有着两排刀齿的联动钻头，大大提高了钻机的效率。在隧道工程中曾经得到广泛使用的“构盾施工法”的发明，也曾得益于类比法。1820 年，英国要在泰晤士河河底建造隧道，由于土质条件很差，用传统的支护开挖法，因河底松软，渗水，易塌方，施工极为困难，工程师布鲁尔内感到一筹莫展。一天，他在室外无意中发现有只小虫使劲地往坚硬橡树皮里钻。这使他恍然大悟：河下施工为什么不能用这小虫的掘进技术呢？终于发明了“构盾施工法”，用空心钢柱打入河底，以此为“构盾”，边掘进边延伸，在构盾的保护下进行施工。在这里，思考对象为水下隧道施工技术，某一客体是以壳护身钻进树皮的小虫。他通过联想和类比，将两者联系起来，从树皮孔壁到空心钢柱体的相似，找到启示，产生出创造性的设想。

（二）类比技法运用程序

类比技法运用程序如图 4-11 所示。

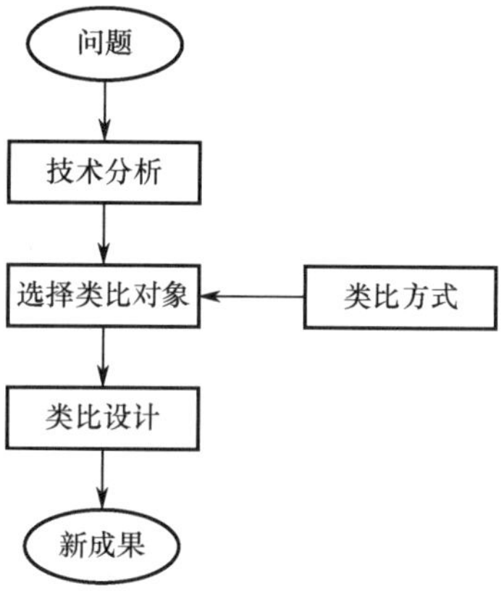

图 4-11 类比技法运用程序

（三）类比技法运用要点

1. 类比思考的基本方式

1）直接类比

从自然界或者已有成果中寻找与创造对象相类似的东西，就是直接类比。直接类比的目的是寻求原型启发，或激发灵感的产生。利用这种方式启发的关键是要善于观察和判断，要保持开放的和有准备的头脑，不放过任何机遇，从事物的诸多属性中获得新设想的“垫脚石”。例如，一位名叫乔治·特拉尔的工程师发现，他每次打猎回来后，总有一种大蓟花植物黏在他的裤子上，回家后，他好奇地用显微镜察看残留在裤子上的植物，发现每朵小花上都长满了小钩，他明白了这些小东西为什么会紧紧钩住衣服。当他解开衣裤扣子时，一个新设想冒了出来：能不能仿照大蓟花的结构发明一种“新扣子”呢？出于这种创意，他又再次观察大蓟花的钩子形状和分布特点，并进行类比推理。如果在布带上也织上这种小钩，那么两条布带一接触不就能互相黏在一起了吗？经过研制，他发现这种连接方式是可靠的。接着，特拉尔从商业角度出发，设计出可以代替扣子、拉链或系带的“尼龙搭扣”，并取得了专利。

2）亲身类比法

亲身类比，又称拟人类比，即把自身与问题的要素等同起来，从而帮助我们得出更富创意的设想。在这个过程中，人们将自己的感情投射到对象，把自己变成对象，体验一下作为它会如何、有什么感觉。这是一种新的心理体验，使个人不再按照原来分析要素的方法来考虑问题。

世界上的事物尽管千差万别，但并非杂乱无章，它们之间存在某种程度的对应与类似。如果我们能善于在异中求同、同中见异，就可能得到创造性的成果。

运用亲身类比，最简单的做法是问“假如我是它……”，这是一种移情，又称为拟人化。即把要解决的问题、面对的事物人格化，使无生命的东西有生命。

例如，“假如我是铅笔，我想变成什么？”把自己比作铅笔，想象一下自己的感受，这样的体会过程使设计师对铅笔的看法与过去不同了，设计师说“我想让自己变成项链”“我想让自己变成一把锁”“我想让自己变成麻花”……于是，一连串的创意就会像喷泉一样涌出。要记住，这些精美的设计都来自“假如我是它，我会……”这样的思考能激发人的情感，启发人的智慧，促使人提出独特的设想，得出解决问题的方法。

所以在创造发明中，如果我们能通过拟人化、移情，把自身的性格、情感、感觉与课题对象（或问题因素）等同起来，这就是亲身类比。亲身类比使我们看问题的角度变了、感受变了，能够使我们从中获取关于对象（或问题因素）的全新的感受和深刻见解，能帮助我们最终产生创造性设想。

科学上，拟人类比的例子也是不胜枚举。凯库勒梦见一条蛇咬住了自己的尾巴，之后提出了苯分子环状结构理论。科学家在设计机械装置时，常把机械看作是人体的某一部分，进行拟人类比，从而得到意外的收获。又如，挖土机的设计，就是模仿人的手臂动作。它向前伸出的主杆，如同人的胳膊可以上下左右自由转动；它的挖土斗，好比人的手掌，可以张开，合起；挖土斗边的齿形，好似人的手指，可以插入土中。挖土时，手指插入土中，再合拢、举起，移至卸土处，松开手让泥土落下。这是局部的拟人类比，各种机械手的设计也是如此。整体的拟人类比，就是各种机器人的设计。这种拟人类比还常用于科学管理中，如把某工厂的厂办比作人的大脑，把各车间比作人的四肢，把广播室比作嘴巴，把仓库比作内脏等，从而按人体的正常活动管理工厂。这样就能及早发现问题，实现协调有序的管理。

3）幻想类比法

幻想类比就是将幻想中的事物与要解决的问题进行类比，由此产生新的思考问题的角度。例如，要设计能自动驾驶的汽车，人们想到神话中用咒语控制地毯的故事，由此启发人们运用声电变换装置实现汽车的自动驾驶。

著名哲学家艾赫尔别格曾经对人类的发展速度有过一个形象的幻想比喻。他指出，在到达最后 1 公里之前的漫长征途中，人类行进的道路十分艰难崎岖，虽侥幸穿过了荒野和原始森林，但对周围的世界万物一无所知，只是在即将到达最后 1 公里的时候，人类才看到了原始时代的工具和史前穴居时代创作的绘画。他接着描绘道，在最后的赛程里，人类看到难以识别的文字，看到农业社会的特征，看到人类文明刚刚透过来的几缕曙光。离终点 200m 的时候，人类在铺着石板的道路上穿过了古罗马雄浑的城堡。离终点还有 100m 的时候，在跑道的一边是欧洲中世纪城市的神圣建筑，另一边是中国四大发明的繁荣场所。离终点 50m 的时候，人类看见了一个人，他用创造者特有的充满智慧和洞察力的眼光注视着这场赛跑，他就是达·芬奇。剩下 5m 了，在这最后的冲刺中，人类看到了惊人的奇迹，电灯的光亮照亮了夜间的大道，机器轰鸣，汽车疾驰而过，飞机飞至云端，记者的聚光灯使获得胜利的运动员眼花缭乱……

在这里，艾赫尔别格运用了形象的幻想比喻，将漫长的人类历史即所谓的“最后 1 公里”栩栩如生地展现在人们面前。

4）符号类比法

符号类比法就是通过逆向思考、浓缩矛盾等技巧，在抽象的语言（符号）与具体的事物之间反复建立新的联系，从而从原有的观点中超脱出来，得到丰富、新颖的注意的方法。

符号类比运用了两面性思维：对立事物的结合预示着矛盾，而且是自相矛盾。在科学研究中，碰到这种矛盾对立的现象，却往往预示着将会有新的突破。

矛盾就是指对立的事物和概念，如冰川和火山、冷酷和热情。浓缩是指抽象的概念、词语、符号。符号类比中的“浓缩矛盾”（Compressed Conflict），或称“简约反差”，即用精练的、紧凑的、利落的语言形式去表达相互对立的、矛盾的属性。例如，“粗心的谨慎”“痛苦的微笑”“笔直的弯曲”“摇摆的稳定”等。

莎士比亚在一幕悲剧中，使用了短语“被俘虏的胜利者”来描写一个靠魔鬼帮助取胜的人是自己的罪恶的俘虏。科学家们使用浓缩矛盾“安全攻击”，给法国科学家巴斯德一个启发，他通过给病人注入少量的病菌去阻止病人的病情恶化，因为人体会变得适应那些病菌。用小病去替代死亡，这就是“安全攻击”。

掌握浓缩矛盾的技巧，可以使我们学会一种两面性思维方式，去解决复杂的问题。这种浓缩矛盾的基础训练可从两个方面展开。

（1）从抽象概念到具体事物。训练从浓缩矛盾的词意中联想具体的事物。一个缩简的自相矛盾的词能描述不止一个事物。例如，“庞大的精确”能形容一头大象用鼻子捡起一粒花生。同样的词，又能形容一架巨大的电视接收系统或一台大型计算机。这完全取决于人们如何用自己特别的大脑想象它。

（2）从具体事物到抽象概念。训练由具体的事物概括出一个矛盾短语。用矛盾短语概括事物的方法，是先找一个词，概括你要解决的问题；再寻找这个词的反义词，把它们组合在一起。例如，你要解决的问题是废电池的污染，要用一个抽象的概念概括你这个问题，就是“文明的毒物”。

自相矛盾在创造性思考过程中具有重要作用，因为它能同时容纳两种不同，甚至是对立的见解。实际上，正是这种情况会刺激人们走出狭隘的思维轨道，迫使人们对已有的假设产生怀疑，从而经常会带来科学上的重大突破。

运用符号类比法的具体操作程序是：

第一，从具体到抽象，把要解决的具体问题用抽象的概念表达出来。

第二，找到它的反义词，把两者联系在一起就构成了矛盾短语。

第三，从抽象到具体，受这个矛盾短语的启发，联想到其他具有这种对立性质的事物。

第四，通过大量列举，发现有价值的对象，分析其原理。

第五，借助其原理，产生直接类比，形成新的解题方案。整个过程是以符号（主要是语言符号）为中介的类比，因此称为符号类比法。

例如，运用符号类比法，创造新的建筑房屋和架桥的方法。

第一步，联想到猴桥，众多猴子互相抱紧，从一棵树到另一棵树，猴子就可便利地来采集树冠边的水果了。

第二步，这种桥的诀窍在于每个猴子用自己身体的拉力和扭力来形成一个悬索结构的桥梁。

第三步，用矛盾的词来描述这种桥，就是“费劲的便利”，猴子搭桥很费劲，但采水果很便利。

第四步，通过“费劲的便利”想到更多同时具有这样对立性质的事物，如驯养信鸽（驯养信鸽的费劲和信鸽能送信后得到的便利）、鲸鱼捕食（张开大嘴巴费劲地等待事物的到来，突然闭上嘴巴，就便利地得到了大量食物）、多米诺骨牌（费劲地搭起后，轻轻地一碰就全倒了）。

第五步，由上述事物想到发明一种汽车桥。在各辆汽车前后都装上凹凸装置，能使很多车连成一条长龙，具有不弯曲、不打折的整体效果。这样在过河和过洼地时，就可由后面轮子着地的汽车来推动前面的汽车。前面的汽车到了彼岸后，又用拉力把后面的汽车拉过去。

第六步，修改设想。

第七步，把设想画出来或做出模型，如图 4-12 所示。

图 4-12　汽车桥

2. 原型启发法

原型启发法也称垫脚石法。它是指通过观察找到原型，在原型的启发下，产生创新设想的方法，它是一种最为笼统的类比方法。能够起启发作用的事物称为原型，原型可以来自于生活、生产和试验。如鱼的体形是创造船体的原型，飞鸟是世界上第一架飞机的原型，带齿小草是锯的原型。原型启发法是科学创造中一个十分有用的方法。前文提到的“尼龙搭扣”，就是原型启发法的运用。

回顾尼龙搭扣的发明过程我们可以发现，乔治·特拉尔在对大蓟花进行详细研究之前，并没有发明尼龙搭扣的设想，而且他也不是为了发明尼龙搭扣而刻意寻找大蓟花的，另外尼龙搭扣和大蓟花也不是具有高度的相似性。

由此，我们可以总结出原型启发法的特点：首先，在受到原型启发前，有时创造者的目标并没有确定；有时虽然确定了目标，但不是在有意识地寻找下才发现原型。其次，原型启发法强调的是启发，启发只是一个垫脚石，并不是要求启发物与发明物之间有明显的严格的相似关系，最终的发明物和启发物之间可能有很大的差别甚至完全看不出启发物的痕迹。

原型启发法是根据人的创造性思维和运行方式，对偶然遇到的某些事物经过观察和分析，突然间启发出灵感的方法。它是以创新欲望为前提，以类比为基础而进行的一种创造活动。启发带有偶然性、机遇性，因此运用原型启发法，需要具备一定的条件。例如，要有强烈的创新欲望，这样才能提高接受启发的敏感性；要明确问题的实质，以鉴别把握可能得到的启发；要增加信息量，扩大知识面，为启发创造更多机会；要能大胆猜测事物之间可能的联系，寻找启发的原型。

［案例］

海姆利希急救手法

开香槟酒瓶塞时有这样一种方法，那就是：用力摇晃酒瓶，然后在其底部猛击一掌，瓶内液体及气体的猛烈冲击，使瓶塞冲离瓶口。

美国医生 H. 海姆利希博士，是一个思维非常活跃的人。在一次见到这种开瓶方式时，他突发奇想：这种奇特的方法，能不能在医学中派上用场呢？他想到：人的呼吸道也是某种意义上的“瓶子”，如果发生“气管异物”，能不能像开香槟酒瓶那样，利用呼吸道中的气体，将异物冲开呢？经过研究，他发明了一种用来抢救人被食物或物体噎着或卡住气管而窒息的方法。该急救法简单易学，十分有效。具体操作如下：首先要让患者保持站立姿势，救护者站其身后抱住其腰部，一手握拳，并用其拇指侧顶住患者上腹部；另一只手握紧拳迅速向上、向内猛压腹部，挤压后随即放松，可重复数次。如果只有一个人在场或周围的人均未受过救生训练时，即应实施自救法：可一手握拳，掌心朝腹部，位于脐上，另一只手握在上面。靠在椅背、栏杆、水槽、桌沿等地方，低紧腹部，迅速用力反复挤压，直至有效。

运用原型启发法进行发明创造的例子还有很多。例如，澳大利亚运动员舍里尔有一次发现袋鼠起跳之前总是屈伸下蹲，腹部贴身地面，然后一跃而起。袋鼠的起跑姿势启发了他，他想到如果人也像袋鼠那样蹲下去再跃起，一定也会像袋鼠那样产生更大的爆发力。于是，舍里尔发明了与袋鼠相似的蹲式起跑（图 4-13），改变了过去赛跑一直使用站式起跑的老办法，并在 1896 年的奥运会短跑比赛中取得了优异成绩。后来，蹲式起跑方式也一直沿用至今。

图 4-13　袋鼠与蹲式起跑

再如，美国英霍克山有一个滑雪场，管理人员常因为降雪不足而失望。他们听到这样一件事情：美国佛罗里达州的一片橘林，天未降雪，树枝树叶上却厚厚地盖上一层白霜，原来是该橘园采用了喷灌技术，喷出的水雾在空中受冷就凝结成雪雾。由此得到启发滑雪场管理人员制造了特殊的“喷雪枪”，不久之后在美国各地迅速出现了数百家人工降雪滑雪场。

以上案例告诉我们，有利于发明创造的现象是常有的，只要我们做一个生活中的有心人，不轻易放过在别人看来微不足道的现象，并及时、敏锐地把它同发明联系起来，进行创造性思考，就可能创造出前所未有的新事物。

3．移植法

“移植”一词的原意是指植物的嫁接种植方法。创造学中的移植法是指将某个领域的原理、技术、手段、方法、结构或功能引用和渗透到其他领域，用以创造新事物的方法。

从思维角度看，移植是一种侧向思维方法。它通过相似联想、直接类比，力求从表面上看来仿佛是毫不相关的两个事物或现象之间，寻找它们的联系。

移植法是一种被广泛应用的创新方法。通览人类的科学技术成果，可以在不少地方发现这种方法的应用，而且在21世纪高新技术领域中为科学家所普遍采用，如“干细胞移植术治疗瘫痪病人”“基因重造工程移植记忆”等。与原型启发法相比，移植法是更为具体的类比，其发明物与原型之间的相似之处更为明显。而且发明者在运用移植法之前有明确的目标（要移植的指向），它的特点是从目标出发来寻找被移植的对象。所以移植往往不是先有原型，然后使人受到启发或让人模拟的，而是先有问题，然后带着问题去寻找原型，并巧妙地将原型应用到所要解决的问题上来。

英国剑桥大学教授贝弗里奇说：“移植是科学发展的一种主要方法。大多数的发现都可应用于所在领域以外的领域，而应用于新领域时，往往有助于促成进一步的发现。重大的科学成果有时来自移植。”

［案例］

微芯片移植器官

测试药物的有效性和安全性是药物研发中最具挑战性的一个环节。测试的方法有两种，一种是在完整的生物体身上测试，另一种是在体外培养的人体细胞上进行试验。第一种方法价格昂贵，而且容易产生伦理问题，关键是不一定能测到人体的真实反应；而后者已被人工诱导成永久生存的细胞，更不能反映真实细胞的状况。但研究人员正在开发一种新技术，可以模拟整个器官或系统的活动和生理机制的微芯片，来弥补以上缺陷。这种微芯片称为“芯片器官”，它的基本构件是玻璃载片，只是上面固定了一些细胞，以模拟特定人体组织或组织之间的界面。研发人员希望这项技术能让药物的面市之路更加顺畅、快捷，甚至可能彻底淘汰动物试验。

（见《环球科学》2011 年第 4 期）

移植法具体有侧向移植和侧向外推两种运用技巧。

1）侧向移植

法国近代微生物学奠基人巴斯德曾花费了大量的时间和心血研究证明：酒变酸和肉汤变质都是由于细菌在作怪，经过高温处理的瓶子里的酒或肉汤，只要与外界严密隔离，就不会变味变质。

当英国外科医生李斯特看到巴斯德的这一实验报告后，他想，如果说细菌破坏了酒味和使肉汤变质。那么细菌不也是使动过手术后的病人的伤口化脓溃烂的原因吗？于是，李斯特把巴斯德的理论和经验移植到医疗领域里，发明了外科手术消毒法，拯救了千百万病人的生命。

这个发明实例揭示的道理，正是创造性思考的关键所在：不同领域的知识和方法有时可以相互移植和借鉴，这就是侧向移植法。即不是按常规的做法，而是主动把注意力引向其他领域，使用其他领域的原理、技术、方案来解决问题。

采用侧向移植，首先要分析问题的关键所在，即搞清创造目的与创造手段之间的不协调、不适应问题；然后借助联想、类比手段，找到被移植的对象，确定移植的具体形式和内容，并通过实验研究和设计活动实现发明创造。

侧向移植包括技术原理的移植、技术手段的移植两种类型。

（1）技术原理的移植。由于技术原理揭示了大部分技术对象的共性规律，而成为许多专业技术的共同基础。对这种基本的技术原理，只要根据不同的技术要求和技术目的，采用不同的物质手段，就可以物化为不同的技术。当一种技术原理最初在某一特殊技术领域实现后，经过适当提炼，就很容易移植到其他技术领域或其他技术对象上，从而产生新的创新方案。如红外辐射是一种很普通的物理过程，凡是高于绝对温度零度的物体，都有红外辐射，只是温度低时辐射量极微罢了。将这一原理移植到其他领域，可产生新奇的成果；有红外线探测、遥感、诊断、治疗、夜视、测距等，在军事领域则有红外线自动导引的“响尾蛇导弹”、装有红外瞄准器的枪械、火炮、坦克及红外扫描、红外伪装等。

（2）技术手段的移植。技术手段的移植是把一个领域中的技术装置程序或方法移植到另一个技术领域，根据新的技术要求进行变换和组合，而引发新的技术发明的侧向移植类型。例如，将激光技术移植到工业加工部门，可研制出激光打孔机；移植到精密测量技术部门，可发明出激光定向仪、激光测厚仪、激光全息照相术等。

应用侧向移植，关键是注意两个问题：一是要注意打破传统的思维定式；二是要注意打破专业的界限。

2）侧向外推

当取得一项发明，或看到什么感兴趣的方法后，将它推广应用到其他领域，也就是寻找它的新用途，这就是侧向外推。

从思维角度看，侧向外推是一种侧向思维方法。这一点与侧向移植是一致的，两者都是将某个领域的原理、技术、方法引用或渗透到其他领域，用以改造或创造新的事物。从发明者的角度看，侧向外推是先有发明，然后试着把它向其他领域引申和推广；而侧向移植是试着把其他领域的技术拿过来为我所用。显然两者只是方向不同。

具体分析两者的不同之处在于：一是侧向移植是先有问题后有答案（办法），侧向外推是先有办法（答案）后找问题；二是侧向移植是在没掌握方法之前积极去“寻找”和“引用”，侧向外推是在有了方法（发现）后积极去“推出”和“输出”。对于某个发明主体来说，侧向移植和侧向外推是其应用移植发明的两个不同阶段和环节：侧向移植是发明创造的第一阶段，是寻求一个好的办法的环节；侧向外推是发明创造的第二阶段，是将好的发明创造推向更好的领域，是扩充运用这个好的办法的环节。而对不同的发明主体而言，两者的区别是没有什么实际意义的。例如，激光技术被第一个人应用到工业上，研制出激光打孔机，这无疑是侧向移植。然后他又将这项技术应用到其他领域，研制出激光定向仪，这无疑是侧向外推。但如果第二个人受第一个人的激光打孔机的启发，将它应用到另外的领域，研制出全息照相机，对第二个人来说，这既可看作是侧向移植，也可看作是侧向外推，只能依照他的主观判断。他如果是先掌握了激光技术，然后想到移植，就是侧向外推；反之，就是侧向移植。

因为侧向外推也是移植法的原理。因此，侧向移植的主要方法（途径）也适用于侧向外推。

（1）技术原理的外推。如将微波炉的工作原理外推到筑路领域，研制成微波筑路机加热沥青，取得了很好的效果。

（2）技术功能的外推。如在自然界，河川中夹杂的有机物流入海洋却并不会使海洋受到污染，原因是海洋中生长着能消化有机物质的净化细菌，有机物经它的消化后会变成水和一氧化碳。环保专家将此功能移植于废水处理，将净化细菌引入水中让它大量繁殖，以达到去污变清的目的。这就是目前污水处理的活性污泥处理法。

4. 仿生法

仿生法是指通过模拟生物的结构、功能或原理等来进行发明创造的方法。

生物在自然进化中，经历亿万年筛选淘汰和改进，形成了高度发展的各项功能。每种生物都有别的生物所不具备的特点和奇妙的功能。例如，蝙蝠可以发出和听到超声波；螳螂可以在 0.05s 内计算出飞掠眼前的小昆虫的速度、方向和距离，这些功能是人类根本不具备的。而人脑的思维、创造功能却又是其他生物望尘莫及的。与生物构成的天然自然相比，人创造的人工自然——技术，却只有短暂的历史，人们在有些技术上所遇到的困难或问题，生物界早就在进化过程中妥善地解决了。生物独特的特点和功能，加上人类的创造功能和技术手段，使得人们借鉴生物来解决大量的技术难题或创造出更新的技术成为可能。例如，飞行服的发明。我们知道，长颈鹿的脖子很长，大脑与心脏的距离大约是 3m，要使血液输送到头上，血压相对要高，大约是人体的两倍。但当长颈鹿低头喝水时，血液却没有一股脑地涌向头部。原来是裹在长颈鹿身体表面的一层厚皮起了作用。长颈鹿低头时，厚皮紧紧地箍住了血管，限制了血压，使其不能因血压突然升高而发生意外。科学家依照长颈鹿皮的原理设计出抗荷飞行服，飞行员穿上后，在一定程度上起到了限制血压的作用；当飞行加速时，抗荷飞行服还能压缩空气，也能对血管产生一定的压力，就此而言比长颈鹿的厚皮更高明了。

［案例］

模仿动物改造机器人

蛇类、蚂蚁甚至蚱蜢的身体后端一直是机器人科学家的灵感源泉。美国加利福尼亚大学伯克利分校的生物学专家罗伯特·J. 福尔和同事将目光转向了红头非洲飞龙蜥蜴。他在2012 年 1 月 12 日发表于《自然》杂志上的一篇论文里，描述了他们如何通过仔细研究飞龙蜥蜴在湿滑表面上的跳跃动作，来寻找改进机器人设计的灵感。

利用高速摄影和动作捕捉，可以看到当飞龙蜥蜴从一个长方形的平台跳到竖直表面上时，是如何通过抬高尾巴，来解决足部在湿滑表面上抓力不足的问题。如果平台覆盖有砂纸，蜥蜴就不需要努力保持平衡，它的尾巴在跳跃过程中就会一直保持向下。

福尔和同事将蜥蜴“翘尾巴”的技能应用到了一个小型的机器人四轮车 Tailbot 上。研究人员给车辆尾部加装了一个稳定“尾巴”后，再让它从斜坡上驶下。当尾巴向下时，Tailbot 会向前栽倒；而当尾巴像飞龙蜥蜴那样翘起来时，机器人就能根据掉下斜坡时的姿态，以更加平衡的姿势用轮子着地。

（见《环球科学》2011 年第 4 期）

使用仿生法，要遵循一定的步骤：

（1）有选择地研究生物体的结构与功能；

（2）将生物资料简化为生物模型；

（3）通过数学分析，抽象成通用的数学模型；

（4）采用机械、电子、化学手段制成可进行工程技术实验的实物模型。

仿生学于 1960 年前后形成，这意味着仿生法不仅仅是一种方法，更是一种科学。目前仿生学已形成电子仿生、机械仿生、化学仿生、建筑仿生、人体仿生、分子仿生、宇宙仿生等众多分支。利用仿生法做出的仿生发明也极为繁多，大型飞机、轮船、导弹、鱼雷的制造是仿照了海洋生物的流线型外观以减少阻力；声呐系统是对蝙蝠、海豚的回声定位的模仿。此外，蛙服雷达、电光鹰眼、鱼眼瞄准器、响尾蛇导弹定位器、电子警犬、生物地震预报仪、人造丝、生物膜、袋鼠跳跃机、企鹅形极地汽车、恐龙钻头、叶式浮桥、蜂窝状建筑、人工智能装置等的发明都是仿生类比的结果。仿生法可以打开生物界这个丰盛的技术源泉，使发明成果达到更高水平。

课后训练

（1）试分析以下创造运用了哪种类比方式？

① 由电风扇结构构思厨房抽油烟机；

② 由热水疗法想到冷冻疗法；

③ 由面包发泡想到水泥发泡（以制造新型材料）；

④ 对新概念轿车进行风洞试验（以分析其外形的空气动力学特性）。

（2）试分析以下设计可以同什么东西进行类比？类比方式如何？

① 胶鞋干燥器的设计；

② 新型高压锅密封装置设计；

③ 钢球制造设备的设计。

（3）侧向移植法训练。

请运用侧向移植法想出尽可能多的答案：

① 妙法拔刺：手上扎了刺，怎么办？

② 如果发明一种易系而难解的扣子用在运动服上，你能从什么东西那儿受到启发？如果为小孩子设计一种易解又易扣的扣子，你能从什么事物那儿受到启发呢？

③ 手电筒电池中的电耗尽了，需要换电池，这个过程像什么？

④ 食品包装方式已经五花八门，但仍要不断革新、发展，你能否借用药品包装的方法发明一种食品包装的新方式？

⑤ 分钢板：一大摞钢板摞在一起，你能从游戏中受到启发，采用移植法轻易地把它们一张张分开吗？

⑥ 如果让你发明一种新式衣架，你能从身边的用具上得到启发吗？例如，有人看见伞就想到了发明折叠式晾衣架。

⑦ 小孩子玩吹肥皂泡游戏的时候，总是用一根小细管，蘸点肥皂水，再提起来用嘴吹。能否不用嘴而吹出肥皂泡？

⑧ 丹麦科学家森科尔，受动画片中唐老鸭用乒乓球塞满船舱打捞沉船的启发，成功地打捞了科威特的沉船，你能想到他用的是什么办法吗？还有其他办法吗？

（4）侧向外推法训练。请回答以下问题：

① 日本有一种预报天气的玩具——秃头和尚。它身上涂了一层药水，晴天时，它是蓝色的；当他变成粉红色时就是在告诉你“明天下雨”。这种药水还可涂在什么东西上？

② 吸尘器“吸”的功能还能用在哪些地方？

③ 通常看来，玻璃球只不过是小孩弹着玩的玩具。其实利用玻璃球还可以做很多事情呢！你能侧向外推出它的特殊用途吗？

④黄土高原的窑洞是当地居民的传统民居，具有冬暖夏凉的特点。如果把这一建筑风格推到现代建筑中，该会出现怎样的建筑群？

⑤ 家用拖布是柔软的、不定型的，因而用拖布不仅可以擦净平面的地板，也可以擦净曲面的浴缸。现在有人要把这种方法外推到机加抛光工艺中，要抛光一些带有凹凸面的零件，抛光砂轮应如何改进呢？

六、联想法

［案例］

泡沫金属的发明

众所周知，人是有记忆力的，以此延伸到关于金属记忆力的思考。经科学家的研究发现，有一类合金具有很好的“记忆力”，而且其“记忆力”好得惊人，即使是改变500万次，仍可在一定条件下百分之百地恢复原状。拖鞋是泡沫塑料做成的，人们又从中联想到有没有泡沫金属呢？科学家的回答是肯定的，并已经发明了性能优异的泡沫金属。人体出汗时，会释放出一部分的热量。受此生理现象的启发，科学家研制出了会“出汗的耐高温泡沫金属，即挑选钨为泡沫金属的骨架，而在钨骨架的孔洞中注满了易熔的铜或银，最后用这种泡沫金属制成了火箭喷嘴。温度升高到一定程度后，小孔内的铜或银会逐渐熔化成液体，并迅速沸腾蒸发。这一“出汗”过程，会带走大量热量，从而降低喷嘴温度，以保证火箭的正常运行。这种泡沫金属还有一项诱人的特性——轻。以泡沫铝为例，铝的密度是 $2.7g/cm^3$，而泡沫铝的密度仅为 $0.2 \sim 0.6g/cm^3$，能像木头那样漂浮在水面上。如果用泡沫铝制成空间站的航天器，可大大减轻航天器总重量，是理想的航天材料。

人的记忆力—记忆金属—泡沫金属—“出汗”金属—火箭喷嘴，经过这一系列的联想，实现了发明创造。

［案例］

微型电视机的设计

被称为当代科学奇才的英国发明家辛克莱，在设计微型电视机时，虽然已把电路全部集中到一小片硅片上，但百思不得其解的是如何把显像管长长的“尾巴”去掉。经过多年的努力，终于有一天，在他拿着曲别针整理资料的时候，思维的两个触点忽然被接通，并向同一方面运动起来。他想出了一个好办法：将“长尾巴”弯曲 90°，使它从侧面而非从后面发射电子。这样一改，一台长度略同于一包香烟、厚度只有 3cm 的电视机终于问世。

［案例］

艾思布莱瑟煮茶器的设计

如果说方正木料结构摆脱了承重墙，成为中国古典建筑的一大审美文化特色，那么筒形拱顶结构摆脱了承重墙，则成为西方古典建筑的一大审美文化特色。现存罗马万神庙建于 2 世纪，是古罗马筒形拱顶建筑的杰作。圆筒形，直径和顶高均为 43.3m，穹顶象征天宇。中间开了一个圆洞，象征着神的世界和人的世界的联系。德国若温达公司设计和生产的艾思布莱瑟煮茶器，壳体以特制的工业塑料依照筒形拱顶建筑一次塑造成型，遍体黑色，壳顶白色，宛若一座罗马万神庙。煮茶器的创新过程，就是运用近似联想创新法的成功杰作。

欧洲中世纪教堂大都是哥特式建筑。使用骨架卷作为拱顶的承重件，并且全部使用二圆心的尖卷和尖拱，既精简了结构，节省了材料，又使尖顶高耸，好似通向天堂的道路。若温达公司对此又运用近似联想创新法设计和生产了另一种艾思布莱瑟煮茶器。其壳体以不锈钢材料依照筒形尖顶建筑抛光加工成型，配组了黄金塑料辅件、饰件和橘红色底盘及透明塑料水管，整体感觉峻峭圣洁又有很强的升腾动势。对于欧美人来说，喝茶不是一件小事。两种具有复古倾向的创造性设计，使人们饮茶之前，就感觉到浓郁的传统文化气息，然而又剔除了教堂建筑文化中的宗教成分，留下了民族历史的悠久感和民族文化的深厚感，因而极受欢迎。

［案例］

贝尔发明电话

在贝尔发明电话以前，虽然已经有人在研究电话了，但声音不清楚而无法使用。贝尔决心致力于电话研究，使电话成为可以使用的通信工具。一次试验中，贝尔发现把音叉的端部放在带铁芯的线圈面前，振动音叉，线圈中会产生感应电流，通过电线把电流送至另一只相同的线圈，线圈前的音叉也会振动，发出与另一边音叉相同的声音。他由此联想到能像音叉一样发生振动的金属簧片。如果用金属簧片代替音叉，线圈也应能产生感应电流，簧片振动发声，就能“说话”了。通过反复测试和完善，贝尔发明了世界上第一部电话。显然，贝尔是应用了联想法则才发明电话的。

思考题：

（1）通过上述案例，你能理解联想创造法的原理吗？

（2）试述上述案例都运用了哪些类型的联想方法。

（3）通过上述案例，你认为运用联想方法的关键是什么？

（一）联想技法原理

联想发明法是依据人的联想而发明的一种创造方法。那么，联想是什么呢？普通心理学认为，联想就是由一事物想到另一事物的心理现象。这种心理现象不仅在人的心理活动中占据重要地位，而且在回忆、推理、创造的过程中也起着十分重要的作用。许多新的创造都来自于人们的联想。

例如，上海新港地段医院的朱长生，就运用联想发明法成功地发明了“注射青霉素过敏快速试验法”。注射青霉素前先要进行过敏试验，目前常用的是皮下试验，这样除了病人有痛感和试验时间长（要 20 分钟左右）外，还会出现假阳性、假阴性，造成误诊。朱长生经研究发现，在青霉素的结构中有带负电荷的酸根。这时他就想到用电导原理，将青霉素透入皮肤内，根据这一设想试验，果然有效。低压直流电不仅能使青霉素透入皮肤内，而且还由于电流促进血液、体液的流动及神经系统的生理和生化作用，提高了试验的敏感度，只要 5 分钟就可得到试验结果。

联想可以在特定的对象中进行，也可在特定的空间中进行，还可以进行无限的自由联想。而且这些联想都可以产生出新的创造性设想，获得创造的成功。我们还可从联想的不同类型，发现不同的联想方法，去进行发现、发明和创造。

联想除了思维部分介绍的相关联想、相似联想、类比联想和因果联想等，还有对比联想、自由联想和强制联想。

1. 对比联想

发明者由某一事物的感知和回忆引起跟它具有相反特点的事物的回忆，从而设计出新的发明项目，这就称为对比联想法。例如，黑→白，大→小，水→火，黑暗→光明，温暖→寒冷。每对既有共性，又具有个性。例如，黑暗亮度小，光明亮度大，都是表示亮度。对比联想具有背逆性，这里用了逆向思维；对比联想还具有挑战性。逆向思维有时能得出荒谬的结论，如有一位工程师赞颂了傻子。吸鸦片有害健康→鸦片能给人治病，这二者也是对比联想关系。

发明者在进行联想构思时，联想构思的结果可能是已有的发明项目，可能是有意义的新发明项目，也可能是无意义的联想。表 4-3 显示出了这些情况。

表 4-3 联想构思

	钥匙	灯	雨	螺纹	冲击	脚踏	钻	笔
浆糊	×	×	×	×	×	×	×	△
电	△	○	×		×	×	○	○
折叠			×		×	×		
过滤			×		×	×		
罩		○			×	×		
记数	△	△	×				△	○
网					×	×		
绳	○	○			×	×		×

注：○为已有的发明，×为无意义联想，△为有意义联想。

对比联想又可分为下列几种：

1）从性质属性对立角度进行对比联想

例如，日本的中田藤三郎关于圆珠笔的改进就是从属性对立的角度进行思考才获得成功的，这里就运用了对比联想法。

2）从优缺点角度进行对比联想

发明者在从事发明设计时，既看到优点和长处，又要想到缺点和短处；反之亦然。例如，利用铜的氢脆现象制成合格铜粉，就运用了对比联想。1861 年，法国的莫谢教授，运用对比联想法，设计发明了太阳能发动机，并取得了太阳能发动机法国专利权。

3）从结构颠倒角度进行对比联想

从空间考虑，前后、左右、上下、大小的结构，颠倒进行联想。例如，一般人进行数学运算都是从右至左、从小到大进行运算，史丰收运用对比联想，反其道而行之，从左至右、从大到小来进行运算，运算速度大大加快。

再者，日本索尼公司工程师运用对比联想，由大彩电开始进行对比联想，制成薄型袖珍电视机，显像管只有 16.5mm。

4）从物态变化角度进行对比联想

即看到从一种状态变为另一种状态时，联想与之相反的变化。例如，18 世纪，拉瓦锡把金刚石锻烧成 CO_2 的试验，证明了金刚石的成分是碳。1799 年，摩尔沃成功地把金刚石转化为石墨。金刚石既然能够转变为石墨，用对比联想来考虑，那么反过来石墨能不能转变成金刚石呢？后来终于有人用石墨制成了金刚石。

2. 自由联想

自由联想是在人们的心理活动中，一种不受任何限制的联想。这种联想成功的概率比较低，大都能产生许多出奇的设想，但难以取得成功，可有时也往往会收到意想不到的创造效果。例如，荷兰生物学家列文虎克就曾在自由联想时，发现了微生物。这是 1675 年的一天，天上下着蒙蒙细雨，列文虎克在显微镜下观察了很长一段时间，眼睛累得酸痛，便走到屋檐下休息。他看着那淅淅沥沥下个不停的雨，思考着刚才的观察结果。他突然想起一个问题：在这清洁透明的雨水里，会不会有什么东西呢？于是，他拿起滴管取来一些雨水，放在显微镜下观察，没想到，竟有许许多多的“小动物”在显微镜下游动。他高兴极了，但他并不轻信刚刚看到的结果，又接了几次雨水，却没有发现“小动物”。过几天后，他又接了雨水观察，又发现了许多“小动物”，于是他又广泛地观察，发现“小动物”在地上有，空气里也有，到处都有，只是不同的地方“小动物”的形状不同、活动方式不同罢了。列文虎克发现的这些“小动物”就是微生物。这一发现，打开了自然界一扇神秘的窗户，揭示了生命的新篇章。列文虎克正是通过自由联想而获得这一发现的。

3. 强制联想

强制联想是与自由联想相对而言的，是对事物有限制的联想。该限制包括同义、反义、部分和整体等规则。一般的创造活动，都鼓励自由联想，过样可以引起联想的连锁反应，容易产生大量的创造性设想。但是，具体到要解决某一个问题，有目的地去发展某项产品，也可采用强制联想，让人们集中全部精力，在一定的控制范围内进行联想，也能有所创造。在创造活动中，这类创造发明的例子也是屡见不鲜的。

例如，1992 年设计并投入生产的悬挂式多功能组合书柜就是采用“书柜”与“壁挂”的强制联想设计成功的。

壁挂是装饰手段较丰富的室内装饰物。书柜与壁挂强制联想，把书柜按照形式美的规律做成像壁挂那样美观的形式，挂在墙上，放上书籍有更广泛的表现力。

联想的方法是很多的，我们还可以从对象的因果联系上进行联想，也可依据事物的同类原则进行联想，还可以从事物之间相关特性进行联想。各种各样的联想方法都可以产生出创造性设想，获得创造的成功。这里的关键不是运用哪一种联想方法，而在于，我们要解决什么问题？需要进行什么创造？要达到什么样的目的？或者什么样的预期目的都没有，只是想有所创造发明。那么，我们就应根据各自的不同要求和想法，有意或无意地进行联想，从联想产生的设想中找到获得创造成功的最终设想。

（二）联想技法运用程序

联想技法运用程序如图 4-14 所示。

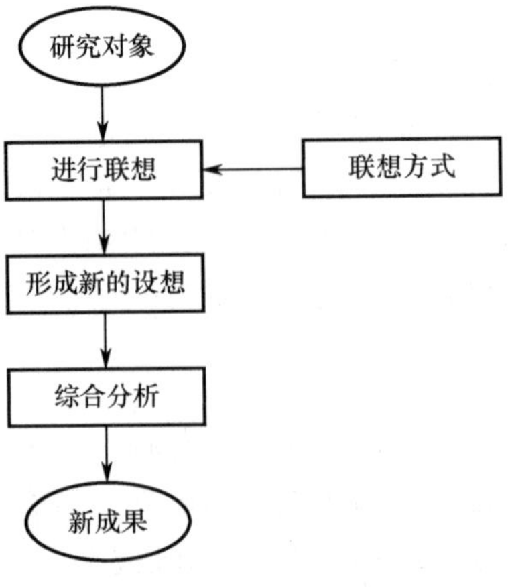

图 4-14　联想技法运用程序

（三）联想技法的运用要点

联想是各种思维方法都离不开的心理过程，各种创造技法的运用都需要发明者灵活广泛的联想。这里讲的联想法，是以联想的自觉运用为基础，通过几个步骤沟通发明思路提出创造性设想的创造技法。

1. 焦点法

焦点法是以一个需发明革新或改进的对象为焦点，通过列举一些与焦点无关的事物，并与焦点事物强行结合，进而提出创新设想的创造技法。因强制联想是该法的特点，故又称为强制联想法。

强制联想可以使创造者自觉地打破习惯和经验造成的思维定式，使思维触角伸向其他领域，获得有益的启发。这一方法使用简便，在企业或个人进行的改进性发明与革新活动中，很有实用意义。同时，这一方法还可以作为智力激励法等其他创造技法的组成部分加以运用。

运用焦点法一般需要以下几个步骤：

（1）选择焦点对象。

（2）选择三四个偶然对象。可以从目录、辞典、报纸期刊、图片、画报等手边有的各种事物或资料中随便选择。

（3）编制偶然对象特征明细表；

（4）把偶然对象的特征与焦点对象组合，形成新设想。

（5）通过自由联想发展组合上一步形成的设想。

（6）评价所得设想，精选有益的设想作为创新方案。

例如，人们对普通表进行改进，可运用焦点法如下：

（1）选择改进对象，即焦点对象是表。

（2）从各种事物或资料中随便选择三四个偶然对象，如选择电影、蛇、出纳部门、极地。

（3）编制偶然对象特征明细表。如编制电影特征明细表为有声的、宽幕的、彩色的、立体的等。其他三个对象的特征明细也一一编制出来。

（4）把偶然对象的特征与焦点对象组合：宽幕的表、有声的表、立体的表、蛇形的表、出纳部门或极地特用的表、极地动物如企鹅或白熊形状的表，等等。

（5）通过自由联想把上述组合具体化，现实化。例如，从宽幕的表联想到以宽表盘的表代替窄表盘的表，或者相反；从有声的表、彩色的表、企鹅形的表……分别联想到……表。

（6）协同专家或专家组优选最佳解决方案，以便设计、试制和投产。

2. 输入输出法

输入输出法是把期望的结果作为输出，以问题的初始状态和一切可能利用的条件作为输入，把实现目标的各种限制条件作为评价标准，从给定的输入出发，联想有关的现象，看是否能够以这些现象和事物为中介，把输入和输出联系起来，通过评价和反复交替地联想，最后得到满意的解决问题方案。

运用这一方法的具体做法是采取集体讨论会的方式。人数以 5～10 人为宜，主持人兼作汇总工作，必要时可找一名记录员。具体步骤如下：

（1）由主持人宣布输出，提出实现输出目标的各种限制条件。

（2）对输入做全面的深入的分析。

（3）看输入和输出有没有直接联系，若看不出直接联系，就自由联想，广泛列出与输入有关的现象和事物（设想）。

（4）对各种设想进行评价，排除不可行的设想，保留有希望的设想。

（5）从每个保留设想出发，广泛联想与之有关的现象和事物，然后再评价，依此反复进行，直到得到满意的设想为止。

（6）给出最后的解决问题方案。

例如，运用输入输出法寻找高层建筑防火报警器技术方案，具体做法如下：

（1）主持人宣布“输出”是火灾自动报警器。其限制条件如下：

① 在火灾发生后几秒钟，距火灾中心100m范围内自动向消防队报警；

② 价格需在5万元以下；

③ 能够每日24小时连续运转；

④ 使用简便、故障少。

（2）问题分析。输入是高层建筑着火，可能是电火、煤气漏气引起的，也可能是其他易燃易爆物品等引起的。此外，对火灾发生到什么程度才需要报警器动作等，也要进行分析。

（3）从火灾开始自由联想。

① 发生火灾后会出现什么情况和现象？发生火灾后就会产生光、热、气体和烟。如果火灾还不大，那么光和热是有限的，而气体和烟则是由不同的火源具体确定的。

② 光、热、气体和烟这些因素会引起哪些反应？热会引起各种金属、液体或气体膨胀，可以使金属熔化，光和烟可以引起各种物理、化学反应，等等。这些反应中哪些对报警有用？

③ 热引起金属熔化，可以作用于类似电保险丝那样的报警装置；热引起的液体膨胀也可作用于报警装置。感光电池或其他光敏元件可以对光产生敏感反应。一些化学分析仪器可以利用对烟气的敏感元件来测烟气以报警。

④ 评价上述设想。最初的研究认为，易熔金属保险丝比较符合要求；感光电池虽然价格稍高，但也可靠；而化学方法测烟，手段复杂、造价高，因此不适宜。

⑤ 给出方案。易熔金属保险丝火灾报警器和感光电池火灾报警器适用。

评价选择方案受人们对问题的认识水平和已有科学技术条件的限制。例如，过去人们对如上述评价没有选择烟敏报警方案。后来人们发现，烟是火灾发生时最先出现的现象，而且具有扩散范围大的特点。烟敏元件能较早地预报火警，降低火灾损失。于是，经过研究发明出了烟敏火灾报警器。而且由于技术的发展已简化其制造，价格也不再昂贵。目前这种火灾报警器普遍采用。

课后训练

见到某一事物的表象、语词或动作想到另一事物的表象、语词或动作称为联想。平时积累的知识越多、经验越丰富，联想能力就可能越强，联想的范围也可能更广。在现有知识和经验的基础上训练活跃的联想能力，会产生许多意想不到的创造设想。

（1）在两端表达某种意思（概念）的词中间，再写出两个与前后词的意思（概念）有联系的词。

例如，钢笔—月亮，可以写为：钢笔—书桌—窗帘—月亮。

【训练题】

① 鸟—书

② 铁—月饼

③ 纸—土

④ 树—皮球

⑤ 战争—火星

（2）选一个字，将下列各字联成一个新的词组。

例如，泛、东、告、播、岛，可以写为：广泛、广东、广告、广播、广岛。

【训练题】

① 路、理、德、喜、具

② 选、局、面、初、年

③ 据、位、独、身、数

④ 滚、鼓、水、球、扰

⑤ 头、家、族、信、敬

七、TRIZ 法

（一）TRIZ 理论概述

TRIZ 的含义是发明问题解决理论，是俄文字母的缩写，并按 ISO/R9-1968E 规定，转换成拉丁字母。

T：Теория （T→T）

R： Решения（P→R）

I： Изобретательских（И→I）

Z：Задач（З→Z）

根里奇·阿奇舒勒（G. S. Altshuller，1926—1998 年）是苏联的一位天才发明家和创造创新学家。他 14 岁时发明了海军潜艇逃生装置，成功解决了水下呼吸的难题；15 岁时，申请了第一项专利。1946 年，年仅 20 岁的阿奇舒勒由于其出色的发明成为苏联里海舰队专利部的一名专利审查员。通过对专利的研究，他发现了发明专利背后隐藏的发明规律和原理。从此他开始了半个多世纪的研究 TRIZ 理论的生涯。

在阿奇舒勒看来，解决发明问题过程中所寻求的科学原理和法则是客观存在的，大量发明面临的基本问题和矛盾（TRIZ 中称为系统矛盾和物理矛盾）也是相同的。同样的技术创新原理和相应的解决问题方案，会在后来的一次次发明中被重复应用，只是被使用的技术领域不同而已。因此，将那些已有的知识进行提炼和重组，形成一套系统化的理论，就可以指导后来者的发明、创造和创新。正是基于这一思想，他相继推出了多项发明，如排雷装置、船上的火箭引擎等。他每年动用 1500 人，持续 50 多年对数以百万计的专利文献加以收集、研究、整理、归纳、提炼，建立起了一整套体系化的、实用的解决发明问题的理论方法体系，这就是 TRIZ。当时处于冷战时期，该理论不为西方国家所知。直至苏联解体后，研究人员移居到欧美等西方国家，TRIZ 才引起学术界和企业界的关注。特别是传入美国后，美国成立了 TRIZ 研究咨询机构，在密歇根州等地进行研究，使 TRIZ 法得到了广泛深入的应用和发展。该理论在我国也已得到学术界的重视。

TRIZ 的核心是消除矛盾及技术系统进化原理，并建立了基于知识消除矛盾的逻辑方法，用标准解的方法解决特殊问题或矛盾。图 4-15 列出了 TRIZ 法的九大理论体系。下面仅对 40 条发明原理、物理矛盾问题的求解、物理效应和现象进行简单概述。

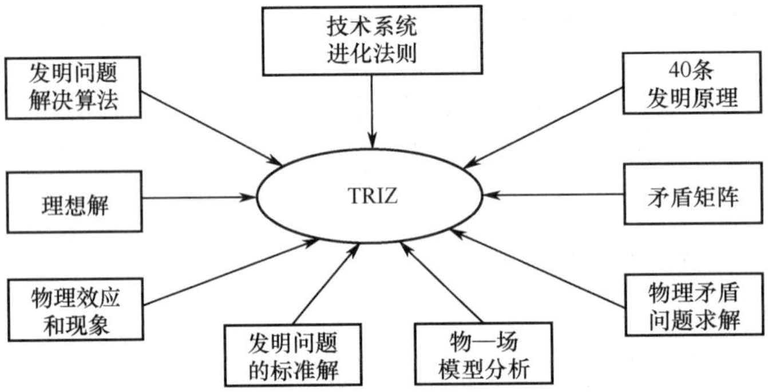

图 4-15　TRIZ 九大理论体系

（二）40 条发明原理

阿奇舒勒通过对 250 万份发明专利的研究发现，只有 20%左右的专利才称得上是真正的创新，其他的专利往往已在其他的产业中出现并被应用过。阿奇舒勒认为如果能实施跨产业间的技术集成，一定可以更容易开发出优化的技术。同时，阿奇舒勒坚信发明问题的原理是客观存在的，设计者掌握这些原理，就可以大大提高发明的效率、缩短发明的周期，而且能使发明过程更具有可预见性。为此，阿奇舒勒对大量的专利进行研究、分析、总结、提炼出了 TRIZ 中最重要的、具有普遍用途的 40 条发明原理。将发明问题从魔术推向科学，敞开了一道解决发明问题的大门，用有限的 40 条原理来解决无限的发明问题。原来认为不可能解决的问题可以获得突破性的解决。当前，40 条发明原理已经从传统的工程领域扩展到微电子、医学、管理、文化、教育等领域，40 条发明原理的广泛应用，产生了不计其数的专利发明。40 个发明原理目录如表 4-4 所示，40 条发明原理与实例如表 4-5 所示。

表 4-4　40 条发明原理目录

序号	名　称	序号	名　称
01	分离	09	预先反作用
02	抽取	10	预先作用
03	局部质量	11	预先应急措施
04	非对称性	12	等势
05	合并	13	逆向思维
06	多功能性	14	曲面化
07	嵌套	15	动态性
08	重量补偿	16	不足或超额的行动

（续表）

序号	名　称	序号	名　称
17	多维化	29	气压或液压结构
18	振动	30	柔性外壳或薄膜
19	周期性动作	31	多孔物质
20	有效作用的持续性	32	改变颜色
21	减少有害作用	33	同质性
22	变害为益	34	废弃与再生
23	反馈	35	物理/化学状态改变
24	中介物	36	相变
25	自服务	37	热膨胀
26	复制	38	强氧化
27	一次性用品	39	惰性和真空环境
28	机械系统替代	40	复合材料

表 4-5　40 条发明创造原理与实例

发明创造原理	实　例
01 分离 A．一个物体分割成几个独立的部分 B．使物体成易于组装和拆卸的几部分 C．提高物体的分割程度	A．为垃圾的回收分门别类设置不同的回收箱 B．组合夹具，组合家具 C．用熔化的锡池生产平板玻璃
02 抽取 A．从物体中抽出产生负面影响的部分或属性 B．只从物体中抽取必要的部分或属性	A．避雷针 B．用光纤或光波引导分离光源，以增加照明点
03 局部质量 A．将均匀的物体结构或外部环境变成不均匀的 B．让物体的各个部分执行不同的功能 C．使物体的各部分具有不同的功能	A．晶体定向生长、氮化、扩散过程的温度梯度代替恒定、均一的温度 B．瑞士军刀 C．带有能盛放冷热固形食品和汤液分格的午餐盒
04 非对称性 A．引入一个几何特性来防止元件不正确的使用 B．将不对称物进一步增加其不对称性	A．电插头 B．将化气罐底部设计成斜面，一旦燃气快用完时，燃气罐会自动发生倾斜
05 合并 A．把相同或相近似的物体组合在一起并行运行 B．把邻近或并行的作业安排在同时进行	A．将多层玻璃用水黏合在一起，便于磨削加工 B．利用生物芯片同时化验多项血液指标
06 多功能性 使物体或物体的一部分实现多种功能，以代替其他部分的功能	沙发同时可作为床铺用，门铃和烟气报警器组合
07 嵌套 A．一物套一物，再套一物……形成多层 B．让一物体穿过另一物体的空腔	A．收缩式旅行杯，俄罗斯嵌套娃 B．拉杆式钓鱼竿
08 重量补偿 A．补偿物体之重量，使之升起 B．通过介质（气动力、液动力弹簧力等）平衡物体重量	A．氦气球扯起广告条幅 B．在月球车轮胎里设置球形重物，用以降低月球车的重心，保持月球车的稳定性

（续表）

发明创造原理	实　例
09 预先反作用 A．事先施加反作用，来消除事后可能出现的不利因素 B．在部件上建立预应力，以抵消事后出现的不希望的工作应力	A．事先给树木刷渗透漆，以防止树木腐烂 B．在浇注混凝土之前施加预应力
10 预先作用 A．预制必要的功能、技能 B．在方便的位置预先安置物体，使其在最适当的时机发挥作用而不浪费时间	A．胶带纸随用随扯，使用方便 B．在停车位设置咪表
11 预先应急措施 针对物体相对较低的可靠性部位（薄弱环境），设置应急措施加以补救	飞机上的降落伞及消防等应急措施
12 等势 在势能场中限制位置改变（在重力场中改善运作状态），以减少物体提升和下降	长江三峡水闸利用注水系统调整水位差
13 逆向思维 A．用相反的动作替代要求指定的动作 B．让物体可动部分不动，不动部分可动 C．将物体上下或内外颠倒（或过程）	A．采用对内置件冷却的方法，使两个套紧的物体分离，而不是加热外层的物体 B．在加工中心中，将工具旋转改为工件旋转 C．将杯子倒置，以便从下面喷洗
14 曲面化 A．将直线、平面变成曲线或曲面，将立方体变成球体结构 B．使用柱状、球体、螺旋状等物体 C．利用离心力改直线运动为回转运动	A．莫比乌斯杯，在建筑结构上使用弧形、拱形代替直线形 B．圆珠笔和钢笔的球状笔尖使书写流利 C．洗衣机桶高速旋转将衣物甩干
15 动态性 A．使物体外部环境或过程具有动态性，能自行优化寻找到最佳的运行状态 B．把物体分割成可相对移动的几个部分 C．使固定的物体可以移动或具有柔性	A．汽车可调节式方向盘、座位、后视镜等 B．计算机分为驱动器、显示器、键盘、鼠标等几个部分 C．医用微型内窥摄影机、柔性结肠镜等
16 不足或超额的行动 假如原既定方法难以 100%地达到目标，采用稍微超过或小于期望效果，以使问题简化	为电参数设计适当的安全裕量；打磨地面时，先在缝隙处抹上较多的填充物；汽车钢套的网状淬火，以提高使用寿命
17 多维化 A．将物体从一维变为二维或三维空间运动 B．用多层结构代替单层结构 C．使物体倾斜或侧向放置 D．使用给定表面的反面	A．五轴机床可准确完成三维复杂曲面的切削过程 B．多层集成电路结构 C．自动装卸车 D．双面都焊接电子元器件的印制电路板
18 振动 A．使物体振动 B．提高振动频率 C．利用物体共振频率 D．利用压电振动代替机械振动 E．电磁场综合利用	A．用医用超声波刀进行骨科手术 B．振动送料机 C．利用超声波共振击碎胆结石、肾结石 D．石英晶体振动驱动高精度钟表 E．在感应熔炉中粉碎枝晶，制造半固态合金

（续表）

发明创造原理	实　例
19 周期性动作 A．以周期性或脉冲动作代替连续动作 B．如果动作已是周期性的，可改变其动作频率 C．利用脉冲间歇执行另一个动作	A．能引人注目的闪烁警示灯 B．控制周期性分析、检查、测试过程 C．在心肺呼吸器使用中，每五次胸腔压缩后进行一次呼吸
20 有效作用的持续性 A．保持连续运转，使机器各部件同时满负荷工作 B．消除工作中所有的间歇和中断 C．用旋转运动代替往复运动	A．高速飞轮（或液压蓄能器）在车辆停止时储存能量，使机动车发动机得以补充能量，发动机在较低的功率下工作 B．打印机头在回程时也执行打印 C．用绞肉机代替手工剁肉
21 减少有害作用 快速完成危险或有害的作业	发动机快速越过共振转速范围，照相机用闪光灯，落锤锻造
22 变害为益 A．利用有害因素获取有益的效果 B．将两项有害要素叠加以消除危害 C．加大有害因素的程度，使之不再有害	A．利用垃圾发电 B．发电厂用炉灰的碱性中和废水的酸性 C．用火烧掉一部分植物，形成隔离带来防止森林大火蔓延
23 反馈 A．引入反馈，提高性能 B．如果已有反馈，则改变其大小或作用	A．自动浇注电炉根据金属液温度确定电炉输入功率 B．在机场 5km 范围内，改变自动驾驶仪的灵敏度
24 中介物 A．使用中介物实现所需动作 B．把一物体与另一极易去除（分开）的物体暂时结合	A．失蜡浇铸使用蜡模中介物 B．用托架把滚烫的盘子端到餐桌上
25 自服务 A．使物体具有自补充和自恢复功能以完成自服务 B．利用废弃的资源、能量或物资	A．有修复缸体磨损作用的汽车用特种润滑油；自补充饮水机 B．秸秆直接填埋作为下一季庄稼的肥料
26 复制 A．使用更简单、更便宜的复制品代替难以获得的、昂贵的、复杂的、易碎的物体 B．用光学复制品或图形来代替实物 C．如果已使用可见光复制品，进一步扩展到红外或紫外线复制品	A．虚拟驾驶游戏机 B．用空间摄影技术代替实地勘察绘制地图 C．用红外图像来发现农作物病虫害
27 一次性用品 用廉价的物品代替一个昂贵的物品，在某些质量特性上做适当的妥协（如使用寿命）	一次性纸杯，一次性尿布
28 机械系统替代 A．用感官刺激的方法（光学、声学、味觉、嗅觉）代替机械手段 B．采用与物体相互作用的电场或电磁场 C．场的替代：从恒定场到可变场，从定时场到随时间变化的场，从随机场到有组织的场 D．将场和铁磁离子组合使用	A．在天然气中加入气味难闻的混合物，用以泄漏警告，而不用机械或电气类的传感器 B．用电磁搅拌替代机械搅拌金属液 C．使用有特定发射方式的天线代替早期通信中采用全方位的发射 D．铁磁催化剂，呈现顺磁状态

（续表）

发明创造原理	实　例
29 气压或液压结构 使用气体或液体的膨胀或静压缓冲功能代替物体的固体零部件	气垫运动鞋，减少运动对足底的冲击，穿着舒适
30 柔性外壳或薄膜 A．使用柔性外壳或薄膜替代传统的结构 B．用柔性外壳或薄膜把物体和外部环境隔绝	A．塑料大棚，充气儿童城堡 B．在水面上漂浮一层双性材料（一面亲水，一面疏水）来限制水的蒸发
31 多孔物质 A．使物体多孔或添加多孔元素（嵌入其中或涂层） B．如果物体已是多孔的，则利用这些孔，引入有用的物质或功能	A．在两层铝合金板之间夹入薄壁空心铝球，并使其结合在一起，大大提高结构刚性和隔热、隔声能力 B．将氢储存在纳米碳管中，储存量大且安全
32 改变颜色 A．改变物体或周围的颜色 B．改变难以观察的物体或过程的透明度或可视性 C．采用有颜色的添加剂，使不易观察的物体或过程容易观察到 D．如果已经加入了颜色添加剂，则借助发光迹线追踪物质	A．在冲洗照片的暗室中使用红色暗灯 B．感光玻璃 C．研究水流试验时，在水中加入颜料 D．化学试纸，通过颜色变化确定溶液的酸碱度
33 同质性 将物体或与其相互作用的其他物体用同一材料或特性相近的材料制作	使用与容纳物相同的材料来制造容器，以减少发生化学反应的机会；用金刚石制造钻石的切割工具
34 废弃与再生 A．通过溶解、蒸发等手段，抛弃或改变物体中已经完成其功能和无用的部分 B．在运作过程中迅速补充物体所消耗和减少的部分	A．药物胶囊；用冰块做夯土筑坝模板，完工后，冰块熔化（干冰升华），只剩下土坝 B．自动铅笔
35 物理/化学状态变化 改变物体的物理/化学状态，浓度/密度、柔性，温度	将温度升高到居里点，铁磁体改变成顺磁体
36 相变 利用物质相变时产生的某种效应或现象（如物质体积改变、吸热或放热）	水在冰冻后会膨胀，可以用于爆破
37 热膨胀 A．利用热膨胀或热收缩的材料 B．组合使用多种具有不同热膨胀系数的材料	A．装配双钢环时，冷却内环使之收缩，加热外环使之膨胀，装配完成后恢复到常温，内外环就被紧固在一起了 B．双金属片传感器
38 强氧化 A．使用富氧空气代替普通空气 B．使用纯氧代替富氧空气 C．使用电离射线处理空气或氧气，使用离子化氧气 D．用臭氧代替离子化空气	A．高炉富氧送风可以提高铁的产量 B．使用纯氧-乙炔气进行更高温度的切割 C．空气过滤器通过电离空气来捕获污染物 D．臭氧溶于水中去除船体上的有机污染物
39 惰性和真空环境 A．用惰性气体环境代替通常环境 B．在真空中完成过程	A．用氩气等惰性气体填充灯泡，防止金属丝氧化 B．真空包装食品，延长储存期
40 复合材料 用复合材料替代单一均质材料	复合的环氧树脂/碳素纤维高尔夫球杆更轻，强度更好，且比金属更具有柔韧性；玻璃纤维制成的冲浪板

（三）物理矛盾问题的求解

1. 物理矛盾

TRIZ 理论对物理矛盾的定义是：当一个技术系统的工程参数具有相反的需求时，就出现了物理矛盾。如要求系统既要出现又要不出现；既要高又要低；既要大又要小等完全相反的需求。

2. 分离原理

TRIZ 认为，为降低解决物理矛盾问题的难度，应将一个问题深入地分析、细化、直至物理矛盾的确定。解决物理矛盾的方法有赖于分离原理，分离原理主要来自四个方面，如图 4-16 所示。

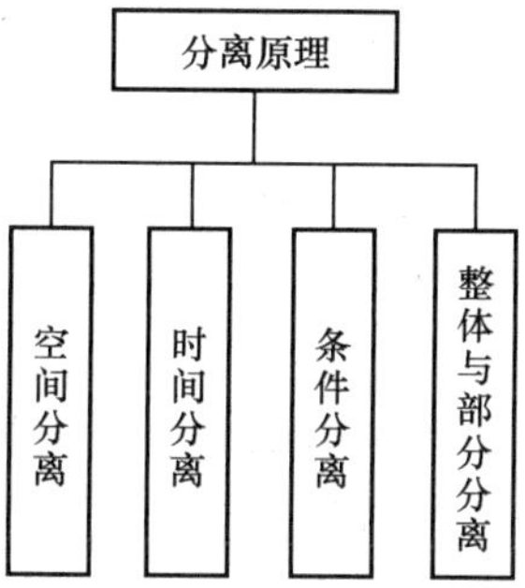

图 4-16　分离原理

1）空间分离

将矛盾双方在不同的空间隔离。例如，用声呐探测器在海面上进行海底测量时，若将声呐探测器安装在船上的某一部位，船只上的各种干扰会影响测量精度；倘若通过电缆连接，将声呐探测器置于距船只千米之外，声呐探测器和船只内的各种干扰在空间上予以分离，从而会使测试精度获得大幅度提高。

2）时间分离

将矛盾双方在不同时间段上隔离。如飞机在起飞时，要求阻力大，因此机翼面积要大；而在空中航行时则相反，要求阻力小。理想的方案是设计能调节机翼面积的活动机翼，以适应在不同时间段飞行的不同要求。

3）条件分离

将矛盾双方在不同条件下分离。例如，水射流可以作为软质物质，用于洗澡按摩，也可以作为硬质物质，以高压、高速用于加工或作为武器使用，取决于射流的速度、压力或射流中有无其他物质等条件。

4）整体与部分分离

将矛盾双方在不同层次上分离。例如，市场的需求有两种情况：一种是大众化的，量大、面广，要求生产线大批量的连续生产的市场需求；另一种是正在逐步成为消费潮流的个性化市场需求。采用零库存、准时生产原理的柔性生产线可以满足这两种情况下不同的市场需求。

3．物理矛盾的分离方法

可归纳成11种物理矛盾分离方法。

1）相反需求的空间分离

从空间上进行系统或子系统的分离，以在不同的空间实现相反的需求。例如，建设立交桥以解决车辆拥挤问题。

2）相反需求的时间分离

从时间上进行系统或子系统的分离，以在不同的时间实现相反的需求。例如，十字路口的红绿灯，从时间上将不同方向行驶的机动车进行分离。

3）系统转换1

将同类或异类系统与超系统结合。例如，在多地震地区，用电缆将各建筑物连接起来，通过各建筑物的自由摆动对地震进行监测和分析预报。

4）系统转换2

从一个系统转变到相反的系统，或将系统和相反的系统进行组合。例如，为止血，在伤口上贴上含有不相容血型血的纱布垫。

5）系统转换3

整个系统具有特性“F”，同时，其零件具有相反的特性“-F”。例如，自行车的链条，其单颗链节是刚性的，用多颗链节连接成的整个链条就具有了柔性。

6）系统转换4

将系统转变到继续工作在微观级的系统。例如，液体散布装置中包含一个隔膜，在电场感应下允许液体穿过这个隔膜（电渗析作用）。

7）相变1

改变一个系统的部分相态，或改变其环境。例如，氧气以液体形式进行储存、运输、保管，以便节省空间。使用时，在释放压力条件下转化为气态。

8）相变2

改变动态的系统部分相态（依据工作条件来改变相态）。例如，包含镍钛合金箔片的热交换器，在温度升高时，交换镍钛合金箔片位置，以增加冷却区域。

9）相变3

联合利用相变时的现象。例如，为增加模型内部的压力，事先在模型中填充一种物质，这种物质一旦接触液体金属，就会气化。

10）相变4

以双相态的物质代替单相态物质。例如，抛光液由含有铁磁研磨颗粒的液态石墨组成。

11）物理—化学转换

物质的创造或消失是作为合成或分解、离子化或再结合的结果。例如，热导管中的液态物质在受热区蒸发并产生化学分解，在受冷区冷凝重新恢复成液态。

（四）物理效应和现象知识库的应用

阿奇舒勒对250万份全世界高水平发明专利的研究建立起的TRIZ理论，将高难度发明问题所要实现的功能归结为30个，并赋予每个功能以相对应的一个代码，建立起《功能代码表》，如表 4-6 所示。与其相对应的是由 100 个物理效应和现象建立起的《物理效应和现象知识库》，又称效应知识库，如表 4-7 所示。应用 TRIZ 所以能消除矛盾，有赖于强大的效应知识库的支持。物理效应和现象是零件（或系统）功能的显现，隐藏在其背后的是科学原理。效应知识库涵盖了多学科领域的原理，包括物理、化学、几何等，应用“本体论”并对自然科学及工程领域中事物之间纷繁复杂的关系实行全面的描述，借助于这些已有的关系和全新技术和相关知识，可大大加快创新进程。物理效应和现象知识库的应用对发明问题的解决有着超乎想象的作用。

物理效应和现象知识库的应用应遵循以下五个步骤：

第一步：根据所要解决的问题，定义并确定解决此问题所要实现的功能；

第二步：根据所要实现的功能按表 4-6 确定与此功能相对应的代码，此代码是 F1～F30 中的一个。

第三步：从表 4-7 中查找此功能代码下 TRIZ 所推荐的物理效应和现象，获得 TRIZ 推荐的物理效应和现象的名称。

第四步：将获得的每个物理效应和现象逐一进行筛选，优选出适合解决问题的物理效应和现象。

第五步：将优选出来的物理效应和现象给予详细解释，并应用于问题的解决，形成解决方案。

表 4-6　功能代码表

序号	实现的功能	功能代码	序号	实现的功能	功能代码
1	测量温度	F1	16	传递能量	F16
2	降低温度	F2	17	建立移动的物体和固定的物体之间的交互作用	F17
3	提高温度	F3	18	测量物体的尺寸	F18
4	稳定温度	F4	19	改变物体尺寸	F19
5	探测物体位移和运动	F5	20	检查表面状态和性质	F20
6	控制物体位移	F6	21	改变表面性质	F21
7	控制液体及气体的运动	F7	22	检查物体容量的状态和特征	F22
8	控制浮质(气体中的悬浮微粒,如烟、雾等）的流动	F8	23	改变物体空间性质	F23
9	搅拌混合物，形成溶液	F9	24	构建结构，稳定物体结构	F24
10	分解混合物	F10	25	探测电场和磁场	F25
11	稳定物体位置	F11	26	探测辐射	F26
12	产生/控制力，形成高的压力	F12	27	产生辐射	F27
13	控制摩擦力	F13	28	控制电磁场	F28
14	分离物体	F14	29	控制光	F29
15	积蓄机械能与热能	F15	30	产生及加强化学反应	F30

表 4-7 物理效应和现象知识库（效应知识库）

功能代码	要求实现的功能	物理现象、效应、因素、方法		科学效应和现象序号
F1	测量温度	热膨胀		E75
		热双金属片		E76
		珀耳帖效应		E67
		汤姆逊效应		E80
		热电现象		E71
		热电子发射		E72
		热辐射		E73
		电阻		E33
		热敏性物质		E74
		居里效应（居里点）		E60
		巴克豪森效应		E3
		霍普金森效应		E55
F2	降低温度	一级相变		E94
		二级相变		E36
		焦耳-汤姆逊效应		E58
		珀耳帖效应		E67
		汤姆逊效应		E80
		热电现象		E71
		热电子发射		E72
F3	提高温度	电磁感应		E24
		电解质		E26
		焦耳-楞次定律		E57
		放电		E42
		电弧		E25
		吸收		E84
		发射聚焦		E39
		热辐射		E73
		珀耳帖效应		E67
		热电子发射		E72
		汤姆逊效应		E80
		热电现象		E71
F4	稳定温度	一级相变		E94
		二级相变		E36
		居里效应（居里点）		E60
F5	探测物体位移和运动	引入易探测的标志	标记物	E6
			发光	E37
			发光体	E38
			磁性材料	E16
			永久磁铁	E95

（续表）

功能代码	要求实现的功能	物理现象、效应、因素、方法		科学效应和现象序号
F5	探测物体位移和运动	反射和发射线	反射	E41
			发光体	E38
			感光材料	E45
			光谱	E50
			发射现象	E43
		形变	弹性变形	E85
			塑性变形	E78
		改变电场和磁场	电场	E22
			磁场	E13
		放电	电晕放电	E31
			电弧	E25
			火花放电	E53
F6	控制物体位移	磁力		E15
		电子力	安培力	E2
			洛仑兹力	E64
		压强	液体或气体的压力	E91
			液体或气体的压强	E93
		浮力		E44
		液体动力		E92
		振动		E98
		惯性力		E49
		热膨胀		E75
		热双金属片		E76
F7	控制液体及气体的运动	毛细现象		E65
		渗透		E77
		电泳现象		E30
		汤姆逊效应		E79
		伯努利定律		E10
		惯性力		E49
		韦森堡效应		E81
F8	控制浮质（气体中的悬浮微粒，如烟、雾等）的流动	起电		E68
		电场		E22
		磁场		E13

（续表）

<table>
<tr><th>功能代码</th><th>要求实现的功能</th><th colspan="2">物理现象、效应、因素、方法</th><th>科学效应和现象序号</th></tr>
<tr><td rowspan="9">F9</td><td rowspan="9">搅拌混合物、形成溶液</td><td colspan="2">弹性波</td><td>E19</td></tr>
<tr><td colspan="2">共振</td><td>E47</td></tr>
<tr><td colspan="2">驻波</td><td>E99</td></tr>
<tr><td colspan="2">振动</td><td>E98</td></tr>
<tr><td colspan="2">气穴现象</td><td>E69</td></tr>
<tr><td colspan="2">扩散</td><td>E62</td></tr>
<tr><td colspan="2">电场</td><td>E22</td></tr>
<tr><td colspan="2">磁场</td><td>E13</td></tr>
<tr><td colspan="2">电泳现象</td><td>E30</td></tr>
<tr><td rowspan="8">F10</td><td rowspan="8">分解混合物</td><td rowspan="8">在电的或磁场中分离</td><td>电场</td><td>E22</td></tr>
<tr><td>磁场</td><td>E13</td></tr>
<tr><td>磁性液体</td><td>E17</td></tr>
<tr><td>惯性力</td><td>E49</td></tr>
<tr><td>吸附作用</td><td>E83</td></tr>
<tr><td>扩散</td><td>E62</td></tr>
<tr><td>渗透</td><td>E77</td></tr>
<tr><td>电泳</td><td>E30</td></tr>
<tr><td rowspan="3">F11</td><td rowspan="3">稳定物体位置</td><td colspan="2">电场</td><td>E22</td></tr>
<tr><td colspan="2">磁场</td><td>E13</td></tr>
<tr><td colspan="2">磁性液体</td><td>E17</td></tr>
<tr><td rowspan="9">F12</td><td rowspan="9">产生/控制力，
形成高的压力</td><td colspan="2">磁力</td><td>E15</td></tr>
<tr><td colspan="2">一级相变</td><td>E94</td></tr>
<tr><td colspan="2">二级相变</td><td>E36</td></tr>
<tr><td colspan="2">热膨胀</td><td>E75</td></tr>
<tr><td colspan="2">惯性力</td><td>E49</td></tr>
<tr><td colspan="2">磁性液体</td><td>E17</td></tr>
<tr><td colspan="2">爆炸</td><td>E5</td></tr>
<tr><td colspan="2">电液压冲压、电水压振扰</td><td>E29</td></tr>
<tr><td colspan="2">渗透</td><td>E77</td></tr>
<tr><td rowspan="4">F13</td><td rowspan="4">控制摩擦力</td><td colspan="2">约翰逊-拉别克效应</td><td>E96</td></tr>
<tr><td colspan="2">振动</td><td>E98</td></tr>
<tr><td colspan="2">低摩阻</td><td>E21</td></tr>
<tr><td colspan="2">金属覆盖润滑剂</td><td>E59</td></tr>
<tr><td rowspan="3">F14</td><td rowspan="3">分离物体</td><td rowspan="3">放电</td><td>火花放电</td><td>E33</td></tr>
<tr><td>电晕放电</td><td>E31</td></tr>
<tr><td>电弧</td><td>E25</td></tr>
</table>

（续表）

功能代码	要求实现的功能	物理现象、效应、因素、方法		科学效应和现象序号
F14	分离物体	电液压冲压，电水压振扰		E29
		弹性波		E19
		共振		E47
		驻波		E99
		振动		E98
		气穴现象		E69
F15	积蓄机械能与热能	弹性变形		E85
		惯性力		E49
		一级相变		E94
		二级相变		E36
F16	传递能量	对于机械能	形变	E85
			弹性波	E19
			共振	E47
			驻波	E99
			振动	E98
			爆炸	E5
			电液压冲压，电水压振扰	E29
		对于热能	热电子发射	E72
			对流	E34
			热传导	E70
		对于辐射	发射	E41
		对于电能	电磁感应	E24
			超导性	E12
F17	建立移动的物体和固定的物体之间的交互作用	电磁场		E23
		电磁感应		E24
F18	测量物体的尺寸	标记	起电	E68
			发光	E37
			发光体	E38
		磁性材料		E16
		永久磁铁		E95
		共振		E47
F19	改变物体尺寸	热膨胀		E75
		形状记忆合金		E87
		形变		E85
		压电效应		E89
		磁弹性		E14
		压磁效应		E88

（续表）

功能代码	要求实现的功能	物理现象、效应、因素、方法		科学效应和现象序号
F20	检查表面状态和性质	放电	电晕放电	E31
			电弧	E25
			火花放电	E53
		发射		E41
		发光体		E38
		感光材料		E45
		光谱		E50
		发射现象		E43
F21	改变表面性质	摩擦力		E66
		吸附作用		E83
		扩散		E62
		包辛格效应		E4
		放电	电晕放电	E31
			电弧	E25
			火花放电	E53
		弹性波		E19
		共振		E47
		驻波		E99
		振动		E98
		光谱		E50
F22	检查物体容量的状态和特征	引入容易探测的标记	标记物	E6
			发光	E37
			发光体	E38
			磁性材料	E16
			永久磁铁	E95
		测量电阻值	电阻	E33
		发射和放射线	反射	E41
			折射	E97
			发光体	E38
			感光材料	E45
			光谱	E50
			反射现象	E43
			X 射线	E1
		电—磁—光现象	电—光和磁—光现象	E27
			固体（的场致、电致）发光	E48
			居里效应（居里点）	E60
			巴克豪森效应	E3
			霍普金森效应	E55
			共振	E47
			霍尔效应	E54

（续表）

<table>
<tr><th>功能代码</th><th>要求实现的功能</th><th colspan="2">物理现象、效应、因素、方法</th><th>科学效应和现象序号</th></tr>
<tr><td rowspan="25">F23</td><td rowspan="25">改变物体空间性质</td><td colspan="2">磁性液体</td><td>E17</td></tr>
<tr><td colspan="2">磁性材料</td><td>E16</td></tr>
<tr><td colspan="2">永久磁铁</td><td>E95</td></tr>
<tr><td colspan="2">冷却</td><td>E63</td></tr>
<tr><td colspan="2">加热</td><td>E56</td></tr>
<tr><td colspan="2">一级相变</td><td>E94</td></tr>
<tr><td colspan="2">二级相变</td><td>E36</td></tr>
<tr><td colspan="2">电离</td><td>E28</td></tr>
<tr><td colspan="2">光谱</td><td>E50</td></tr>
<tr><td colspan="2">放射现象</td><td>E43</td></tr>
<tr><td colspan="2">X 射线</td><td>E1</td></tr>
<tr><td colspan="2">形变</td><td>E85</td></tr>
<tr><td colspan="2">扩散</td><td>E62</td></tr>
<tr><td colspan="2">电场</td><td>E22</td></tr>
<tr><td colspan="2">磁场</td><td>E13</td></tr>
<tr><td colspan="2">珀耳帖效应</td><td>E67</td></tr>
<tr><td colspan="2">热电现象</td><td>E71</td></tr>
<tr><td colspan="2">包辛格效应</td><td>E4</td></tr>
<tr><td colspan="2">汤姆逊效应</td><td>E80</td></tr>
<tr><td colspan="2">热电反射</td><td>E72</td></tr>
<tr><td colspan="2">居里效应（居里点）</td><td>E60</td></tr>
<tr><td colspan="2">固体（的场致、电致）发光</td><td>E48</td></tr>
<tr><td colspan="2">电—光和磁—光现象</td><td>E27</td></tr>
<tr><td colspan="2">气穴现象</td><td>E69</td></tr>
<tr><td colspan="2">光生伏打效应</td><td>E51</td></tr>
<tr><td rowspan="8">F24</td><td rowspan="8">构建结构，稳定物体结构</td><td colspan="2">弹性波</td><td>E19</td></tr>
<tr><td colspan="2">共振</td><td>E47</td></tr>
<tr><td colspan="2">驻波</td><td>E99</td></tr>
<tr><td colspan="2">振动</td><td>E98</td></tr>
<tr><td colspan="2">磁场</td><td>E13</td></tr>
<tr><td colspan="2">一级相变</td><td>E94</td></tr>
<tr><td colspan="2">二级相变</td><td>E36</td></tr>
<tr><td colspan="2">气穴现象</td><td>E69</td></tr>
<tr><td rowspan="4">F25</td><td rowspan="4">探测电场和磁场</td><td>渗透</td><td></td><td>E77</td></tr>
<tr><td rowspan="3">带电放电</td><td>电晕放电</td><td>E31</td></tr>
<tr><td>电弧</td><td>E25</td></tr>
<tr><td>火花放电</td><td>E53</td></tr>
</table>

（续表）

<table>
<tr><th>功能代码</th><th>要求实现的功能</th><th colspan="2">物理现象、效应、因素、方法</th><th>科学效应和现象序号</th></tr>
<tr><td rowspan="9">F25</td><td rowspan="9">探测电场和磁场</td><td colspan="2">压电效应</td><td>E89</td></tr>
<tr><td colspan="2">磁弹性</td><td>E14</td></tr>
<tr><td colspan="2">压磁效应</td><td>E88</td></tr>
<tr><td colspan="2">驻极体，电介体</td><td>E100</td></tr>
<tr><td colspan="2">固体（的场致、电致）发光</td><td>E48</td></tr>
<tr><td colspan="2">电—光和磁—光现象</td><td>E27</td></tr>
<tr><td colspan="2">巴克豪森效应</td><td>E3</td></tr>
<tr><td colspan="2">霍普金森效应</td><td>E55</td></tr>
<tr><td colspan="2">霍尔效应</td><td>E54</td></tr>
<tr><td rowspan="8">F26</td><td rowspan="8">探测辐射</td><td colspan="2">热膨胀</td><td>E75</td></tr>
<tr><td colspan="2">热双金属片</td><td>E76</td></tr>
<tr><td colspan="2">发光体</td><td>E38</td></tr>
<tr><td colspan="2">感光材料</td><td>E45</td></tr>
<tr><td colspan="2">光谱</td><td>E50</td></tr>
<tr><td colspan="2">放射现象</td><td>E43</td></tr>
<tr><td colspan="2">反射</td><td>E41</td></tr>
<tr><td colspan="2">光生伏打效应</td><td>E51</td></tr>
<tr><td rowspan="8">F27</td><td rowspan="8">产生辐射</td><td rowspan="3">放电</td><td>电晕放电</td><td>E31</td></tr>
<tr><td>电弧</td><td>E25</td></tr>
<tr><td>火花放电</td><td>E53</td></tr>
<tr><td colspan="2">发光</td><td>E37</td></tr>
<tr><td colspan="2">发光体</td><td>E38</td></tr>
<tr><td colspan="2">固体（的场致、电致）发光</td><td>E48</td></tr>
<tr><td colspan="2">电—光和磁—光现象</td><td>E27</td></tr>
<tr><td colspan="2">狄氏效应</td><td>E46</td></tr>
<tr><td rowspan="6">F28</td><td rowspan="6">控制电磁场</td><td colspan="2">电阻</td><td>E33</td></tr>
<tr><td colspan="2">磁性材料</td><td>E16</td></tr>
<tr><td colspan="2">反射</td><td>E41</td></tr>
<tr><td colspan="2">形状</td><td>E86</td></tr>
<tr><td colspan="2">表面</td><td>E7</td></tr>
<tr><td colspan="2">表面粗糙度</td><td>E8</td></tr>
<tr><td rowspan="9">F29</td><td rowspan="9">控制光</td><td colspan="2">反射</td><td>E41</td></tr>
<tr><td colspan="2">折射</td><td>E97</td></tr>
<tr><td colspan="2">吸收</td><td>E84</td></tr>
<tr><td colspan="2">发射聚焦</td><td>E39</td></tr>
<tr><td colspan="2">固体（的场致、电致）发光</td><td>E48</td></tr>
<tr><td colspan="2">电—光和磁—光现象</td><td>E27</td></tr>
<tr><td colspan="2">法拉第效应</td><td>E40</td></tr>
<tr><td colspan="2">克尔现象</td><td>E61</td></tr>
<tr><td colspan="2">狄氏效应</td><td>E46</td></tr>
</table>

（续表）

功能代码	要求实现的功能	物理现象、效应、因素、方法	科学效应和现象序号
F30	产生及加强化学反应	弹性波	E19
		共振	E47
		驻波	E99
		振动	E98
		气穴现象	E69
		光谱	E50
		放射现象	E43
		X 射线	E1
		放电	E42
		电晕放电	E31
		电弧	E25
		火花放电	E53
		爆炸	E5
		电液压冲压、电水压振扰	E29

参考文献

[1] 庄寿强. 普通（行为）创造学[M]. 徐州：中国矿业大学出版社，2006.

[2] 张平. 创造学[M]. 沈阳：东北大学出版社，2015.

[3] 谭宗梅，黄龙岗. 创造学简明教程[M]. 北京：科学出版社，2011.

[4] 王成军，沈豫浙. 应用创造学[M]. 北京：北京大学出版社，2010.

[5] 杨乃定. 创造学教程[M]. 西安：西北工业大学出版社，2004.

[6] 肖云龙. 创造学基础教程[M]. 长沙：中南大学出版社，2004.

[7] 肖云龙. 创造学[M]. 长沙：湖南大学出版社，2004.

[8] 王岳森. 创造学教程[M]. 成都：西南交通大学出版社，2003.

[9] 陈吉明. 创造学与创新实践[M]. 2 版. 北京：科学出版社，2016.

[10] 李嘉曾. 创造学与创造力开发训练[M]. 修订版. 南京：江苏人民出版社，2002.

[11] 冯林，等. 创造性思维与创新方法[M]. 北京：高等教育出版社，2013.

[12] 宋宝萍，魏萍. 创新思维心理学[M]. 北京：电子工业出版社，2014.

[13] 甘自恒. 创造学原理和方法[M]. 北京：科学出版社，2010.

[14] 洪燕云，何庆. 创造学[M]. 北京：清华大学出版社，2009.

[15] 刘昌明，赵传栋. 创新学教程[M]. 上海：复旦大学出版社，2009.

[16] 刘红宁，王素珍. 创新创业通论[M]. 北京：高等教育出版社，2012.

[17] 张武城. 创造创新方略[M]. 北京：机械工业出版社，2005.

[18] 张燕. 基于缺点列举法的调味瓶设计[J]. 新经济，2016：124-125.

[19] 张家祺，胡茜雯. 基于特性列举法的羽毛球拍设计应用研究[J]. 工业设计学报，2015：59-60.

[20] 杜永平. 创新思维与创造技法[M]. 北京：北京交通大学出版社，2003.

[21] wind 小利 1983.组合创新法[EB/OL].（2015-10-14）[2018-01-22]. https：//wenku.baidu.com/view/1d6460221a37f111f1855ba6.html.

[22] 百度百科. 和田十二法[EB/OL]. [2018-01-22]. https：//baike.baidu.com/item/%E5%92%8C%E7%94%B0%E5%8D%81%E4%BA%8C%E6%B3%95/10915813.

[23] 搜狗百科. 邓稼先[EB/OL]. [2018-01-22]. http：//baike.sogou.com/v86253.htm;jsessionid%3DA172B3842535F0EC80AB77666C4EDC73.

[24] 搜狗百科. 王选[EB/OL]. [2018-01-22]. http：//baike.sogou.com/v193779.htm?fromTitle=%E7%8E%8B%E9%80%89.

[25] 搜狗百科. 林森浩[EB/OL]. [2018-01-22]. http：//baike.sogou.com/v59749019.htm?fromTitle=%E6%9E%97%E6%A3%AE%E6%B5%A9.

[26] 医学论坛网 mp. 关于爱因斯坦大脑的医学研究，你了解吗?[EB/OL].（2016-02-27）[2018-01-22]. http：//www. sohu. com/a/60859893_377317.

[27] 搜狗百科. DNA 双螺旋结构[EB/OL]. [2018-01-22]. http：//baike.sogou.com/v297221.htm.

策划编辑：刘小琳（liuxl@phei.com.cn）
责任编辑：刘小琳
封面设计：田晨晨

ISBN 978-7-121-34245-5

定价：29.50元